ランクアップ中学数学
数式編❸

千葉 浩一 著

はじめに

　本書は「ランクアップ中学数学〈数式編②〉」の続編で，取り扱っている内容は，文部科学省高校数学「数学Ⅰ」の「2次関数」「3角比」と「数学Ⅱ」の「多項式の割り算・3次方程式」を中心とする分野です．

　実質的に中学数学ではないですが，中学数学，特に「ランクアップ中学数学〈数式編②〉」などで中学代数を学び終えた人が，その先の「一般の2次関数」を中心とした高校数学の初歩を無理なく学べるように，章立て，題材を取捨選択して1冊にまとめました．その際，関連分野として，中学数学からも近く2次関数で学んだテクニックを直接応用しやすい分野として，「3角比」（ピタゴラスの定理の一般化）と「多項式の割り算・3次方程式」（因数分解の応用）を数Ⅰ・数Ⅱのカリキュラムから選択しました．

　中学数学の一歩先とはいえ，一般の2次関数でさえ，急激に抽象度，難易度が上がります．習い始めは特殊な式変形が多く，適切に計算するのに骨が折れ，数式から意味を読み取るのに苦労する局面が多くなるので，途中式をしっかり書いて丁寧に式変形を行うことは今まで以上に重要です．しかし，計算を確実に行えば，その結果が問題解決に直接つながり，だんだんと抽象的な問題にも対処できるようになっていきます．

　本書では中学数学から高校数学へスムーズに接続できるように，中学数学の考え方を下地にして，その上に高校数学の理論を少しずつ載せていく形で，新規分野の基礎理論を説明するように心掛けました．基礎例題については一通り読めば，基礎理論の考え方が理解できるように配慮しています．また，第3章までは，基礎を理解することを重視したつくりになっていますが，第4章については一般の2次関数に関連した大学受験にも通用する発展的な内容まで扱っています．本書が高校数学の基礎理論の理解への一助になれば幸いです．

本書の特色

基礎例題：各章で取り扱う分野の考え方・基本公式などを，例題を交えて丁寧に説明しています．予備知識は「ランクアップ②」までの内容に絞っていますので，その分野を勉強するのが初めての人でも読み進められるように配慮しています．

例題演習：基礎例題の理解を深めるための基本演習です．順番に解いてゆけばその分野の基本事項を一通り学べるようになっています．各単元にその分野を象徴するようないわゆる「典型問題」があり，それらをマスターすることを目指します．

類題演習：例題演習の理解度を確認するための類題です．例題の1問をしっかり理解することはとても大切ですが，類題を解くことでその理解をさらに深めていきましょう．「典型問題」などの基礎力固めに有効です．

演習問題：基礎例題・例題演習の考え方を用いれば無難に解答できる標準・応用問題を集めています．基礎を理解していればノーヒントでも攻略可能ですが，解けない場合はヒントを参考にチャレンジしましょう．学校の定期試験対策としてまとめて練習するのもお勧めです．

応用演習：単元をさらに深く学ぼうとする人にお勧めです．数Ⅰ・数Ⅱの教科書の内容よりは高度なものも含まれています．難易度的には大学受験問題の標準的なレベルですが，受験問題に特化せずに中学生でも興味が持てる問題を選択しました．

　第1章に関しては第4章全体が第1章の応用演習となっていますので，第4章の応用演習はありません．

本書の使用方法

① 独学で本書に取り組もうと思っている方へ

　まだ，学校で習っていない単元を自力で勉強しようと思っている方は，例題の解説を読み進めてください．基礎例題については，初めて習う人に対してその単元の内容が理解できるような書き方を心がけています．基礎例題・例題演習を一通り読んだ後で，もう一度解説を見ないで例題を解いてみましょう．まずは基礎例題・例題演習・類題演習までをしっかり学習しましょう．

② 数学が好きでどんどん力をつけたい方へ

　すでに学校で習って基礎理論が理解できている方は，演習問題から解いていくのがよいでしょう．わからなくても，すぐに答を見ずに最低10分位は考えるようにしましょう．数学の力をつけるコツは，しっかり考えることです．解けなかった問題は解答・解説を読んで納得した後もう一度自力で解いて見ましょう．応用演習は中学生にも取り組みやすいある程度具体的な問題を集めています．面白そうな問題からチャレンジしてみましょう．

③ 数学に苦手意識を持っている方へ

　計算ミスをなくすためには，きちんとした式変形に従い，必要なステップを踏んで計算することが大切です．数Ⅰの範囲では中学の範囲以上に確実な計算力が必要になり，計算システム自体をマスターすることが基礎学習の目標になります．自己流の計算に固執していると正確に答が出せないこともあります．基礎例題の計算手順の通り式変形が出来るように練習し，計算の基本操作をしっかり身につけましょう．

④ 学校の定期試験対策・大学受験勉強には……

　演習問題を一通り解いて，間違えたり解けなかったりした問題に対応する基礎例題の解説を読んでみるのが最短コースです．しっかり勉強したい人は，基礎例題を解き進めていくのがお勧めです．第1章から第3章までは受験レベルの基礎が，第4章に関しては2次関数を用いた発展レベルの内容がまとめられています．この問題集全体を通して，受験レベルの「2次関数」「多項式」「3角比（3角関数の範囲は除く）」の学習が可能になっています．

目　次

はじめに ……………………………………………………………2
本書の特色 …………………………………………………………3
本書の使用方法 ……………………………………………………4

第1章　2次関数とグラフ ……………………………………7
　§1　2次関数のグラフ …………………………………………8
　§2　2次不等式・接線 …………………………………………20
　演習問題 …………………………………………………………32

第2章　多項式の割り算と3次方程式 ………………………37
　§1　多項式の割り算 ……………………………………………38
　§2　高次方程式 …………………………………………………60
　演習問題 …………………………………………………………82

第3章　3角比 …………………………………………………87
　§1　3角比の定義 ………………………………………………88
　§2　余弦定理・正弦定理 ………………………………………108
　演習問題 …………………………………………………………140

第4章　2次関数の応用 ………………………………………145
　§1　絶対値の入った関数のグラフ ……………………………146
　§2　パラメータ最大最小 ………………………………………150
　§3　解の配置 ……………………………………………………158
　§4　直線の通過領域 ……………………………………………170

類題演習解答 ………………………………………………………194
演習問題解答 ………………………………………………………206

$$f(x)=x^2-6x+a$$
$$=(x-3)^2-9+a$$

第1章　2次関数とグラフ

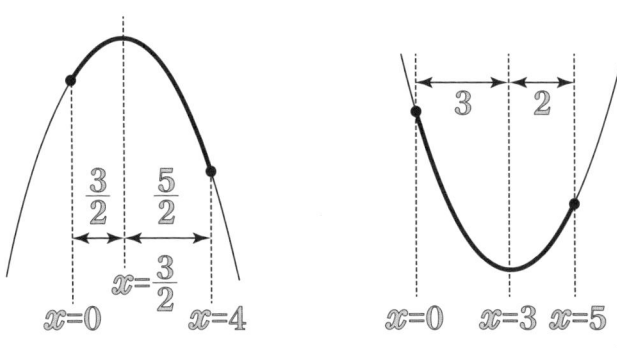

　$y=ax^2$ に $bx+c$ を足すだけで、扱いがかなり複雑になります。グラフはどんな形になるか？それは式を $y=a(x-p)^2+q$ の形に変形するとわかるでしょう。また、$y=a(x-\alpha)(x-\beta)$ の形に表すと、2次不等式 $ax^2+bx+c\geqq0$ を解くことができます。このように、式変形によって関数やグラフの性質を解明していくのがこの章でのテーマです。

§1 2次関数のグラフ

基礎例題 1-1 （$y=ax^2$ のグラフを平行移動）

右の曲線 C は，2次関数 $y=3x^2$ のグラフ（放物線）を頂点が $A(2, 4)$ となるように平行移動したものである．C 上に図のように点 P をとり，$P(x, y)$ とおく．

(1) 以下の長さを x のみの式で表せ．
 (i) AQ　　(ii) PQ　　(iii) PR

(2) y を x の式で表し，曲線 C 上の点 $P(x, y)$ の満たす式を求めよ．

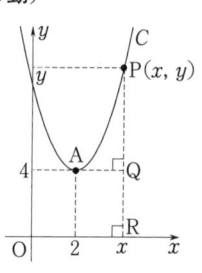

解説

(1) ［図1］のように $y=3x^2$ のグラフ上の点の高さ $P'Q'$ は，原点からの水平距離 OQ' の2乗に比例します．［図1］の場合，比例定数は x^2 の係数「3」なので，

$$P'Q' = 3 \times OQ'^2 \ (= 3 \times \square^2)$$

が成り立ちます．

［図2］の曲線 C は［図1］と同じ曲線なので，

$$PQ = 3 \times AQ^2 \ (= 3 \times \square^2)$$

が成り立つことを用いて立式しましょう．

［図3］において，

(i) $AQ = \boldsymbol{x - 2}$ より

(ii) $PQ = 3AQ^2 = \boldsymbol{3(x-2)^2}$

(iii) $PR = PQ + QR = \boldsymbol{3(x-2)^2 + 4}$

(2) 曲線 C 上の点 $P(x, y)$ の高さ $y(=PR)$ は x を用いて

$$\boldsymbol{y = 3(x-2)^2 + 4}$$

と表すことができました．点 P を C 上の他の点にとっても，上の式が成り立つので，これが曲線 C 上の点 $P(x, y)$ の満たす式といえます．

［図1］

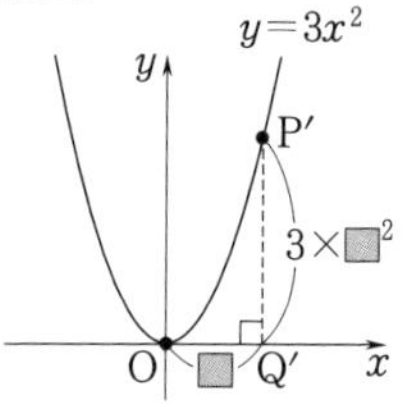

［図2］

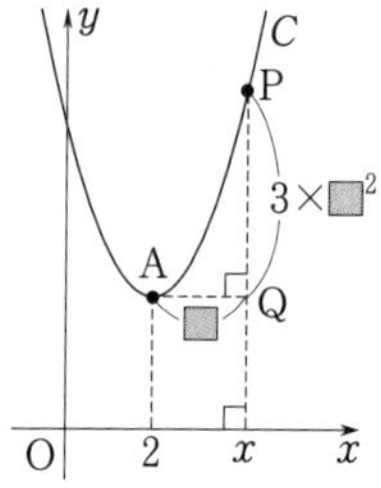

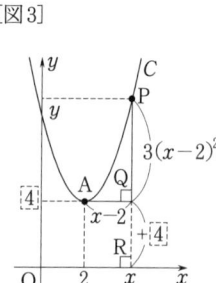

［図3］

放物線 $y=a(x-p)^2+q$ について

2次関数のグラフ $y=ax^2$ を，頂点が $A(p, q)$ となるように平行移動した曲線（これを C とおく）の式は，C 上の点 P を $P(x, y)$ とおくと，
$$y=a(x-p)^2+q \cdots ①$$
と表せます．$a>0$ のときは，［図3］と同様に求められます．

$a<0$ のときは，［図4］のように $a(x-p)^2$ がマイナスの値なので，$q+a(x-p)^2$ が点 Q より下の点 P の y 座標を表し①と同様の式を得ます．

曲線 C は放物線 $y=ax^2$ と同じ形なので，$y=a(x-p)^2+q$ を**放物線の式**といいます．

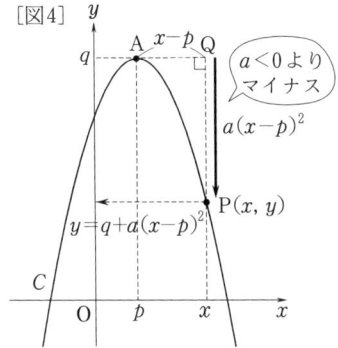

放物線の式 $y=a(x-p)^2+q$

放物線 $y=ax^2$ を，頂点が $A(p, q)$ となるように平行移動した曲線 C の式は
$$y=a(x-p)^2+q \cdots ①$$
と表せる．①を，点 $A(p, q)$ を頂点とする放物線の式という．

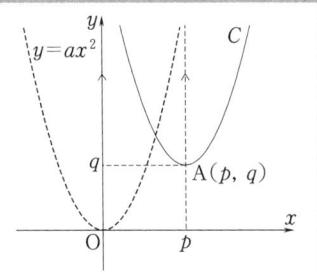

類題演習 1−1 （解答は p.194）

(1) ［図1］の曲線 C は放物線 $y=2x^2$ を頂点が $A(-1, -3)$ となるように平行移動したものである．□を x のみの式で埋め C の式を求めよ．

(2) ［図2］の曲線 C は放物線 $y=-\dfrac{1}{2}x^2$ を頂点が $A(2, 7)$ となるように平行移動したものである．□を x のみの式で埋め C の式を求めよ．

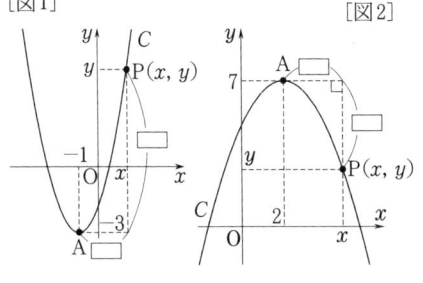

基礎例題 1-2 （2乗の係数を決める）

右の放物線の式を求めよ．

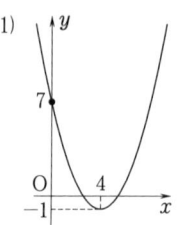
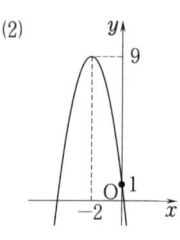

解答

(1) 頂点の座標は $(4, -1)$ なので (p, q) を頂点とする放物線の式
$$y = a(x-p)^2 + q \quad \cdots\cdots\text{①}$$
に $p=4$, $q=-1$ を代入すると
$$y = a(x-4)^2 - 1 \quad \cdots\cdots\text{②}$$
を得る．放物線と y 軸との交点の y 座標（**y 切片**）が 7 なので放物線は点 $(0, 7)$ を通る．

従って，②に $x=0$, $y=7$ を代入して a の値を求める．
$$7 = a(0-4)^2 - 1$$
$$8 = a \times (-4)^2$$
$$8 = 16a \quad \therefore \quad a = \frac{1}{2}$$

これを②に代入して，$y = \dfrac{1}{2}(x-4)^2 - 1$

(2) 頂点の座標は $(-2, 9)$ なので，①に $p=-2$, $q=9$ を代入すると
$$y = a\{x-(-2)\}^2 + 9$$
$$y = a(x+2)^2 + 9 \quad \cdots\cdots\text{③}$$
放物線の y 切片が 1 なので，放物線は点 $(0, 1)$ を通る．
従って③に $x=0$, $y=1$ を代入して a の値を求める．
$$1 = a(0+2)^2 + 9$$
$$1 = a \times 4 + 9$$
$$-8 = 4a \quad \therefore \quad a = -2$$

これを③に代入して，$y = -2(x+2)^2 + 9$

x^2 の係数 a の役割

頂点の座標から，①式の (p, q) はすぐに決まります．ここでは，x^2 の係数 a の値を図形的な意味を考えることで求めてみましょう．

(1)の放物線 C は放物線 $y=ax^2$ を頂点が A(4, -1) となるように平行移動したものです．これは，C 上に点 P をとると[図1]のように，P と頂点 A との高さの差 PH が水平距離 AH の2乗に比例することを意味します．このときの，比例定数が a なので，
$$\text{PH}=a\times\text{AH}^2\ (=a\times\boxed{}^2)$$
が成り立ちます．これと同様のことを放物線 C と y 軸との交点 B で行うと，BK$=a\times$AK^2，即ち

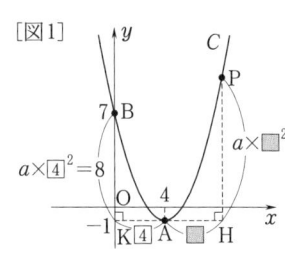

$$7-(-1)=a\times(4-0)^2\ \text{より}\ \ 8=16a\ \ \therefore\ \boldsymbol{a=\dfrac{1}{2}}$$

と求めることができます．

(2)の放物線 C は，放物線 $y=ax^2$ を頂点が A(-2, 9) となるように平行移動したものです（[図2]）．ここで，**C は上に凸なので a が負**であることに注意しましょう．すると $a\times\text{AH}^2$ の値も負になるから
$$-\text{PH}=a\times\text{AH}^2$$
になります．（ここで PH>0 と考える）

これを，C と y 軸の交点 B で行うと，
$$-\text{BK}=a\times\text{AK}^2$$
即ち，$-(9-1)=a\times\{0-(-2)\}^2$
より，$-8=a\times 2^2$ $\therefore$ $\boldsymbol{a=-2}$
と a を求めることができます．

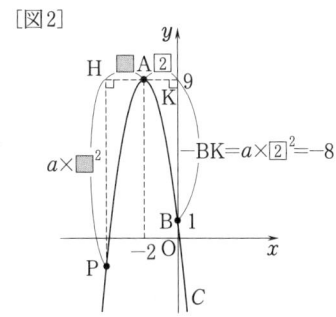

類題演習 1-2 （解答は p.194）

右の放物線の式を求めよ．

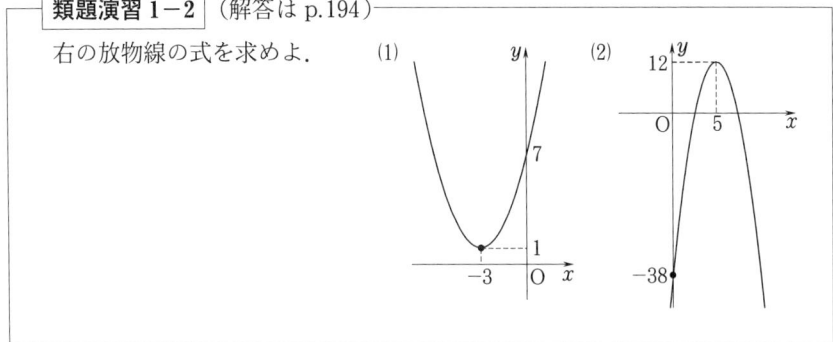

基礎例題 1-3 （平方完成）

次の空欄を埋めて，右辺を平方完成し，与えられた2次関数のグラフを描け．（グラフには頂点の座標と y 切片を明記すること）

(1) $y = x^2 + 6x + 3$
$= (x\bigcirc\square)^2 \bigcirc \square + 3$
$= (x\bigcirc\square)^2 \bigcirc \square$

(2) $y = -2x^2 + 3x - 1$
$= -2(x\bigcirc\square) - 1$
$= -2\{(x\bigcirc\square)^2 \bigcirc \square\} - 1$
$= -2(x\bigcirc\square)^2 \bigcirc \square - 1$
$= -2(x\bigcirc\square)^2 \bigcirc \square$

解答

平方完成公式
$$x^2 + \triangle x = \left(x + \boxed{\triangle の半分}\right)^2 - \boxed{\triangle の半分}^2$$
$$x^2 - \triangle x = \left(x - \boxed{\triangle の半分}\right)^2 - \boxed{\triangle の半分}^2$$

を用いて平方完成しよう．

(1) $y = x^2 + \boxed{6}x + 3 \cdots ①$ （x^2 と $6x$ のみを変形する！）
 ↓（半分）
$= (x + \boxed{3})^2 - \boxed{9} + 3$
 （2乗を引く）
$= (x+3)^2 - 6$

よって，グラフの頂点の座標は $(-3, -6)$．
y 切片は，$x=0$ のときの値であるが
①において，$x=0$ を代入すると，
$y = 0^2 + 6 \times 0 + 3 = 3$
となり，①式の**定数項 3** が y 切片とわかる．グラフは[図1]のように描ける．

$y = a(x-p)^2 + q$ において
$a=1, \ p=-3, \ q=-6$

[図1]

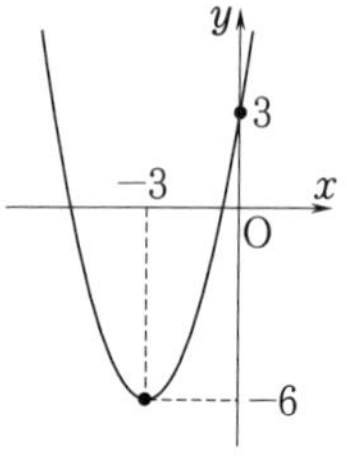

(2) $y = -2x^2 + 3x - 1 \cdots ②$　定数項以外を -2 でくくる
$= -2\left(x^2 - \dfrac{3}{2}x\right) - 1$
 ↓（半分）　　　平方完成公式
$= -2\left\{\left(x - \dfrac{3}{4}\right)^2 - \dfrac{9}{16}\right\} - 1$
 （2乗を引く）　中カッコの中に -2 をかける
$= -2\left(x - \dfrac{3}{4}\right)^2 + \dfrac{9}{8} - 1$
$= -2\left(x - \dfrac{3}{4}\right)^2 + \dfrac{1}{8} \cdots ③$

よってグラフの頂点の座標は
③より $\left(\dfrac{3}{4}, \dfrac{1}{8}\right)$，$y$ 切片は
②の定数項 -1，グラフは[図2]のように描ける．

$y = a(x-p)^2 + q$ において
$a=-2, \ p=\dfrac{3}{4}, \ q=\dfrac{1}{8}$

[図2]

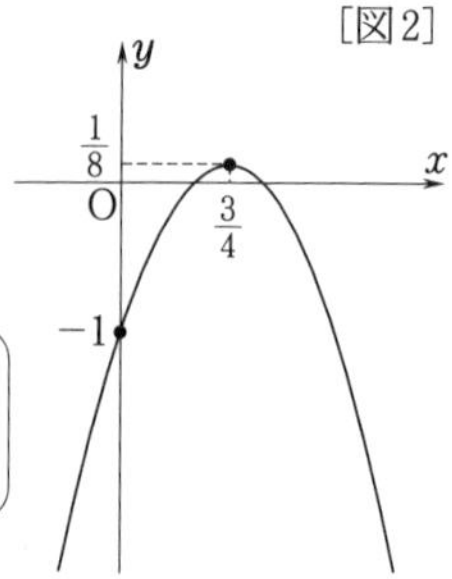

2次関数を平方完成してグラフを描く

1. 2次関数 $y=ax^2+bx+c$ $(a\neq 0)$ …① は例題のように，必ず
$y=a(x-p)^2+q$ …② の形に変形できます．実際に文字係数で変形すると

$$y=a\left(x^2+\boxed{\frac{b}{a}}x\right)+c$$

↓（半分）

$$=a\left\{\left(x+\boxed{\frac{b}{2a}}\right)^2-\boxed{\frac{b^2}{4a^2}}\right\}+c$$

（2乗を引く）

$$=a\left(x+\frac{b}{2a}\right)^2-\frac{b^2}{4a}+c$$

$c=\dfrac{4ac}{4a}$ として通分

$$=a\left(x+\frac{b}{2a}\right)^2-\frac{b^2-4ac}{4a} \quad\cdots\cdots③$$

となり，②，③を比較すると，$p=-\dfrac{b}{2a}$, $q=-\dfrac{b^2-4ac}{4a}$
とわかります．

これより，2次関数①のグラフは③より，放物線 $y=ax^2$ を頂点が
$(p, q)=\left(-\dfrac{b}{2a}, -\dfrac{b^2-4ac}{4a}\right)$ となるように平行移動したものとわかります．
つまり，**2次関数①のグラフは必ず放物線 $y=ax^2$ を平行移動した放物線になっている**わけですね．それゆえ，2次関数③も**放物線の式**と呼ぶことがあります．

2. 平方完成公式は，それぞれ，完全平方式

$$x^2+2ax\boxed{+a^2}=(x+a)^2 \qquad x^2-2ax\boxed{+a^2}=(x-a)^2$$

の $\boxed{}$ を移項した式

$$x^2+\boxed{2a}x=(x+\boxed{a})^2\boxed{-a^2} \qquad x^2-\boxed{2a}x=(x-\boxed{a})^2\boxed{-a^2}$$

（半分）（2乗を引く）　　　　　　（半分）（2乗を引く）

と見ることができます．（詳しくはランクアップ中学数学数式編②（以後「ランクアップ②」）の第3章をご覧ください．）

類題演習 1-3 （解答は p.194）

次の2次関数のグラフの頂点の座標を求め，グラフを描け．（頂点の座標及び y 切片を明記すること）

(1) $y=x^2-3x$　　　　　(2) $y=-x^2-4x+2$

(3) $y=2x^2+5x-4$　　　(4) $y=-\dfrac{1}{4}x^2+x-1$

(5) $y=-\dfrac{1}{2}x^2+2$

基礎例題 1-4（関数記号 $f(x)$ と最大値・最小値）

(1) $f(x)=x^2+3x+4$ ……① について
  (i) $f(2)$, $f(-3)$ を求めよ．
  (ii) $f(x)=8$ を満たす x を求めよ．
(2) 次の関数において，与えられた定義域における最大値・最小値および，そのときの x の値を求めよ．
  (i) $f(x)=-\dfrac{1}{2}x+8$ $(1\leq x\leq 6)$
  (ii) $f(x)=2x^2$ $(-3\leq x\leq 2)$

解説

関数とは，数から数への対応で，入力した数に対して，出力をただ1つ対応させるものでした．おもに入力を x，出力を y とおいて，y を x の式で表しますが，対応全体を文字 f などで表し，入力 x を添えて，関数式を

$$f(x)$$

という記号で表すことがあります．

(1) $f(x)$ 記号は数や文字式を関数式に代入するのに便利な記号です．関数 $f(x)$ に $x=2$ を代入すること，あるいはその結果を

$$f(2)$$

で表し，これは，①の右辺に $x=2$ を代入すること，あるいはその結果を意味します．

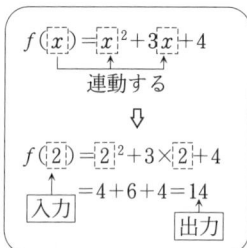

  (i) $f(2)=2^2+3\times 2+4=4+6+4=\mathbf{14}$
    $f(-3)=(-3)^2+3\times(-3)+4=9-9+4=\mathbf{4}$
  (ii) $f(x)$ は①の右辺そのものを表すので
    $f(x)=8$
    $x^2+3x+4=8$
    $x^2+3x-4=0$, $(x+4)(x-1)=0$ $\therefore$ $\mathbf{x=-4,\ 1}$

(2) 関数の入力 x のとりうる範囲を**定義域**といいます．(i)の定義域は $1\leq x\leq 6$，(ii)の定義域は $-3\leq x\leq 2$ です．特にことわりのないときは全ての実数（x 軸全体）を定義域とします．

与えられた定義域の範囲全体を入力 x が動いたときの出力 $f(x)$ のとりうる値の範囲を**値域**といいます．出力はおもに文字 y を用いて表します．y の範囲は実数全体を考えますが，(i)(ii)の $f(x)$ の値域は y 軸内の限られた範囲になります．そこで

> $f(x)$ の値域の最大の値を関数 $f(x)$ の**最大値**
> $f(x)$ の値域の最小の値を関数 $f(x)$ の**最小値**

といいます．関数の最大値・最小値を求めるには次のように $f(x)$ の範囲を y 軸上にとった関数のグラフを描いて考えましょう．

(i) $y=f(x)=-\dfrac{1}{2}x+8$ $(1\leqq x\leqq 6)$

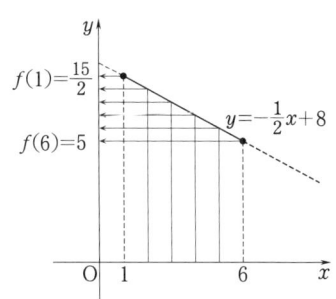

1次関数 $y=-\dfrac{1}{2}x+8$ のグラフは右図のように，傾きが負の直線になります．定義域の端の値を代入すると $f(x)$ の最大値と最小値が得られることが，グラフよりわかります．

よって，**最大値は，$x=1$ のとき**

$$f(1)=-\dfrac{1}{2}+8=\dfrac{15}{2}$$

最小値は，$x=6$ のとき

$$f(6)=-\dfrac{1}{2}\times 6+8=5$$

(ii) $y=f(x)=2x^2$ $(-3\leqq x\leqq 2)$

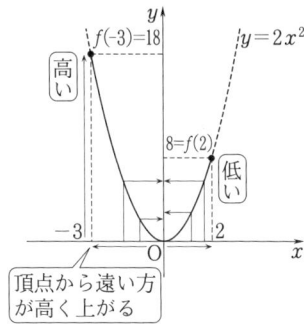

2次関数 $y=2x^2$ のグラフは原点を頂点とする放物線です．頂点の x 座標 0 が定義域に含まれているので，グラフの曲がり具合から見て，$f(x)$ の値は

$-3\leqq x\leqq 0$ で減少

$0\leqq x\leqq 2$ で増加

します．$f(x)$ の最大値・最小値は，$-3\leqq x\leqq 2$ の範囲内でのグラフの最高地点（の y 座標）と最低地点（の y 座標）に対応します．

最低地点はグラフの頂点 $(0, 0)$ です．最高地点は，頂点の x 座標（$x=0$）から遠い方の端点（$x=-3$）に対応する点 $(-3, 18)$ です．よって，

最大値は $x=-3$ のとき $f(-3)=18$

最小値は $x=0$ のとき $f(0)=0$

となります．

類題演習 1-4　（解答は p.195）

$f(x)=x^2+2x$ について，

(1) $f(1)$，$f(-2)$ の値を求めよ．

(2) $f(x)=15$ を満たす x の値を求めよ．

(3) $f(a)$，$f(a+1)$ の値を求めよ．

(4) $f(a-2)=15$ を満たす a の値を求めよ．

基礎例題 1-5 （2次関数の最大・最小1）

2次関数 $f(x)=x^2-4x+1$ ……① の次の範囲における最大値・最小値及びそのときの x の値を求めよ．
(1) $-1\leqq x\leqq 1$ (2) $0\leqq x\leqq 5$ (3) 全実数

2次関数のグラフ（放物線）の頂点と定義域の関係がわかるグラフを描いて考えましょう．

まず①のグラフの頂点の座標を求めましょう．
$$y=f(x)=x^2-4x+1=(x-2)^2-3 \quad \cdots\cdots ②$$
よってグラフの頂点は $(2, -3)$ です．

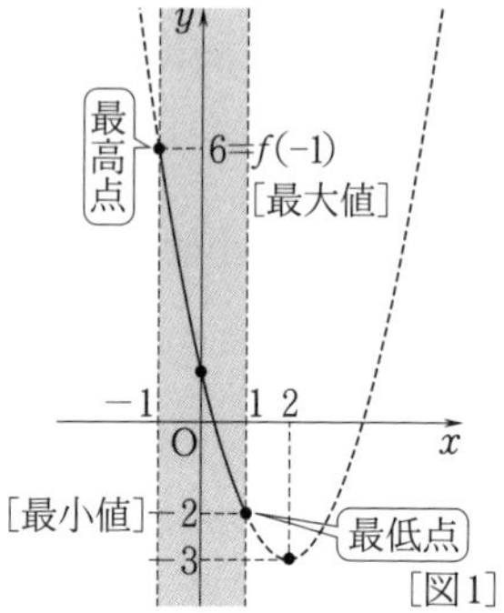

(1) 頂点の x 座標 $x=2$ は，定義域 $-1\leqq x\leqq 1$ よりも右側にあります．すると［図1］のように放物線の頂点が定義域エリア（網目部）より右側に来るので，エリアでの
　グラフの最高点は $x=-1$ のとき（定義域の左端）
　グラフの最低点は $x=1$ のとき（定義域の右端）
です．従って関数 $y=f(x)$ の $-1\leqq x\leqq 1$ における
　最大値は $x=-1$ のとき，$f(-1)=(-1)^2-4\times(-1)+1=6$
　最小値は $x=1$ のとき，$f(1)=1^2-4\times 1+1=-2$

(2) 頂点の x 座標 $x=2$ が定義域 $0\leqq x\leqq 5$ に含まれます．このとき，［図2］のように定義域エリア（網目部）内で

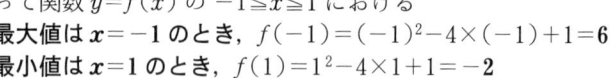
頂点がグラフの最低点

です．従って，**最小値は頂点の y 座標になります．**

次に最大値を考えましょう．グラフの端点を［図2］のように A, B とおきます．単純に A, B の y 座標を比較すると
$$f(0)=1,\ f(5)=5^2-4\times 5+1=6$$
なので，最大値は $x=5$ のとき，6 とわかります．

しかし，2つの端点の y 座標を計算しなくても，どちらで最大値をとるかは，頂点と端点の x 座標の関係でわかってしまいます．

点 A は y 軸上にあり，①の y 切片を考えると A$(0, 1)$ とわかります．これに対して，放物線の対称軸 $(x=2)$ に関して A と対称な点 A′ は頂点か

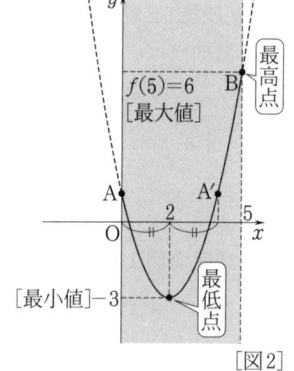

らの x 軸方向の距離の絶対値が A と同じなので，A′ と A の y 座標は一致します．点 B は，頂点から見て A′ よりさらに右にあるので
$$(\text{A の }y\text{ 座標})=(\text{A′ の }y\text{ 座標})<(\text{B の }y\text{ 座標})$$
となり，　**頂点から水平方向の距離が遠い方の端点 B が最高点**

です．従って最大値は端点Bのy座標になります．従って関数$y=f(x)$の $0 \leq x \leq 5$における，

最大値は$x=5$のとき，$f(5)=5^2-4\times 5+1=6$

最小値は$x=2$のとき，-3（頂点のy座標）

(3) 全実数とは**全ての実数**のことです．定義域が全実数ということは，**x軸全体**でグラフを考えればよいということです．定義域が特に指定されていない場合には，関数の定義域は全実数で考えます．

この場合，頂点が最低点になることはすぐにわかります．

最高点ですが，xの値が限りなく大きくなっても，限りなく小さくなっても，$f(x)$の値は限りなく大きくなるので最高点は存在しません．従って，関数$y=f(x)$の全実数における，

最大値はなし，最小値は$x=2$のとき -3

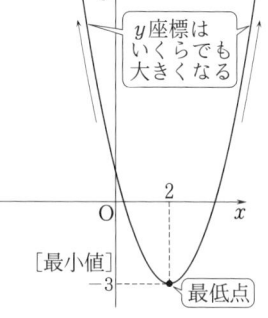

2次関数 $y=f(x)=a(x-p)^2+q$ ($\alpha \leq x \leq \beta$) の最大・最小（$a>0$）

グラフが**下に凸**（$a>0$）で，
頂点のx座標$x=p$が定義域に含まれる（$\alpha \leq p \leq \beta$）場合には，

> **最小値は頂点のy座標**
> **最大値は頂点から水平距離が遠い方の端点のy座標**

で与えられます．最大値はx座標α, p, βの関係から定まることに注意しましょう．

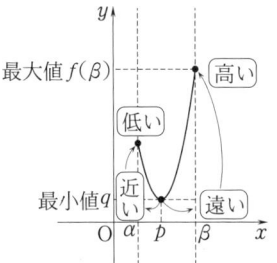 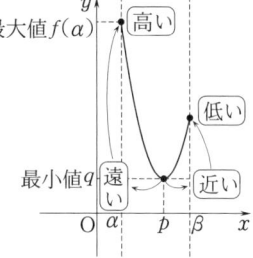

類題演習 1-5 （解答は p.195）

2次関数 $y=2x^2+6x+4$ の次の範囲における最大値・最小値及び，そのときのxの値を求めよ．

(1) $-3 \leq x \leq 1$ (2) $0 \leq x \leq 2$

基礎例題 1-6 （2次関数の最大・最小 2）

次の2次関数の最大値・最小値及びそのときの x の値を求めよ．
(1) $y = f(x) = -2x^2 + 7x - 4$ $(1 \leqq x \leqq 3)$
(2) $y = f(x) = -\dfrac{1}{3}x^2 + x - 1$ $\left(\dfrac{4}{3} \leqq x \leqq \dfrac{7}{4}\right)$

解説

(1) まず，右辺を平方完成して，グラフの頂点の座標を求めましょう．

$$y = f(x) = -2x^2 + 7x - 4 \quad \cdots\cdots ①$$
$$= -2\left(x^2 - \dfrac{7}{2}x\right) - 4 = -2\left\{\left(x - \dfrac{7}{4}\right)^2 - \dfrac{49}{16}\right\} - 4$$
$$= -2\left(x - \dfrac{7}{4}\right)^2 + \dfrac{49}{8} - 4 = -2\left(x - \dfrac{7}{4}\right)^2 + \dfrac{17}{8} \quad \cdots\cdots ②$$

よって，頂点の座標は $\left(\dfrac{7}{4}, \dfrac{17}{8}\right)$ です．

グラフの放物線は上に凸であり，**頂点の x 座標 $x = \dfrac{7}{4}$ が定義域に含まれる**ので，グラフの頂点が定義域内の最高点となり，**最大値は頂点の y 座標**であるとわかります．

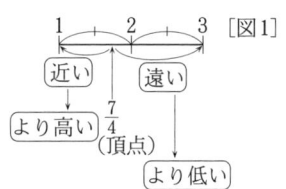

次に，最小値が端点のどちらの値でとるかを考えます．[図1]のように頂点の x 座標，$x = \dfrac{7}{4}$ は定義域 $1 \leqq x \leqq 3$ の中点 $(x=2)$ より左側にあるので，**$x=1$ よりも，頂点から遠い $x=3$ のとき**，グラフはより低い位置に来ます．よって，最小値は $x=3$ のときの y の値とわかります．

従って関数 $f(x)$ の $1 \leqq x \leqq 3$ における

最大値は $x = \dfrac{7}{4}$ のとき $\dfrac{17}{8}$（頂点の y 座標）

最小値は $x=3$ のとき，
$f(3) = -2 \times 3^2 + 7 \times 3 - 4 = -1$（①に代入！）

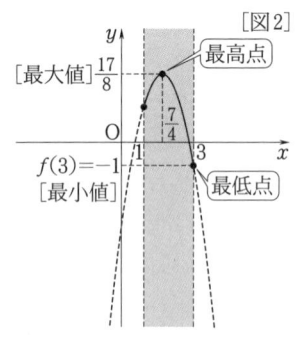

(2) $y = f(x) = -\dfrac{1}{3}x^2 + x - 1 \quad \cdots\cdots ①$
$$= -\dfrac{1}{3}(x^2 - 3x) - 1 = -\dfrac{1}{3}\left\{\left(x - \dfrac{3}{2}\right)^2 - \dfrac{9}{4}\right\} - 1$$
$$= -\dfrac{1}{3}\left(x - \dfrac{3}{2}\right)^2 + \dfrac{3}{4} - 1 = -\dfrac{1}{3}\left(x - \dfrac{3}{2}\right)^2 - \dfrac{1}{4} \quad \cdots\cdots ②$$

よって，頂点の座標が $\left(\dfrac{3}{2}, -\dfrac{1}{4}\right)$ とわかり，頂点の x 座標が定義域に含まれることと，グラフの放物線が上に凸なことから，頂点の y 座標で**最大値**をとります．

次に，最小値を端点のどちらでとるかですが，放物線の対称性から，頂点の x 座標から遠い方の x において最小値をとります．

$R = [\text{頂点から右端までの}\,x\,\text{座標の差}] = \dfrac{7}{4} - \dfrac{3}{2} = \dfrac{1}{4}$

$L = [\text{頂点から左端までの}\,x\,\text{座標の差}] = \dfrac{3}{2} - \dfrac{4}{3} = \dfrac{1}{6}$

$\dfrac{1}{6} < \dfrac{1}{4}$ より，定義域の右端の値 $x = \dfrac{7}{4}$ で最小値をとります．

[図3]
$\dfrac{4}{3}\left(=\dfrac{16}{12}\right)$　$\dfrac{3}{2}\left(=\dfrac{18}{12}\right)$　$\dfrac{7}{4}\left(=\dfrac{21}{12}\right)$

$L = \dfrac{2}{12}$　$R = \dfrac{3}{12}$
（短）　　（長）

$L < R$ より遠い方で最小値

[図4]

$\left(\dfrac{3}{2}, -\dfrac{1}{4}\right)$
$\left(\dfrac{7}{4}, f\left(\dfrac{7}{4}\right)\right)$

最大値　最小値

従って，関数 $y = f(x)$ の $\dfrac{4}{3} \leqq x \leqq \dfrac{7}{4}$ における

最大値は $x = \dfrac{3}{2}$ **のとき** $-\dfrac{1}{4}$　（頂点の y 座標）

最小値は $x = \dfrac{7}{4}$ **のとき** $f\left(\dfrac{7}{4}\right) = -\dfrac{1}{3}\left(\dfrac{7}{4}\right)^2 + \dfrac{7}{4} - 1 = -\dfrac{13}{48}$　（①に代入）

2次関数 $y = f(x) = a(x - p)^2 + q$ $(\alpha \leqq x \leqq \beta)$ の最大・最小　$(a < 0)$

グラフが**上に凸**（$a < 0$）で，
頂点の x 座標 $x = p$ が定義域に含まれる（$\alpha \leqq p \leqq \beta$）場合には

> **最大値は頂点の y 座標 q （$x = p$）**
> **最小値は頂点から水平距離が遠い方の端点の y 座標**

で与えられます．最小値は x 座標 α, p, β の関係から定まることに注意しましょう．

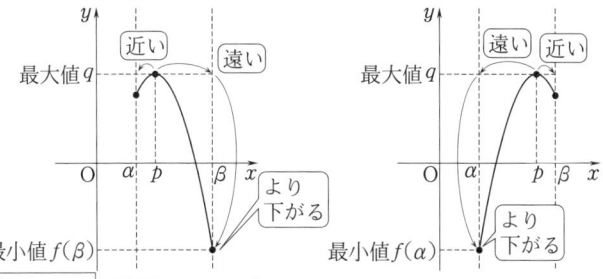

類題演習 1−6　（解答は p.195）

次の2次関数の最大値・最小値及びそのときの x の値を求めよ．

(1)　$y = f(x) = 3x^2 + 4x - 1$ 　$\left(-\dfrac{4}{3} \leqq x \leqq -\dfrac{1}{2}\right)$

(2)　$y = f(x) = -2x^2 + \sqrt{2}\,x$ 　$\left(\dfrac{1}{10} \leqq x \leqq \dfrac{1}{\sqrt{2}}\right)$

§2 2次不等式・接線

基礎例題 1-7 (2次不等式を解く)

Ⅰ) 2次不等式 $x^2-5x+4>0$ を次の手順で解け.
(1) 2次関数 $y=x^2-5x+4$ のグラフの x 切片を求めよ.
(2) 2次関数 $y=x^2-5x+4$ の値域 y が正になるような x の範囲を求めよ.
(3) 2次不等式 $x^2-5x+4>0$ の解を求めよ.

Ⅱ) 2次不等式 $x^2-x-6\leqq0$ の解を求めよ.

Ⅰ) (1) グラフの x 切片とは，グラフと x 軸との共有点(交点または接点)の x 座標です．x 軸上の点の y 座標は0なので

　　　　x 切片は $y=0$

として求めましょう．

　2次関数 $y=x^2-5x+4$ ……①

に $y=0$ を代入して

　2次方程式 $x^2-5x+4=0$

の，左辺を因数分解して，

　$(x-1)(x-4)=0$ 　∴ $x=1, 4$

[図1]

(2) ①のグラフを x 切片に注目して描きましょう．まず x 軸上に x 切片 $x=1, 4$ を記入します[図1]．

　①の x^2 の係数が正なので，**グラフは下に凸**です．よって x 軸上の2点 $x=1, x=4$ を通る下に凸の放物線を描きましょう[図2]．

[図2]

　さて[図2]のグラフを用いて①の**値域 y が正**になる x の範囲を求めましょう．

　　　$y>0$ となるのは，グラフが
　　　x 軸より上を通るとき

なので[図3]より，$y>0$ となる x の範囲は

　1より小さい かまたは **4より大きい**

範囲([図4])です．この範囲を不等式で，

$x<1, 4<x$ と書きます．

[図3]

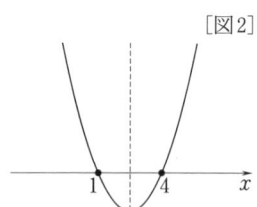

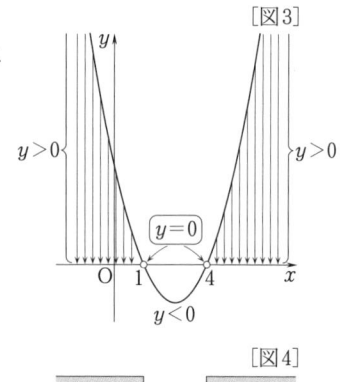

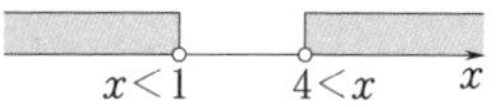

(3) 「2次不等式 $x^2-5x+4>0$ の解」とは
「x^2-5x+4 の値が正となるような x の範囲」
であり，それは
　　2次関数 $y=x^2-5x+4$
　　のグラフの y 座標が正となるような x の範囲
と考えられます．

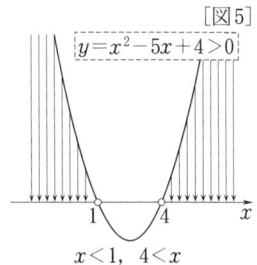

> グラフが x 軸より上にあるところが
> x^2-5x+4 の値が正となるところ

なので，その部分に対応する x の範囲が解になります．これは(2)と同じ答なので
　　2次不等式 $x^2-5x+4>0$
の解は
　　$x<1,\ 4<x$
と求まります([図5])．

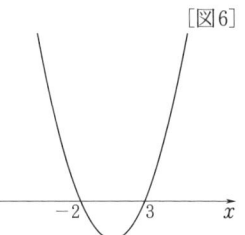

II) $y=x^2-x-6$ ……②
とおいて②の x 切片を求めると
　　$x^2-x-6=0$
　　$(x-3)(x+2)=0$ より $x=3,\ -2$
②のグラフが下に凸になることから
グラフを描くと[図6]のようになります．
　「2次不等式 $x^2-x-6\leqq 0$ の解」は
「2次関数 $y=x^2-x-6$ のグラフの **y 座標が 0 または負**になる x の範囲」なので，[図7]のように

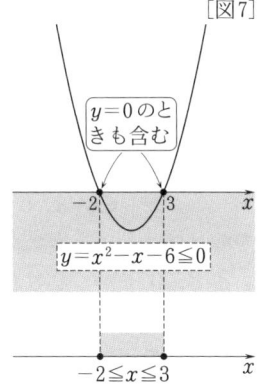

> グラフが x 軸上またはそれより
> 下を通るときの x の範囲

を求めればよいわけです．従って[図7]より2次不等式 $x^2-x-6\leqq 0$ の解は， $-2\leqq x\leqq 3$

 I)において， x についての不等式は x を左側にして $x<1,\ x>4$ とするのが標準的ですが，本書では，数直線（x 軸）の大小関係に従って，小さい順に $x<1,\ 4<x$ と書くことにします．

基礎例題 1-8 （x^2 の係数が負の場合）

2次不等式 $-x^2+6x-8<0$ を解け．

解答1

2次関数 $y=-x^2+6x-8$ ……①
の x 切片を求めてグラフを描く．

$$y=-x^2+6x-8$$
$$=-(x^2-6x+8)$$
$$=-(x-2)(x-4)$$

$y=0$ として2次方程式 $-(x-2)(x-4)=0$
を解くと，$x=2, 4$ と x 切片が求まる．

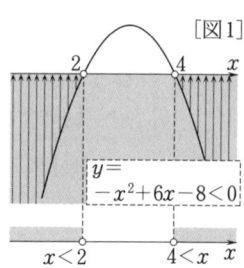

①の x^2 の係数は負なので，①のグラフは**上に凸**．従って①のグラフは[図1]のようになり，$-x^2+6x-8<0$ の解は，①のグラフにおいて，$y<0$，すなわち，**グラフが x 軸より下を通るときの x の範囲**なので，

$x<2, \ 4<x$

解答2

2次不等式の**両辺に -1 をかけても，解は変わらない**ので

$$x^2-6x+8>0 \ \cdots\cdots ②$$

（不等号の向きが変わるよ!!）

を解けばよいことがわかる．

不等式②を解くわけだから，
2次関数 $y=x^2-6x+8$ ……③
のグラフを用いて解く．③の右辺は

$$y=(x-2)(x-4)$$

と因数分解されるので，x 切片は $x=2, 4$．

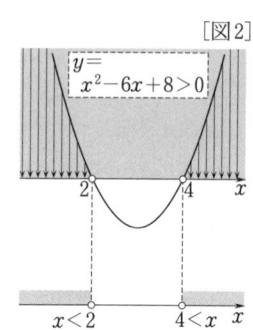

③のグラフは x^2 **の係数が正なので下に凸**．

従って③のグラフは[図2]のようになり，$x^2-6x+8>0$ の解は，グラフが $y>0$ となるときの x の範囲なので $x<2, \ 4<x$

例題演習 1-9 （x 切片を解の公式で求める）

2次不等式 $x^2-7x+8 \geq 0$ を解け．

解答

2次関数 $y=x^2-7x+8$ ……①
のグラフの x 切片を求めるために①に $y=0$ を代入する．

2次方程式 $x^2-7x+8=0$ ……②
の左辺は整数係数の範囲で因数分解できない．

因数分解できないときは解の公式で

x 切片を求めればよい．②を解の公式で解くと

$$x = \frac{7 \pm \sqrt{49-32}}{2} = \frac{7 \pm \sqrt{17}}{2}$$

よって，x 切片は $x = \dfrac{7-\sqrt{17}}{2},\ \dfrac{7+\sqrt{17}}{2}$ と求まる．

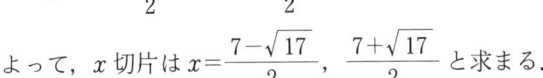
[図1]

①の x^2 の係数が正なので①のグラフは下に凸．

従って，x 切片の大小に注意して[図1]のようにグラフを書く．

$x^2-7x+8 \geq 0$ の解は①のグラフにおいて $y \geq 0$，すなわちグラフが x 軸上またはそれより上を通るときの x の範囲なので

$$x \leq \frac{7-\sqrt{17}}{2},\ \frac{7+\sqrt{17}}{2} \leq x$$

（等号がつくことに注意）

類題演習 1-7 （解答は p.195）

次の2次不等式を解け．

(1) $x^2+11x+18>0$　　(2) $2x^2-16x+14<0$

(3) $-x^2+x+12 \geq 0$　　(4) $x^2+3x+1 \geq 0$

(5) $-2x^2-5x+2<0$　　(6) $x^2-6x+4 \leq 0$

(7) $x^2+2x \geq 0$　　(8) $x^2 \leq 4$

基礎例題 1-10 （x 切片がないとき）

Ⅰ） (1) 2次関数 $y=x^2+5x+7$ の x 切片を求めよ．
　　(2) 2次不等式 $x^2+5x+7>0$ を解け．
Ⅱ） 2次不等式 $-x^2+x-2>0$ を解け．

解説

Ⅰ） (1) 2次関数 $y=x^2+5x+7$ ……①
のグラフの x 切片を求めるために $y=0$ として，
　　　2次方程式 $x^2+5x+7=0$
を解くわけですが，左辺は整数の範囲で因数分解できないので，**解の公式**を用います．すると，$x=\dfrac{-5\pm\sqrt{25-28}}{2}=\dfrac{-5\pm\sqrt{-3}}{2}$　（ルートの中がマイナス!?）
となり，**実数解をもちません**．

　実数は，私たちが今まで親しんできた数すべてを表し，それらは数直線上（x 軸上）に対応がつけられます．**実数は2乗すると必ず0以上になるので**，$\sqrt{-3}$（2乗して -3 になる数）は実数ではない，つまり，

$$\text{実数ではない}\left(\dfrac{-5\pm\sqrt{-3}}{2}\right) \to x \text{軸上に対応しない} \to x \text{切片を持たない}$$

と判定します．従って①のグラフは x 切片を持たないことになります．

(2) ①のグラフは「**下に凸で，x 切片を持たない**」ので x 軸とグラフの関係は大雑把に[図1]のようだと把握できます．

　ここで，2次不等式 $x^2+5x+7>0$ ……② の解は，①のグラフにおいて $y>0$，すなわち，x 軸より上を通るときの x の範囲ですが，[図2]のように，**①のグラフ上の点の y 座標はすべて正なので**，不等式②を満たす x は（x 軸上のすべての数を実数と呼ぶわけですから）**すべての実数**あるいは**全実数**となります．

　実際に①の右辺を平方完成して
$$y=x^2+5x+7=\left(x+\dfrac{5}{2}\right)^2+\dfrac{3}{4}$$

とすると頂点 $\left(-\dfrac{5}{2},\ \dfrac{3}{4}\right)$ が x 軸より上になることがわかりますが，2次不等式を解くためには，グラフが下に凸で x 切片を持たないことがわかれば十分ですね．

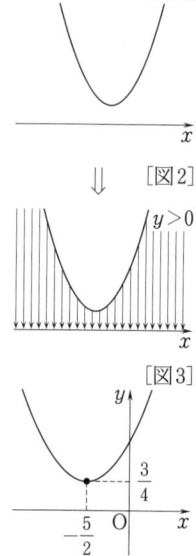

Ⅱ) 2次関数 $y=-x^2+x-2$ ……③ の x 切片を求めましょう．
$$-x^2+x-2=0$$
両辺に -1 をかけて
$$x^2-x+2=0$$
解の公式を用いて
$$x=\frac{1\pm\sqrt{-7}}{2}$$

（ルートの中がマイナス!?）

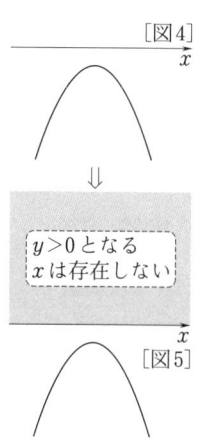

従って，x 切片は存在しません．③のグラフは**上に凸**で **x 切片が存在しない**ので[図4]のようになります．
　2次不等式 $-x^2+x-2>0$ ……④
の解は③のグラフ上の点で $y>0$，つまり x 軸より上を通るときの x の範囲ですが，③のグラフはつねに x 軸より**下側を通る**ので，**④を満たす x は存在しない**ことになります．よって④の解は，**解なし**と答えます．

「全実数」「解なし」となる2次不等式

2次不等式 $ax^2+bx+c>0$ において，
　　グラフの x 切片を求める2次方程式
$$ax^2+bx+c=0$$
が実数解を持たなければ（解の公式に代入したときルートの中 b^2-4ac がマイナスになってしまったら），2次関数 $y=ax^2+bx+c$ は x 切片を持たないので，a の正負に応じて以下の図のようになります．それぞれの図において，$ax^2+bx+c>0$ の解は
　　グラフ全体が x 軸より上（$y>0$）にあれば**全実数**
　　グラフ全体が x 軸より下（$y>0$ 以外）にあれば**解なし**
と判断しましょう．

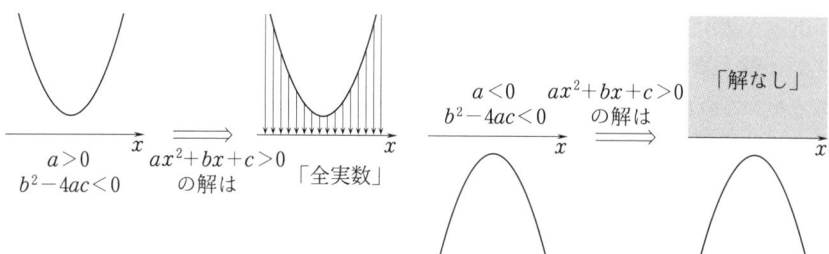

例題演習 1-11 （へんな解の 2 次不等式）

次の 2 次不等式を解け．
(1) $x^2-8x+16>0$
(2) $-x^2+\sqrt{8}\,x-2\geqq 0$
(3) $3x^2+\sqrt{12}\,x+1\geqq 0$
(4) $-x^2-2x-1>0$

解答

(1) 2 次関数 $y=x^2-8x+16$ ……①

の x 切片は $x^2-8x+16=0$ を解いて，
$$(x-4)^2=0 \quad \text{重解!!}$$
より $x=4$

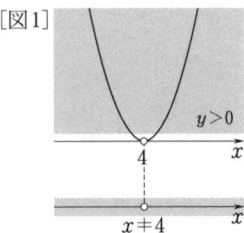
[図1]

x 切片が 1 つなので①のグラフは **x 軸に接し**，グラフが下に凸なので[図1]のように描ける．

2 次不等式 $x^2-8x+16>0$ の解は，①のグラフが x 軸より上を通るときの x の範囲であるがこれは x 切片の $x=4$ 以外，すなわち，
$$\boldsymbol{x\neq 4} \quad (\text{あるいは}\ \boldsymbol{x<4,\ 4<x})$$
である．

注 2 次不等式の解のとりうる範囲は実数の中のどの範囲かを考えているので，$x\neq 4$ と書くと「実数において $x=4$ 以外である」という意味が自然に含まれます．

(2) 不等式の両辺に -1 をかけた
$$x^2-\sqrt{8}\,x+2\leqq 0$$
を解く．

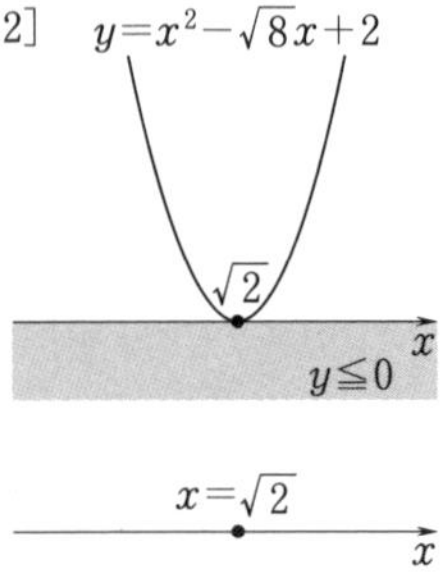

2 次関数 $y=x^2-\sqrt{8}\,x+2$ ……②

の x 切片は，$x^2-\sqrt{8}\,x+2=0$ を**解の公式で**解いて
$$x=\frac{\sqrt{8}\pm\sqrt{8-8}}{2}=\frac{\sqrt{8}\pm\sqrt{0}}{2}=\frac{\sqrt{8}}{2}=\sqrt{2}$$

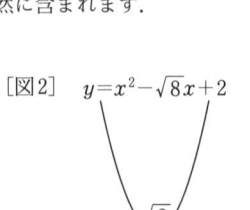
[図2]

x 切片が 1 つなので②のグラフは **x 軸に接し**グラフが下に凸なので[図2]のように描ける．

よって 2 次不等式 $x^2-\sqrt{8}\,x+2\leqq 0$ の解は②のグラフが x 軸上またはそれ以下を通るときの x の範囲であるが，これは接点の x 座標 $x=\sqrt{2}$ のみである．

∴ $\boldsymbol{x=\sqrt{2}}$

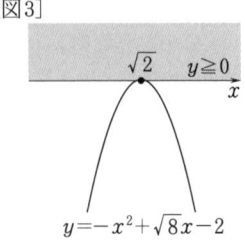
[図3]

注 $-x^2+\sqrt{8}\,x-2\geqq 0$ を 2 次関数 $y=-x^2+\sqrt{8}\,x-2$ が $y\geqq 0$ を通るときの x の範囲として求めると[図3]のようになり，やはり $x=\sqrt{2}$ となります．

(3) 2次関数 $y=3x^2+\sqrt{12}\,x+1$ ……③
の x 切片は $3x^2+\sqrt{12}\,x+1=0$ を解いて
$$x=\frac{-\sqrt{12}\pm\sqrt{12-12}}{6}=-\frac{\sqrt{3}}{3}$$

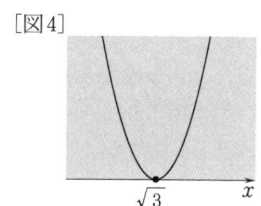
[図4]

x 切片が1つなので③のグラフは **x 軸に接し** グラフが下に凸なので[図4]のように描ける.

2次不等式 $3x^2+\sqrt{12}\,x+1\geqq 0$ の解は③のグラフが x 軸上またはそれより上を通るときの x の範囲であるが,グラフ上のどの点も x 軸上またはそれより上にあるため,解は **全実数** である.

(4) (2)と同様に,不等式の両辺に -1 をかけた
$$x^2+2x+1<0$$
を解く.

2次関数 $y=x^2+2x+1$ ……④
の x 切片は,$x^2+2x+1=0$ の左辺を因数分解して
$$(x+1)^2=0 \quad \text{重解!!}$$
より $x=-1$

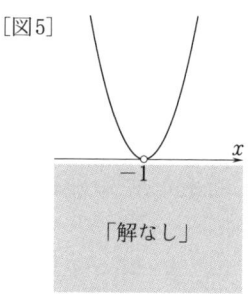
[図5]
「解なし」

x 切片が1つなので④のグラフは **x 軸に接し** グラフが下に凸なので[図5]のように描ける.

2次不等式 $x^2+2x+1<0$ の解は,④のグラフが x 軸より下を通るときの x の範囲であるが,グラフは x 軸上またはそれより上を通るので,そのような x は存在しない.つまり答は **解なし** である.

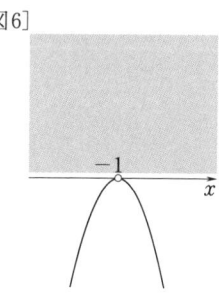
[図6]

▶注 $-x^2-2x-1>0$ を2次関数 $y=-x^2-2x-1$ が $y>0$ を通るときの x の範囲として求めると[図6]のようになり,やはり **解なし** となります.

類題演習 1-8 (解答は p.196)

次の2次不等式を解け.
(1) $x^2+3x+4>0$ (2) $3x^2-6x+3>0$
(3) $9x^2+6x+1\leqq 0$ (4) $-4x^2+4x-1>0$

基礎例題 1-12 (2次関数の決定)

グラフが次を満たす2次関数の式を求めよ．
(1) 頂点が $(-3, -1)$ で点 $(-5, 7)$ を通る．
(2) x 切片が -1，4 で点 $(-2, -3)$ を通る．
(3) 平行移動すると $y=2x^2$ のグラフと一致し2点 $(-2, -6)$，$(3, 24)$ を通る．

2次関数を表す3式，平方完成型・因数分解型・展開型

2次関数には特色のある3つの形があります．

1 平方完成された形　$y=a(x-p)^2+q$
2 因数分解された形　$y=a(x-\alpha)(x-\beta)$
3 展開された形　　　$y=ax^2+bx+c$

これら3つの形から得られるグラフの情報はそれぞれ異なります．

1 $y=a(x-p)^2+q$ 　　　2 $y=a(x-\alpha)(x-\beta)$ 　　　3 $y=ax^2+bx+c$
⇒ グラフの頂点が (p, q) 　⇒ x 切片が α, β 　　　⇒ y 切片が c
⇒ グラフの対称軸が $x=p$

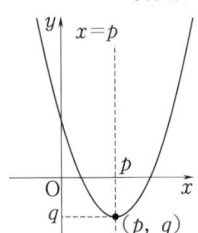 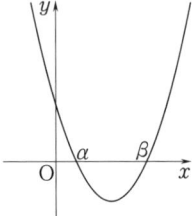 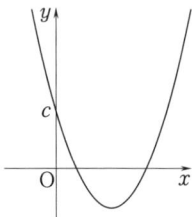

2次関数の決定の問題では

| 頂点，対称軸 ⇒ 1 $y=a(x-p)^2+q$ 〔平方完成型〕 |
| x 切片　　　⇒ 2 $y=a(x-\alpha)(x-\beta)$ 〔因数分解型〕 |
| 上記以外　　　⇒ 3 $y=ax^2+bx+c$ 〔展開型〕 |

のように式を上手に選択して解きましょう．特に，頂点や x 軸上の点以外の2点をグラフが通る問題では，式の処理が簡単な 3 を選ぶのが得策です．

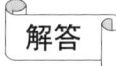

(1) グラフの頂点が $(-3, -1)$ なので，①を用いて
$$y = a(x+3)^2 - 1 \cdots\cdots ①$$
とおける．グラフが点 $(-5, 7)$ を通るので，①に $x=-5$, $y=7$ を代入して a を決める．

（a を忘れずに！）

$$7 = a(-5+3)^2 - 1$$
$$7 = 4a - 1, \quad 4a = 8 \quad \therefore \quad a = 2$$

よって，求める式は $\boldsymbol{y = 2(x+3)^2 - 1}$

(2) グラフの x 切片が -1, 4 なので，②を用いて
$$y = a(x+1)(x-4) \cdots\cdots ②$$
とおける．グラフが点 $(-2, -3)$ を通るので，②に $x=-2$, $y=-3$ を代入する．

$$-3 = a(-2+1)(-2-4), \quad -3 = a \times (-1) \times (-6) \quad \therefore \quad a = -\frac{1}{2}$$

よって，求める式は $\boldsymbol{y = -\dfrac{1}{2}(x+1)(x-4)}$

(3) 平行移動して，$y = 2x^2$ のグラフと一致するということは，放物線の形を決める x^2 の係数が $y = 2x^2$ と同じ「2」とわかる．ここで，①②③のどの形であっても $a=2$ であるが，処理が簡単な③を用いる．求める式を
$$y = 2x^2 + bx + c \cdots\cdots ③$$
とおいて，点 $(-2, -6)$ を通ることから③に $x=-2$, $y=-6$ を代入する．

$$-6 = 2 \times (-2)^2 + b \times (-2) + c$$

を整理して，$\quad -2b + c = -14 \cdots\cdots ④$

点 $(3, 24)$ を通るので，③に $x=3$, $y=24$ を代入する．

$$24 = 2 \times 3^2 + b \times 3 + c$$

を整理して，$\quad 3b + c = 6 \cdots\cdots ⑤$

④⑤より c を消去して

$$⑤: \quad 3b + c = 6$$
$$④: -)\ -2b + c = -14$$
$$\overline{\qquad 5b \quad = 20}$$
$$\therefore \quad b = 4 \quad ⑤より c = -6 \quad \therefore \quad \boldsymbol{y = 2x^2 + 4x - 6}$$

類題演習 1−9（解答は p.196）

グラフが次を満たす2次関数の式を求めよ．

(1) 平行移動すると $y = -3x^2$ のグラフと一致し，2点 $(-1, 2)$, $(2, -4)$ を通る．

(2) 対称軸が $x = 2$ で，2点 $(1, 3)$, $(-2, -27)$ を通る．

基礎例題 1-13 （放物線の接線）

放物線 $y=2x^2-3x+7$ ……① に次の各点を通る接線を引く．このとき，それぞれの接線の式を求めよ．
(1) 点$(0, -1)$　(2) 点$(1, -2)$　(3) 放物線上の点$(1, 6)$

(1) 求める接線の傾きを a とおくと，接線は $y=ax-1$ ……② と表せます．そこで②が①の接線になるためには，①と②の共有点(交点)の x 座標を求める方程式(①，②の y を消去した式)

$$2x^2-3x+7=ax-1 \text{ ……③}$$

が**重解を**(実数解をただ1つ)**持てばよい**ので③を x について整理して

$$2x^2-3x-ax+8=0$$
$$2x^2-(3+a)x+8=0 \text{ ……④}$$

④の判別式（解の公式のルートの中）が 0 になるように a を決めましょう．

判別式 $D=\{-(3+a)\}^2-4\times 2\times 8=0$
$(a+3)^2-8^2=0$
$(a+3+8)(a+3-8)=0$ ← 2乗の差は和と差の積に
$(a+11)(a-5)=0$
∴ $a=-11, 5$

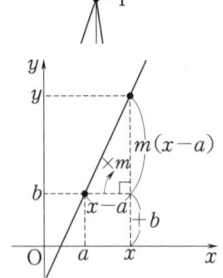

よって，求める接線の式は②に代入して，
$\boldsymbol{y=-11x-1,\ y=5x-1}$

(2) 求める接線の傾きを m とおくと，接線は点 $(1, -2)$ を通るので，次の「1点と傾きの公式」より

1点と傾きの公式
傾き m で点 (a, b) を通る直線の式は
$$y=m(x-a)+b$$

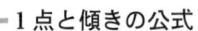

$$y=m(x-1)-2 \text{ ……⑤}$$

とおけます．あとは(1)と同じように，①と⑤の共有点の x 座標を求める方程式

$$2x^2-3x+7=m(x-1)-2 \text{ ……⑥}$$

が**重解をもつ**ように m を決めましょう．⑥を x について整理して

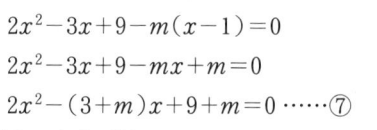

$$2x^2-3x+9-m(x-1)=0$$
$$2x^2-3x+9-mx+m=0$$
$$2x^2-(3+m)x+9+m=0 \quad \cdots\cdots ⑦$$

⑦の判別式が 0 になればよいので

判別式 $D=\{-(3+m)\}^2-4\times 2\times(9+m)=0$
$$m^2+6m+9-72-8m=0$$
$$m^2-2m-63=0$$
$$(m-9)(m+7)=0$$
$$\therefore\ m=9,\ -7$$

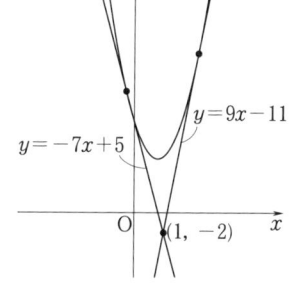

これを⑤に代入して，$y=9(x-1)-2,\ y=-7(x-1)-2$

より，$\boldsymbol{y=9x-11,\ y=-7x+5}$

> 注 「判別式」「1 点と傾きの公式」をもっと詳しく学びたい人は「ランクアップ②」の第 7 章・第 6 章をご覧ください．

(3) 求める接線の式を $y=m(x-1)+6$ とおいてもできますが，ここでは一発で求めてみましょう．接線の式を $y=l(x)\ \cdots\cdots ⑧$ とおきます．

①と⑧の共有点の x 座標を求める方程式は
$$2x^2-3x+7=l(x)$$
$$2x^2-3x+7-l(x)=0\ \cdots\cdots ⑨$$

ですが，⑧と①との接点が $(1,\ 6)$ なので，⑨は **$x=1$ を重解に持ちます**．

従って⑨の左辺は
$$\underline{2}x^2-3x+7-l(x)=\underline{2}(x-1)^2\ \cdots\cdots ⑩\ （両辺の x^2 の係数を合わせる!!）$$

と因数分解されます．⑩より
$$2x^2-3x+7-2(x-1)^2=l(x)$$
$$2x^2-3x+7-2x^2+4x-2=l(x)$$
$$\therefore\ l(x)=x+5$$

となるので，求める接線は $\boldsymbol{y=x+5}$

類題演習 1–10 （解答は p.196）

放物線 $y=-x^2-5x+2\ \cdots\cdots ①$ に，次の各点を通る接線を引く．このとき，それぞれの接線の式を求めよ．

(1) 点 $(0,\ 6)$ (2) 点 $(2,\ 4)$ (3) 放物線上の点 $(-1,\ 6)$

演習問題

解答は p.206

1-1 次の 3 つの 2 次関数

$$y = ax^2 + bx + 2 \cdots ①$$
$$y = cx^2 + 2x + d \cdots ②$$
$$y = 2x^2 + ex + f \cdots ③$$

のグラフは下図(i)(ii)(iii)のどれかになっている．このとき，a, b, c, d, e, f を決定せよ．

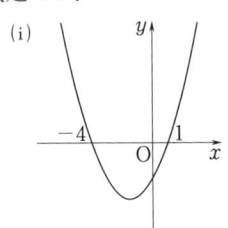
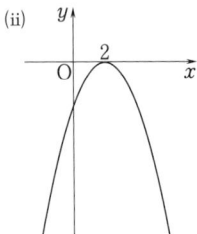
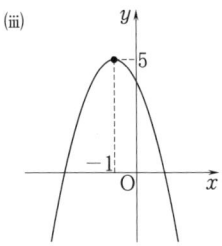

1-2 グラフが次を満たす 2 次関数の式を求めよ．
(1) 3 点 $(1, -2)$, $(-2, 7)$, $(3, 12)$ を通る．
(2) x 軸に接し 2 点 $(2, 1)$, $(-1, 4)$ を通る．

1-3 グラフが次を満たす 2 次関数の式を求めよ．
(1) $y = x^2 + 4x$ のグラフを直線 $y = 1$ に関して対称移動したグラフ．
(2) $y = x^2 + 4x$ のグラフを点 $(1, 2)$ に関して対称移動したグラフ．

ヒント **1-1** (i)は x 切片が，(ii)(iii)は頂点の座標がわかっています．
1-2 (1) 代入して簡単になる展開型 $y = ax^2 + bx + c$ を用いましょう．
(2) $y = a(x-p)^2$ とおいて，a をうまく消去しましょう．
1-3 (1) 直線 $y = 1$ に関する放物線の「折り返し」を考えます．
(2) 点対称移動なので，その点を中心に放物線を 180°回転します．

1-4 x の 2 次関数 $y=x^2+4ax-9a$ ……① について,
(1) ①のグラフの頂点の座標を a を用いて表せ.
(2) ①の最小値が 2 となるときの a の値を求めよ.

1-5 ある店では現在，1 個 100 円の商品が 1 日に 300 個売れている．この商品の値段を 1 個につき 1 円下げるごとに，1 日の売り上げ個数は 5 個ずつ増えることがわかっている．
(1) 値引き額を x 円 ($x>0$) としたときの店の売り上げの増加額を y 円 ($y>0$) とする．このとき，y を x で表せ．
(2) 売上げの増加額を最大にするには，x をいくらにすればよいか．また，そのときの売り上げの増加額はいくらか求めよ．

1-6 1 辺 6 の正 3 角形 ABC の辺 AB，BC，CA 上に，点 P，Q，R を
　　AP : BQ : CR = 1 : 2 : 3
となるようにとる．ただし，P，Q，R は辺の両端にはこないとする．AP = x とおいて，以下の問に答えよ．

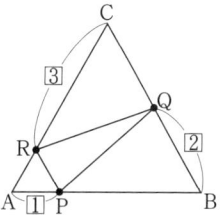

(1) x のとりうる範囲を求めよ．
(2) △PQR の面積を $\dfrac{\sqrt{3}}{4}y$ とおく．このとき y を x で表せ．
(3) y が最小になるときの x の値を求めよ．

ヒント　1-4 平方完成は文字係数でも，数字と同様にできます．
　　　　　1-5 (1) 単価は $(100-x)$ 円，売り上げ個数は $(300+5x)$ 個ですね．
　　　　　1-6 (1) 点 R の動きに注目しましょう．
　　　　　　　 (2) 面積比を用いると少し楽にできます．

1-7　以下，a, b を正の定数とする．
　　　ある特効薬 A を作る製薬会社がある．A を x kg 作るのにかかる費用は
$$x^2 + a \text{(万円)}$$
であるという．また，A の 1kg あたりの値段を p (万円) とする．
　　　いま，会社はいつも利益
$$y = px - (x^2 + a) \text{(万円)} \cdots\cdots\cdots\cdots\cdots ①$$
を最大化するように特効薬 A の生産量を決定するものとする．
(1)　製薬会社がたくさんある場合，各製薬会社は自社の生産量を変化させても A の値段を変えることができない（つまり，p は定数である）．このとき，y を最大化するような A の生産量を p の式で求めよ．
(2)　A を作る製薬会社が 1 社しかない場合，A の 1kg あたりの値段は
$$p = b - x \cdots\cdots\cdots\cdots\cdots ②$$
となる．要するに，A が希少であるほど A の値段が高くなる，ということである．このとき，y を最大化するような A の生産量を b の式で求めよ．

1-8　x の 2 次不等式
$$ax^2 + bx + 12 > 0$$
の解が $a < x < 3$ であるとき，
(1)　a の正負を決定せよ．
(2)　a, b の値を求めよ．

1-9　連立不等式 $(x+1)^2 > 4x + 2 > 2x^2 + x$
を解け．

ヒント　1-7　(1) a, p が定数であることに注意して，生産量 x の 2 次関数①の最大値を与える x を求めましょう．
　　　　　　(2) (1)と違い p が定数でないことに注意しましょう．②を①に代入して考えます．
　　　　1-8　(2) $ax^2 + bx + 12$ がどのように因数分解されるかを考えます．

1-10 x の2次不等式
$$ax^2+bx+c>0\ (a\neq 0)$$
の解が $-1<x<3$ となるとき，x の2次不等式
$$(a+b)x^2+(b+c)x+(c+a)>0$$
を解け．

1-11 2次関数
$$y=2x^2\ \cdots\cdots ①$$
$$y=-x^2+3x+5\ \cdots\cdots ②$$
のグラフの交点を図のように A, B とおく．A, B の x 座標を α, β とおくとき，次の問に答えよ．
(1) 次の値を求めよ．
　(i) $\alpha+\beta$　　(ii) $\alpha\beta$　　(iii) $\alpha^2+\beta^2$
(2) 線分 AB の中点 M の座標を求めよ．

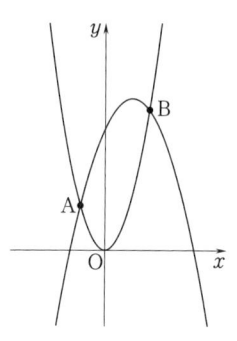

1-12 x の2次方程式
$$2x^2+kx+8=0$$
が実数解(重解を含む)α, β をもつという．
(1) k の範囲を求めよ．
(2) $\alpha(\alpha+1)+\beta(\beta+1)$ の値を k で表せ．
(3) $\alpha(\alpha+1)+\beta(\beta+1)$ の最小値を求めよ．

ヒント　1-10　まず，a の正負を考えましょう．次に b, c を a を用いて表し，a のみの不等式にして解きましょう．

1-11　(1) $2x^2=-x^2+3x+5$ の2解が α, β です．
(2) A$(\alpha, 2\alpha^2)$, B$(\beta, 2\beta^2)$ とおけます．

1-12　(1) 「判別式」を用いましょう．「判別式」は第4章でも扱います．
(2) 1-11(1)のように $\alpha+\beta$, $\alpha\beta$ を k などを用いて表しましょう．
(3) k の範囲は(1)で与えられています．

1章 2次関数とグラフ

1-13 大昔の戦国時代の話である．高さが100mで稜線が放物線の形をした岩山の奥に味方の兵が捕えられている．今，反対側の岩山のふもとAからのろし（花火のようなもの）を地面から垂直に打ち上げて捕われの兵に総攻撃の合図を送りたい．岩山の稜線は2次関数
$$y=-4x^2+100 \ (-5 \leq x \leq 5)$$
のグラフとして表されているとして，次の問に答えよ．

(1) 兵がふもとBから8mの地点Pに捕われているとき，点Pを通り，岩山に接する直線の式を求めよ．

(2) (1)のとき，のろしは何mの高さまで打ち上げればよいか答えよ．ただし，のろしは(1)の直線と交われば捕われの兵に情報が伝わるものとする．

(3) 兵がBに捕えられているとき，のろしは何mの高さまで打ち上げればよいか答えよ．

1-14 2つの放物線
$$C_1 : y=2x^2 \ \cdots\cdots\cdots\cdots ①$$
$$C_2 : y=2x^2+x+2 \ \cdots\cdots ②$$
において，

(1) C_1 上の点 $(\alpha, 2\alpha^2)$ における接線 l の式を求めよ．

(2) l が C_2 に接するときの α の値を求めよ．

1-15 2つの放物線
$$C_1 : y=f(x)=x^2+px+q$$
$$C_2 : y=g(x)=x^2+rx+s \ (p \neq r)$$
の共通接線を l とする．

このとき，C_1，C_2 の交点の x 座標を α とし，C_1，C_2 と l との接点の x 座標をそれぞれ β，γ とする．このとき，α を β，γ で表せ．

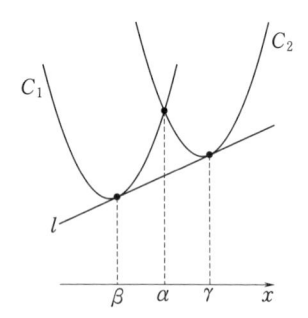

ヒント
1-13 (2) のろしが(1)の直線と交わるときの高さが求める高さです．
1-14 この方法で①②の共通接線が求められます．
1-15 直線の式を $y=l(x)$ とおいて，$f(x)$，$g(x)$，$l(x)$ の関係式を考えるとすっきり求められます．

$$f(x)=g(x)Q(x)+R(x)$$

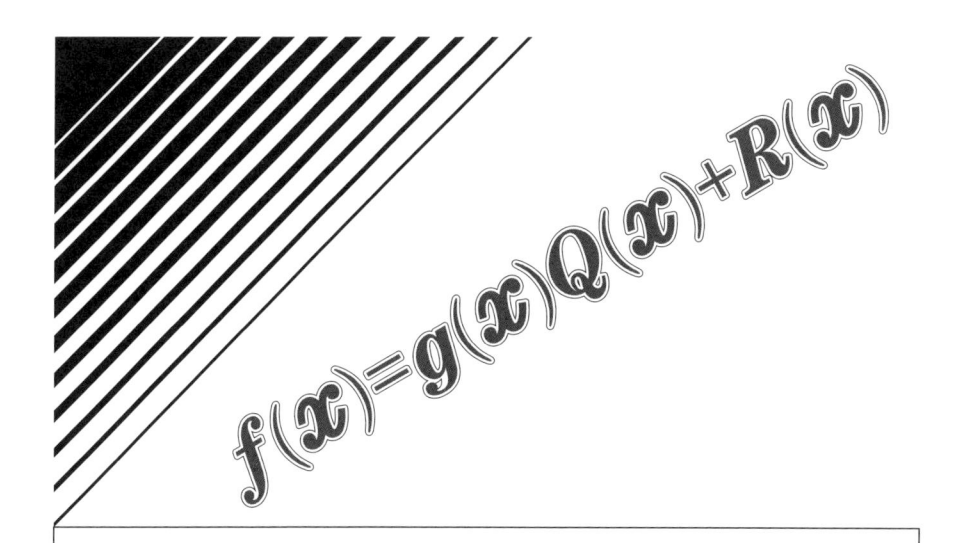

第2章 多項式の割り算と3次方程式

$$x^3+y^3+z^3-3xyz$$
$$=(x+y+z)(x^2+y^2+z^2-xy-yz-zx)$$

> 　整数を整数で割って余りを求めるように、式を式で割ることで簡単に式の割り算ができます。これにより、式を式で割り切ることが考えられ、3次式の因数分解が可能になります。3次式を因数分解することで、3次方程式を解き、x^3, x^4 の織り成す世界の扉を開きましょう。

§1　多項式の割り算

基礎例題 2-1（たすき掛けによる因数分解）

次の式を整数係数の範囲で因数分解せよ．
(1)　$12x^2 - 7x - 10$　　　(2)　$-6x^2 + 3x + 18$

解説

たすき掛けという言葉は，「斜め十字」に掛け算を行うことを意味します．
$$(2x+3)(3x+5)$$
の展開を行う際に縦に式を書いて

$(2x+3)(3x+5)$
$= 6x^2 + \underbrace{10x + 9x}_{右の①+②} + 15$

[図1]

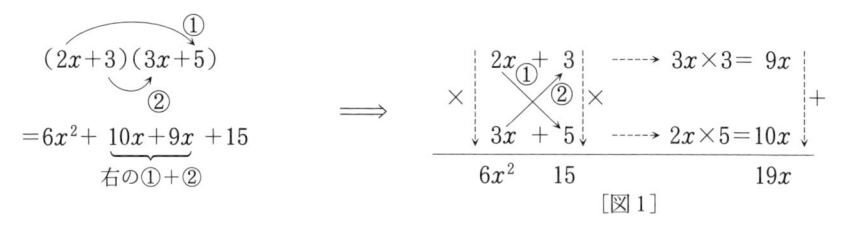

[図1]のようにxの項を「斜め十字」に掛けて足す所から来ています．

この方法を因数分解の解法に用いたものが「たすき掛け」による因数分解です．方法は以下のとおりです．

(1)　$12x^2 - 7x - 10$

|1|　xの項の積 ア×ウ が x^2 の係数 12，定数項の積 イ×エ が定数項 -10 なので，下には**2乗の係数，定数，1乗の係数**の順に数字を書きます．

|2|　12を2つの自然数の積に分けます．（他にも 6×2，12×1 の場合もあります）

|3|　さらに10を2つの自然数の積に分け，交差させて掛け(⑤, ⑥)，足して-7になるものを探します．定数項は⊖なので，2つの自然数の一方は⊖です．よって⑦において「差が7」になるものを探しましょう．（→(ⅲ)が見つかる）

④ 1乗の係数が -7 になるには 15 が $\ominus$(右図⑧).
よって 5 が $\ominus$(右図⑨)と決まります.
⑤より
$$12x^2-7x-10=(4x-5)(3x+2) \quad \cdots ⑩$$
の因数分解が完成です.

▶**注 1**：この問題では，③で(ii)や(iv)のように，(4, 2)，(4, 10) などと 1 以外の公約数を持つ 2 数は横に並ぶことはありません．⑩ の左辺は，共通因数を持たないので右辺もそうです．4, 2 は $4x+2$ を意味し，これでは 2 でくくれてしまうので，こうはならないのです.

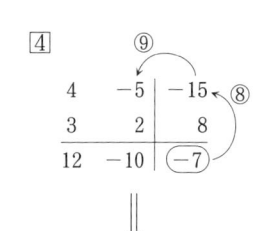

▶**注 2**：③で，12 を 4×3 に分解しましたが，この場合 6×2 に分解しても因数分解できないことが次のようにわかります．6×2 に分解すると，たすき掛けを行った後の一番右の列の 2 数は両方とも 2 の倍数となり，その和(差)も 2 の倍数となってしまい -7 になることがないからです.

④

		⑨	
4	-5	-15	⑧
3	2	8	
12	-10	(-7)	

⇓

⑤

$(4x-5)$		-15
$\times (3x+2)$		8
$12-10$		-7

(2) このままでもできますが，**まずは共通因数でくくりましょう**．また 2 乗の係数は $\oplus$ にするようにくくっておくと，たすき掛けが考えやすくなります.

$$\begin{aligned}&-6x^2+3x+18\\&=-3(2x^2-x-6)\\&=\bm{-3(2x+3)(x-2)}\end{aligned}$$

たすき掛け

2	3	3
1	-2	-4
2	-6	-1

▶**注 3**：問題文に「整数係数の範囲で因数分解せよ」とあります．これは，「整数でくくれるものは全てくくり出せ」という意味を含んでいますので，3 は必ずくくり出さなければなりません.

類題演習 2-1（解答は p.196）

次の式を整数係数の範囲で因数分解せよ．
(1) $2x^2-5x-12$
(2) $6a^2+5a-6$
(3) $4x^2-x-14$
(4) $6a^2-7a-10$
(5) $6x^2-21x+9$
(6) $-3a^2-2a+8$

基礎例題 2-2 （2変数の因数分解）

次の式を因数分解せよ．
(1) $6x^2-5ax-6a^2-11x+10a+4$
(2) $a^4+b^4+c^4-2b^2c^2-2c^2a^2-2a^2b^2$

解説

(1) x についても a についても2次の式なので，どちらか一方の文字について整理して，「たすき掛け」による因数分解を行いましょう．

$6x^2-5a\boxed{x}-6a^2-11\boxed{x}+10a+4$
$=6x^2+(-5a-11)\boxed{x}\underline{-6a^2+10a+4}$
　　　　　　　　　　　　[定数項]
$=6x^2+(-5a-11)x-2(3a^2-5a-2)$　〔定数項は積の形〕
$=6x^2+(-5a-11)x-2(3a+1)(a-2)$

```
 まとめて-12
 にして考える
              3a+1
              a-2
   ┌6┐    ┌-2┐(3a+1)(a-2)    -5a-11

   ④         3a+①       9a+③  ┐定数項が-11に
   ③         a-②   →   4a-⑧  │なるように
    6      -2(3a+1)(a-2)  -5a-11 ┘上の式を-1倍
      /分ける
    2       -(3a+1)        -(9a+3)
    3        2(a-2)          4a-8
    6      -2(3a+1)(a-2)    -5a-11
```

$=(\boldsymbol{2x-3a-1})(\boldsymbol{3x+2a-4})$

(2) a, b, c どれについても4次の式なので,まずは a のみについて式を整理しましょう.

$a^4+b^4+c^4-2b^2c^2-2c^2\boxed{a^2}-2\boxed{a^2}b^2$
$=a^4+(-2b^2-2c^2)a^2+b^4-2b^2c^2+c^4$
$=a^4+(-2b^2-2c^2)a^2+(b^2)^2-2b^2c^2+(c^2)^2$
$=a^4+(-2b^2-2c^2)a^2+(b^2-c^2)^2$
$=a^4+(-2b^2-2c^2)a^2+\{(b+c)(b-c)\}^2$
$=a^4+(-2b^2-2c^2)a^2+(b+c)^2(b-c)^2$

ここでは a^2 の2次式とみなして,「たすき掛け」による因数分解を行います.

1	$-(b+c)^2$	$-(b^2+2bc+c^2)$
1	$-(b-c)^2$	$-(b^2-2bc+c^2)$
$(b+c)^2(b-c)^2$	$-2b^2$	$-2c^2$

従って,

$(与式) = (a^2)^2+(-2b^2-2c^2)a^2+(b+c)^2(b-c)^2$
$\quad = \{a^2-(b+c)^2\}\{a^2-(b-c)^2\}$
$\quad = \boldsymbol{(a+b+c)(a-b-c)(a+b-c)(a-b+c)}$

類題演習 2-2 (解答は p.196)

次の式を因数分解せよ.
(1) $3x^2-ax-2a^2+10x+5a+3$
(2) $6x^2-8ax+2a^2+5x+a-6$
(3) $y^3+xy^3+x^2y^2+2xy^2+2y^2+xy+y$

基礎例題 2-3 （3乗和・3乗差）

(1) 次の式を展開せよ．
 (i) $(x+y)^3$ (ii) $(x-y)^3$
(2) 次の式を因数分解せよ．
 (i) x^3+y^3 (ii) x^3-y^3

解説

(1) 展開なので，指数・係数・符号に注意して計算しましょう．

(i) $(x+y)^3$
$=(x+y)^2(x+y)$
$=(x^2+2xy+y^2)(x+y)$
$=x^3+2x^2y+xy^2$
$\quad +x^2y+2xy^2+y^3 = \boldsymbol{x^3+3x^2y+3xy^2+y^3}$ ……①

(ii) $(x-y)^3$
$=(x-y)^2(x-y)$
$=(x^2-2xy+y^2)(x-y)$
$=x^3-2x^2y+xy^2$
$\quad -x^2y+2xy^2-y^3 = \boldsymbol{x^3-3x^2y+3xy^2-y^3}$ ……②

①，②は公式として覚えましょう．

―和の3乗・差の3乗の展開―
$(x+y)^3 = x^3+3x^2y+3xy^2+y^3$ ……①
$(x-y)^3 = x^3-3x^2y+3xy^2-y^3$ ……②

注 ②は①の y を $-y$ におきかえると，
$\{x+(-y)\}^3 = x^3+3x^2(-y)+3x(-y)^2+(-y)^3$
$\therefore (x-y)^3 = x^3-3x^2y+3xy^2-y^3$
としても求まります．

(2) ①，②を上手に使いましょう．①の左辺・右辺を入れ替えると

$\boxed{x^3}+3x^2y+3xy^2+\boxed{y^3} = (x+y)^3$
　　ここに x^3+y^3 がある

$x^3+y^3 \quad = (x+y)^3 - 3x^2y - 3xy^2$

（$3x^2y+3xy^2$ を移項）

$$x^3+y^3=(x+y)^3-3xy(x+y) \quad \cdots\cdots\cdots ③$$

あとは右辺を $(x+y)$ でくくると因数分解の完成ですが，この式③の右辺は $x+y$ と xy のみで表されている大切な式です．

x^3-y^3 の場合も同様に

$$\boxed{x^3}-3x^2y+3xy^2-\boxed{y^3}=(x-y)^3$$

ここに x^3-y^3 がある

$-3x^2y+3xy^2$ を移項

$$x^3-y^3=(x-y)^3+3x^2y-3xy^2$$
$$=(x-y)^3+3xy(x-y) \quad \cdots\cdots\cdots ④$$

と変形できます．③④は応用上大切な式なのでまとめておきましょう．

3乗和・3乗差の変形公式

$$x^3+y^3=(x+y)^3-3xy(x+y) \cdots\cdots ③$$
$$x^3-y^3=(x-y)^3+3xy(x-y) \cdots\cdots ④$$

(i) $x^3+y^3=(x+y)^3-3xy(x+y)$ （③を用いた）
$\qquad = \underline{(x+y)}(x+y)^2-3xy\underline{(x+y)}$ （$(x+y)$ でくくる）
$\qquad = \underline{(x+y)}\{(x+y)^2-3xy\}$ （$\{\ \}$ の中をまとめる）
$\qquad = (x+y)(x^2+\underline{2xy}+y^2\underline{-3xy})$
$\qquad = \boldsymbol{(x+y)(x^2-xy+y^2)}$

(ii) $x^3-y^3=(x-y)^3+3xy(x-y)$ （④を用いた）
$\qquad = \underline{(x-y)}(x-y)^2+3xy\underline{(x-y)}$ （$(x-y)$ でくくる）
$\qquad = \underline{(x-y)}\{(x-y)^2+3xy\}$ （$\{\ \}$ の中をまとめる）
$\qquad = (x-y)(x^2-2xy+y^2+\underline{3xy})$
$\qquad = \boldsymbol{(x-y)(x^2+xy+y^2)}$

(2)の(i)(ii)の結果は大切なので公式としてまとめておきましょう．

3乗和・3乗差の因数分解

$$x^3+y^3=(x+y)(x^2-xy+y^2)$$
$$x^3-y^3=(x-y)(x^2+xy+y^2)$$

類題演習 2−3 （解答は p.196）

次の式を上の公式①，②を用いて展開せよ．
(1) $(x+4)^3$ 　　　　　　　(2) $(x-5)^3$
(3) $(4x+3)^3$ 　　　　　　(4) $(5x-2)^3$

例題演習 2-4 （3乗和・3乗差の因数分解）

次の式を因数分解せよ．
(1) $64x^3+27$ (2) $250x^3-16y^3$

解説

3乗和・3乗差の因数分解公式にあてはめましょう．

立法数 $1^3=1$, $2^3=8$, $3^3=27$, $4^3=64$, $5^3=125$, $6^3=216$, … を見つけたら3乗の形に直しましょう．

(1) $64x^3+27$
$=4^3x^3+3^3$
$=(4x)^3+3^3$ （$△^3+□^3$ の形にしよう）
$=(4x+3)\{(4x)^2-(4x)\times3+3^2\}$
$=\mathbf{(4x+3)(16x^2-12x+9)}$

(2) $250x^3-16y^3$
$=2(125x^3-8y^3)$ （まず2でくくろう）
$=2(5^3x^3-2^3y^3)$
$=2\{(5x)^3-(2y)^3\}$
$=2(5x-2y)\{(5x)^2+(5x)\times(2y)+(2y)^2\}$
$=\mathbf{2(5x-2y)(25x^2+10xy+4y^2)}$

類題演習 2-4 （解答は p.196）

次の式を整数係数の範囲で因数分解せよ．
(1) x^3+1 (2) y^3-64
(3) $27a^3-8b^3$ (4) $250x^3+128$

基礎例題 2-5 （3乗が3個と…）

次の式を因数分解せよ．
$$x^3+y^3+z^3-3xyz$$

解答

3乗和の変形公式を使って変形しよう．

$\underline{x^3+y^3}+z^3-3xyz$
（ここに変形公式を用いる）

（$3xy$をくくろう）

$=(x+y)^3-\boxed{3xy}(x+y)+z^3-\boxed{3xy}z$

$=\underline{(x+y)^3+z^3}-3xy\{(x+y)+z\}$

（□$^3+\triangle^3$ とみて因数分解）

$=(x+y+z)\{(x+y)^2-(x+y)z+z^2\}-3xy(x+y+z)$

（------ でくくればほぼ完成）

$=(x+y+z)\{(x+y)^2-(x+y)z+z^2-3xy\}$

$=(x+y+z)(x^2+\underline{2xy}+y^2-xz-yz+z^2-\underline{3xy})$

$=\boldsymbol{(x+y+z)(x^2+y^2+z^2-xy-yz-zx)}$

重要公式

$$x^3+y^3+z^3-3xyz=(x+y+z)(x^2+y^2+z^2-xy-yz-zx)$$

注 この公式は今後いろいろな場面に登場するとても大切な式です．因数分解の仕方も含めて，しっかり覚えておきましょう．

類題演習 2-5 （解答は p.196）

上の公式を用いて次の式を因数分解せよ．
(1) $x^3+y^3+8-6xy$ (2) $a^3-8b^3+6ab+1$

基礎例題 2-6 （多項式の割り算）

(1) 多項式 $f(x)=x^4+2x^3+3x^2+4x+5$ を多項式 $g(x)=x^2-3x+5$ で割った商 $Q(x)$ と余り $R(x)$ を求めよ．

(2) (1)の $f(x)$ を $g(x)$，$Q(x)$，$R(x)$ を用いてかけ算の形で表せ．

解説

(1) 整数の割り算と同じように，x の式を $g(x)$ にかけたもので，$f(x)$ の高次の係数を消していきましょう．

① まず，$f(x)$ の最高次の項 x^4 を消すために，$g(x)$ に x^2 をかけて引きます．この時点で

$$f(x)-x^2g(x)$$
$$=5x^3-2x^2+4x+5 \quad \cdots\cdots\cdots ①$$

が成り立ちます．（右の筆算も参考に）

② 次に，$5x^3-2x^2+4x+5$ の最高次の項 $5x^3$ を消すために，$g(x)$ に $5x$ をかけて引きます．この時点で

$$5x^3-2x^2+4x+5-5xg(x)$$
$$=13x^2-21x+5 \quad \cdots\cdots\cdots ②$$

が成り立ちます．

③ その次に，$13x^2-21x+5$ の最高次の項 $13x^2$ を消すために，$g(x)$ に 13 をかけて引きます．この時点で

$$13x^2-21x+5-13g(x)$$
$$=18x-60 \quad \cdots\cdots\cdots ③$$

が成り立ちます．

そして，これ以上 x の多項式をかけて x を消すことができないので，ここで終了です．

この結果　商 $Q(x)=\boldsymbol{x^2+5x+13}$
　　　　　余り $R(x)=\boldsymbol{18x-60}$

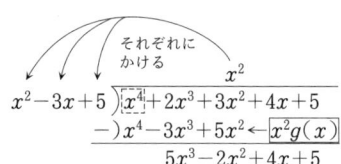

(2) (1)の①②③の辺々を加えると，

$$
\begin{array}{r}
f(x) -x^2 g(x) = 5x^3-2x^2+4x+5 \\
\cancel{5x^3-2x^2+4x+5} -5xg(x) = \cancel{13x^2-21x+5} \\
+) \cancel{13x^2-21x+5} -13g(x) = 18x-60 \\ \hline
f(x)-(x^2+5x+13)g(x) = 18x-60
\end{array}
$$

$\therefore \quad f(x)=g(x)(x^2+5x+13)+18x-60 \quad$ ←移項して

つまり，$\boldsymbol{f(x)=g(x)Q(x)+R(x)}$

と表せます．

多項式の割り算

$1,\ x,\ x^2,\ \cdots,\ x^n$（$n$ は正の整数）に実数をかけて，足し合わせた式を x の多項式といいます．

多項式 $f(x)$ を多項式 $g(x)$ で(1)のように割り算を行うとき，以下のような多項式 $Q(x),\ R(x)$ が存在します．

多項式の割り算

多項式 $f(x),\ g(x)$ に対して，

$\qquad f(x)=g(x)Q(x)+R(x)$

$\qquad [g(x)\text{の次数}]>[R(x)\text{の次数}]$

を満たす多項式 $Q(x),\ R(x)$ が**ただ１つ存在する**．ここで，「$g(x)$ の次数」とは，$g(x)$ の x の指数のうち最大の整数をいう．

類題演習 2-6（解答は p.196）

次の式を展開して整理せよ．
(1) $(x^2+3x-2)(x^2-2x+3)$
(2) $(x^2-2x+4)(x^2+2x+3)$

例題演習 2-7 （実際に割ってみよう）

多項式 $f(x)$ を多項式 $g(x)$ で割った商と余りを求め，割り算の結果をひとつの等式で表せ．

(1) $f(x)=3x^3-x+2$
　　$g(x)=x^2+2x-3$

(2) $f(x)=4x^3+2x^2-4$
　　$g(x)=2x-3$

(3) $f(x)=3x^3-2x^2+x+2$
　　$g(x)=2x^2+3$

(4) $f(x)=2x^2+3x-5$
　　$g(x)=3x^2-x+2$

解答

(1) 右の筆算より

商：$3x-6$

余り：$20x-16$

また，割り算による等式は
$f(x)=g(x)(3x-6)+20x-16$

項のない x^2 のスペースを空ける

$$
\begin{array}{r}
3x-6 \\
x^2+2x-3 \overline{\smash{)}\,3x^3-x+2} \\
\underline{-)\ 3x^3+6x^2-9x} \\
-6x^2+8x+2 \\
\underline{-)\ -6x^2-12x+18} \\
20x-16
\end{array}
$$

(2) 右の筆算より

商：$2x^2+4x+6$

余り：14

また，割り算による等式は
$f(x)=g(x)(2x^2+4x+6)+14$

$$
\begin{array}{r}
2x^2+4x+6 \\
2x-3 \overline{\smash{)}\,4x^3+2x^2-4} \\
\underline{-)\ 4x^3-6x^2} \\
8x^2 \\
\underline{-)\ 8x^2-12x} \\
12x-4 \\
\underline{-)\ 12x-18} \\
14
\end{array}
$$

1次式で割ると，余りは0次以下，つまり定数になる

(3) 右の筆算より

商：$\dfrac{3}{2}x-1$

余り：$-\dfrac{7}{2}x+5$

また，割り算による等式は

$f(x)=g(x)\left(\dfrac{3}{2}x-1\right)-\dfrac{7}{2}x+5$

(4) 右の筆算より

商：$\dfrac{2}{3}$

余り：$\dfrac{11}{3}x-\dfrac{19}{3}$

また，割り算による等式は

$f(x)=\dfrac{2}{3}g(x)+\dfrac{11}{3}x-\dfrac{19}{3}$

係数は分数も O.K.

$$\begin{array}{r}\dfrac{3}{2}x-1\\[2pt]2x^2+3\,\overline{\big)\,3x^3-2x^2+x+2}\\[2pt]\underline{-)\,3x^3+\dfrac{9}{2}x}\\[2pt]-2x^2-\dfrac{7}{2}x+2\\[2pt]\underline{-)\,-2x^2-3}\\[2pt]-\dfrac{7}{2}x+5\end{array}$$

下ろし忘れずに

$$\begin{array}{r}\dfrac{2}{3}\\[2pt]3x^2-x+2\,\overline{\big)\,2x^2+3x-5}\\[2pt]\underline{-)\,2x^2-\dfrac{2}{3}x+\dfrac{4}{3}}\\[2pt]\dfrac{11}{3}x-\dfrac{19}{3}\end{array}$$

x^2を消します

類題演習 2−7 （解答は p.196）

次の多項式 $f(x)$ を多項式 $g(x)$ で割った商 $Q(x)$，余り $R(x)$ を求めよ．

(1) $f(x)=x^4+3x^3-2x^2-x+5$
　　$g(x)=x^2-x+2$

(2) $f(x)=x^4-2x^3-3x+4$
　　$g(x)=x^2-2x-1$

(3) $f(x)=2x^3+3x^2-4x+2$
　　$g(x)=x-3$

(4) $f(x)=2x^2-x-1$
　　$g(x)=x^2+x+2$

基礎例題 2-8 （割り算の形は唯一通り）

Ⅰ）$f(x)=(x+4)(x^2-2x+3)+3x-2$ である．
 (1) $f(x)$ を $g(x)=x^2-2x+3$ で割った余りを求めよ．
 (2) $f(x)$ を $h(x)=x+4$ で割った余りを求めよ．

Ⅱ）多項式 $f(x)$ を x^2+5x-4 で割ると，余りが $2x-3$ であった．このとき，$(x+3)f(x)$ を x^2+5x-4 で割った余りを求めよ．

解説

Ⅰ）(1) $f(x)=(x+4)\overbrace{(x^2-2x+3)}^{g(x)}+3x-2$

において，$3x-2$ は x^2-2x+3 で，これ以上割れないので $f(x)$ を $g(x)$ で割った余りは **$3x-2$** です．

(2) $f(x)=\overbrace{(x+4)}^{h(x)}(x^2-2x+3)+3x-2$

において，1次式 $3x-2$ は 1次式 $x+4$ で**まだ割れます**．右の筆算より

$$f(x)=\underbrace{(x+4)}_{h(x)}(x^2-2x+3)+3\underbrace{(x+4)}_{h(x)}-14$$
$$=(x+4)\{(x^2-2x+3)+3\}-14 \quad (x+4 \text{ でくくった})$$
$$=\underbrace{(x+4)(x^2-2x+6)}_{1\text{次式}}\underbrace{-14}_{0\text{次式}}$$

$$\begin{array}{r} 3 \\ x+4\,)\overline{3x-2} \\ 3x+12 \\ \hline -14 \end{array}$$
より
$3x-2=3(x+4)-14$

と変形できます．ここで，-14 が定数（$x+4$ の次数 1 より低い 0 次式）になっているので，**-14** が $f(x)$ を $h(x)$ で割った余りとわかります．

Ⅱ）商を $Q(x)$ とおくと，$f(x)$ は

$$f(x)=(x^2+5x-4)Q(x)+2x-3 \quad \cdots\cdots① $$

と表せます．①の両辺に $(x+3)$ をかけると，

$$(x+3)f(x)=\underbrace{(x+3)(x^2+5x-4)Q(x)}_{(\text{ア})}+\underbrace{(x+3)(2x-3)}_{(\text{イ})} \quad \cdots② $$

という式が得られます．求めるのは $(x+3)f(x)$ を 2 次式 x^2+5x-4 で割った余りです．②の(ア)はすでに $(x+3)$ で割り切れているので，まだ，割れる(イ)を x^2+5x-4 で割りましょう．

$(x+3)(2x-3)$
$=2x^2+3x-9$
$=2(x^2+5x-4)-7x-1$

$$\begin{array}{r} 2 \\ x^2+5x-4\overline{)2x^2+3x-9} \\ \underline{-)2x^2+10x-8} \\ -7x-1 \end{array}$$

を用いて②を書き直すと
$f(x)=(x+3)(x^2+5x-4)Q(x)+2(x^2+5x-4)-7x-1$
$=(x^2+5x-4)\underbrace{\{(x+3)Q(x)+2\}}_{商}\underbrace{-7x-1}_{余り}$

と表せます．よって余りは，$\boldsymbol{-7x-1}$

割り算の形は唯一通りに表せる（一意性）

多項式 $f(x)$ を多項式 $g(x)$ で割った商を $Q(x)$，余りを $R(x)$ とするとき，
$\qquad f(x)=g(x)Q(x)+R(x)$ （$[g(x)$ の次数$]>[R(x)$ の次数$]$）……③

と表せるわけですが，この式の表し方は一通りに決定されます．つまり，$g(x)$ より次数の低い多項式 $R_1(x)$ と多項式 $Q_1(x)$ が存在して，
$\qquad f(x)=g(x)Q_1(x)+R_1(x)$ （$[g(x)$ の次数$]>[R_1(x)$ の次数$]$） ……④

と表されたとき，$Q(x)=Q_1(x)$，$R(x)=R_1(x)$ が成り立ちます．

［一意性の証明］

③④より，$f(x)$ を消去して，
$\qquad g(x)Q(x)+R(x)=g(x)Q_1(x)+R_1(x)$
$\qquad g(x)Q(x)-g(x)Q_1(x)=R_1(x)-R(x)$
$\qquad g(x)\{Q(x)-Q_1(x)\}=R_1(x)-R(x)$ ……………………………………⑤

ここで $Q(x)-Q_1(x) \neq 0$（恒等的に 0 でない）とすると，⑤の左辺は $g(x)$ の次数以上の多項式になるのに，右辺は $g(x)$ の次数より低い多項式なので
（左辺）$\neq$（右辺）となってしまいます．

したがって，$Q(x)=Q_1(x)$ でなければならず，$R(x)=R_1(x)$ も得られます．

［証明終］

2章　多項式の割り算と3次方程式

> **基礎例題 2-9** （割った余りのみを求める）
> $f(x)=2x^3+3x^2-5x+1$ を $g(x)=(x-1)(x+2)$ で割った余りを求めよ．

解説

　実際に割ってもよいですが，ここでは割り算の等式を用いた解法を紹介しましょう．

　まず商と余りを文字で置きましょう．割り算の際，商には特に制限がないので，単に $Q(x)$ とおきます．次に余りですが，大事な制限がありますね．

余りの次数は割る式の次数より小さい

です．よってこの問題では割る式 $g(x)$ が **2次式** なので，余りの次数は，**1次以下** です．よって余り $R(x)$ を

$$R(x)=ax+b \quad \cdots\cdots①$$

と置いて，定数 $a,\ b$ を求めましょう．

　$f(x)$ を $g(x),\ Q(x),\ R(x)$ で表すと

$$f(x)=2x^3+3x^2-5x+1=(x-1)(x+2)Q(x)+ax+b \quad \cdots\cdots②$$

と表せます．ここでは，$f(x)$ に特定の数を代入して $a,\ b$ を求めましょう．

　$Q(x)$ はよくわからない多項式なので，$Q(x)$ の存在を消すことができる数はないでしょうか？　そう **$(x-1)$ や $(x+2)$ を 0** にしてみてはどうでしょう．

・$x=1$ を②に代入すると

$$f(1)=2\times 1^3+3\times 1^2-5\times 1+1=\underbrace{(1-1)}_{0}(1+2)Q(1)+a\times 1+b$$

$$\therefore \quad 1=a+b \quad \cdots\cdots③$$

・$x=-2$ を②に代入すると，

$$f(-2)=2\times(-2)^3+3\times(-2)^2-5\times(-2)+1$$

$$=(-2-1)\underbrace{(-2+2)}_{0}Q(-2)+a\times(-2)+b$$

$$\therefore \quad 7=-2a+b \quad \cdots\cdots④$$

　③，④を解くと $a=-2,\ b=3$ なので，余りは①に代入して **$-2x+3$**

基礎例題 2-10 （1次式で割る）

$f(x)=x^5-2x^4+3x^3-4x^2+5x-6$ を $x-1$ で割った余りを求めよ．

解説

前問同様に $f(x)$ を $g(x)$ で割った商を $Q(x)$ 余りを $R(x)$ とおいて，割り算の等式
$$f(x)=g(x)Q(x)+R(x)$$
を書きましょう．ここで大切なのが**余り $R(x)$ の次数**ですが

$g(x)$ が1次式なので，$R(x)$ は **0次以下**つまり**定数**(数字)とおけます．そこで $R(x)=r$ とおくと，$f(x)$ は
$$f(x)=x^5-2x^4+3x^3-4x^2+5x-6=(x-1)Q(x)+r \quad\cdots\cdots\cdots①$$
と表せます．よって，①において $Q(x)$ が消えるように $x=1$ を代入すると
$$f(1)=1-2+3-4+5-6=\underbrace{(1-1)Q(1)}_{0}+r$$
$$1-2+3-4+5-6=r$$
$$\therefore\ r=-3$$

1次式 $x-a$ で割った余り ［剰余の定理］

≪剰余の定理≫
多項式 $f(x)$ を $x-a$ で割った余りは $f(a)$ である．

（証明） $f(x)$ を1次式 $(x-a)$ で割った余りは0次以下の式，即ち定数なので r とおき，商を $Q(x)$ とおくとき，
$$f(x)=(x-a)Q(x)+r$$
と表せるので，$x=a$ を代入すると
$$f(a)=\underbrace{(a-a)Q(a)}_{0}+r$$
$\therefore\ r=f(a)$ と表せる．（証明終）

例題演習 2-11 （1次式で割った余り）

剰余の定理を用いて $f(x)=3x^3-5x^2-4x+2$ を次の $g(x)$ で割った余りを求めよ．
(1) $g(x)=x-2$　　(2) $g(x)=x+3$　　(3) $g(x)=2x-1$

解答

(1) 剰余の定理より
　　　余り $r=f(2)=3\times 2^3-5\times 2^2-4\times 2+2$
　　　　　　　　$=24-20-8+2$
　　　∴ $r=-2$

(2) 剰余の定理より
　　　余り $r=f(-3)=3\times(-3)^3-5\times(-3)^2-4\times(-3)+2$
　　　　　　　　$=-81-45+12+2$
　　　∴ $r=-112$

(3) $g(x)$ で割ったときの商を $Q(x)$，余りを r（0次式なので）とおくと
　　　$f(x)=3x^3-5x^2-4x+2=(2x-1)Q(x)+r$ ……………①

とおける．①の両辺に $x=\dfrac{1}{2}$ を代入して

$$f\left(\dfrac{1}{2}\right)=3\times\left(\dfrac{1}{2}\right)^3-5\times\left(\dfrac{1}{2}\right)^2-4\times\left(\dfrac{1}{2}\right)+2=r$$

$$\dfrac{3}{8}-\dfrac{5}{4}-2+2=r$$

　　　∴ $r=-\dfrac{7}{8}$

類題演習 2-8 （解答は p.196）

次の多項式 $f(x)$ を $g(x)$ で割った余りのみを求めよ．
(1) $f(x)=x^3+7x^2-6$, $g(x)=x-3$
(2) $f(x)=x^4-2x^2+9x-3$, $g(x)=x+2$
(3) $f(x)=4x^3-3x+1$, $g(x)=2x-3$

2章 多項式の割り算と3次方程式

例題演習 2-12 （2次式で割った余り）

多項式 $f(x)$ を $x-2$ で割った余りが -3, $x+3$ で割った余りが 7 のとき, $f(x)$ を $(x-2)(x+3)$ で割った余りを求めよ．

解答

$f(x)$ を $x-2$ で割った余りが -3 なので，剰余の定理より
$$f(2) = -3 \quad \cdots\cdots ①$$
が成り立つ．

$f(x)$ を $x+3$ で割った余りが 7 なので，剰余の定理より
$$f(-3) = 7 \quad \cdots\cdots ②$$
が成り立つ．

さて，$f(x)$ を $(x-2)(x+3)$ で割った余りだが，
$$(x-2)(x+3) = x^2 + x - 6$$
のように，割る式は x の **2次式** なので，余りは，**1次以下の式** である．よって，余りを，
$$ax + b$$
とおく．商を $Q(x)$ とおくとき，$f(x)$ は
$$f(x) = (x-2)(x+3)Q(x) + ax + b \quad \cdots\cdots ③$$
と表せる．

③に $x=2$ を代入すると，
$$f(2) = \underbrace{(2-2)(2+3)Q(2)}_{0} + 2a + b \overset{①}{=} -3$$
$$\therefore\ 2a + b = -3 \quad \cdots\cdots ④$$

③に $x=-3$ を代入すると，
$$f(-3) = \underbrace{(-3-2)(-3+3)Q(-3)}_{0} - 3a + b \overset{②}{=} 7$$
$$\therefore\ -3a + b = 7 \quad \cdots\cdots ⑤$$

④－⑤より，$5a = -10$　$\therefore\ a = -2$

これを④に代入して $b = 1$

従って，割った余りは $\boldsymbol{-2x + 1}$

応用演習 2-13 （割ってから代入）

$f(x) = x^4 - 3x^3 - 2x^2 + 6x - 10$, $\alpha = \dfrac{5+\sqrt{17}}{2}$ のとき $f(\alpha)$ を求めよ．

解説

α を直接 $f(x)$ に代入するのはかなり面倒です．実は割り算の性質を用いると，比較的簡単に代入が可能です．

そのためには α を代入すると 0 になる多項式 $g(x)$ を見つけることです．それは，次のような変形を行うと求まります．

$\alpha = \dfrac{5+\sqrt{17}}{2}$ （両辺を2倍する）

$2\alpha = 5 + \sqrt{17}$ （5を移項する）

$2\alpha - 5 = \sqrt{17}$ （両辺を2乗する）

$(2\alpha - 5)^2 = 17$

$4\alpha^2 - 20\alpha + 25 = 17$

$4\alpha^2 - 20\alpha + 8 = 0$ （両辺を4で割る）

$\alpha^2 - 5\alpha + 2 = 0$ ……………………………………………①

ここで $g(x) = x^2 - 5x + 2$ とおくと①より，

$g(\alpha) = \alpha^2 - 5\alpha + 2 = 0$

が成り立ちます．

ここで $f(x)$ を $g(x)$ で割った商を $Q(x)$，余りを $R(x)$ とすると

$f(x) = g(x)Q(x) + R(x)$ ……………………………………②

と表せます．よって，この式に $x = \alpha$ を代入すると，

$f(\alpha) = \underbrace{g(\alpha)}_{=\ 0}Q(\alpha) + R(\alpha)$

$= R(\alpha)$

となります．

実際に $f(x)$ を $g(x)$ で割ると右の筆算のようになるので，

$$\begin{array}{r}
x^2 + 2x + 6 \\
x^2-5x+2 \overline{) x^4 - 3x^3 - 2x^2 + 6x - 10} \\
\underline{-)\,x^4 - 5x^3 + 2x^2} \\
2x^3 - 4x^2 + 6x \\
\underline{-)\,2x^3 - 10x^2 + 4x} \\
6x^2 + 2x - 10 \\
\underline{-)\,6x^2 - 30x + 12} \\
32x - 22
\end{array}$$

$f(x) = (x^2 - 5x + 2)Q(x) + 32x - 22$

より

$f(\alpha) = \overbrace{(\alpha^2 - 5\alpha + 2)}^{0} Q(\alpha) + 32\alpha - 22$

$= \overset{16}{32}\left(\dfrac{5+\sqrt{17}}{\cancel{2}}\right) - 22 = 80 + 16\sqrt{17} - 22 = \mathbf{58 + 16\sqrt{17}}$

○**参考**○　$\alpha = \dfrac{5+\sqrt{17}}{2}$ に対して，$g(\alpha)=0$ となる多項式 $g(x)$ の求め方として，次のような方法があります．

α は2次方程式の解の形をしているので，α を解に持つ整数係数の2次方程式のひとつを

$$h(x)=0 \quad \cdots\cdots ③$$

とおきます．すると③の解のもうひとつは，解の公式を考えると $\dfrac{5-\sqrt{17}}{2}$ なので，これを β とおくと，

$$\alpha = \dfrac{5+\sqrt{17}}{2},\ \beta = \dfrac{5-\sqrt{17}}{2}$$

を2解とする2次方程式のひとつは

$$(x-\alpha)(x-\beta)=0$$

です．これを展開して

$$x^2 - (\alpha+\beta)x + \alpha\beta = 0 \quad \cdots\cdots ④$$

と表せます．この式に

$$\alpha+\beta = \dfrac{5+\sqrt{17}}{2} + \dfrac{5-\sqrt{17}}{2} = 5$$

$$\alpha\beta = \left(\dfrac{5+\sqrt{17}}{2}\right) \times \left(\dfrac{5-\sqrt{17}}{2}\right) = \dfrac{5^2 - \sqrt{17}^2}{4} = 2$$

を代入すると

$$x^2 - 5x + 2 = 0$$

が得られます．

類題演習 2-9　(解答は p.196)

$f(x) = x^4 - 3x^3 + 2x^2 - 7x$, $\alpha = \dfrac{3+\sqrt{5}}{2}$ のとき，$f(\alpha)$ を求めよ．

応用演習 2-14 （割り算の形を上手に作る）

多項式 $f(x)$ を $x-3$ で割った余りが 4，x^2-2x+5 で割った余りが $3x+11$ のとき，$f(x)$ を $(x-3)(x^2-2x+5)$ で割った余りを求めよ．

解説

$f(x)$ を $x-3$ で割った余りが 4 なので，剰余の定理より
$$f(3)=4 \qquad \cdots\cdots ①$$
$f(x)$ を x^2-2x+5 で割った余りが $3x+11$ なので，商を $Q(x)$ とおくと
$$f(x)=(x^2-2x+5)Q(x)+3x+11 \qquad \cdots\cdots ②$$
が得られます．

それでは，$f(x)$ を $(x-3)(x^2-2x+5)$ で割った余りはどうなるでしょうか．

[方法1] $f(x)$ を $(x-3)(x^2-2x+5)$ で割った商を $Q_1(x)$ とおきます．この場合 $(x-3)(x^2-2x+5)$ は 3 次式なので，余りは 2 次以下の式になるので，まずは
$$f(x)=(x-3)(x^2-2x+5)Q_1(x)+\boxed{2\text{次以下の式}} \qquad \cdots\cdots ③$$
と表せます．この式を②と比べてみましょう．つまり，③式を x^2-2x+5 で割ったときの式とみるのです．

すると，$\boxed{2\text{次以下の式}}$ の部分はさらに x^2-2x+5 で割れるので，商を a（定数）とすると余りは $\boxed{1\text{次以下の式}}$ です．

つまり③は
$$f(x)=(x-3)(x^2-2x+5)Q_1(x)+a(x^2-2x+5)+\boxed{1\text{次以下の式}} \quad \cdots ④$$
と表せます．

ここで**割り算の式の一意性**を用いると $f(x)$ を 2 次式 x^2-2x+5 で割った余りは 1 次式 $3x+11$ なので④の $\boxed{1\text{次以下の式}}$ は $3x+11$ と分かります．即ち，
$$f(x)=(x^2-2x+5)\{(x-3)Q_1(x)+a\}+3x+11 \qquad \cdots\cdots ⑤$$
を得ます．あとは，①より，
$$f(3)=(3^2-2\times3+5)\underbrace{\{(3-3)Q_1(3)+a\}}_{0}+3\times3+11\overset{①}{=}4$$

$8a+20=4$ $\therefore$ $a=-2$

$a=-2$ を⑤に代入して

$f(x)=(x^2-2x+5)\{(x-3)Q_1(x)-2\}+3x+11$
$\quad =(x^2-2x+5)(x-3)Q_1(x)-2(x^2-2x+5)+3x+11$
$\quad =(x^2-2x+5)(x-3)Q_1(x)-2x^2+7x+1$

よって求める余りは $\boldsymbol{-2x^2+7x+1}$

[方法2]

②から⑤を導きます．

$f(x)=(x^2-2x+5)Q(x)+3x+11$ ……………………②

の $Q(x)$ を $(x-3)$ で割ったときの商を $q(x)$，余りを r とおくと，

$f(x)=(x^2-2x+5)\{(x-3)q(x)+r\}+3x+11$
$\quad =\underbrace{(x^2-2x+5)(x-3)q(x)}_{(ア)}+\underbrace{r(x^2-2x+5)+3x+11}_{(イ)}$

と表せます．ここで(ア)が3次式．(イ)が2次以下の式なので**割り算の一意性**から，$f(x)$ を3次式(ア)で割った余りは(イ)と決まります．

後は，[方法1]と同様に $f(3)=4$ を用いると，$r=-2$ が求まります．

▶注　[方法1]の $Q_1(x)$ と[方法2]の $q(x)$ は一致します．

類題演習 2-10 （解答は p.196）

多項式 $f(x)$ を $x-2$ で割った余りが 3，x^2-4x+3 で割った余りが $2x-5$ のとき，$f(x)$ を $(x-2)(x^2-4x+3)$ で割った余りを求めよ．

§2 高次方程式

基礎例題 2-15 （因数定理）

多項式 $f(x)$ および定数 α に対して
$$f(\alpha)=0 \text{ ならば } f(x) \text{ は } x-\alpha \text{ で割り切れる}$$
ことを証明せよ．

解説

「多項式 $f(x)$ に数 α を代入して 0 になれば，$f(x)$ は 1 次式 $x-\alpha$ で割り切れる」というのが**因数定理**です．

$f(x)$ が $x-\alpha$ で割り切れるので，商を $Q(x)$ とおくと，$f(x)$ は
$$f(x)=(x-\alpha)Q(x)$$
と因数分解できることになります．

[証明] 多項式 $f(x)$ を 1 次式 $x-\alpha$ で割ったときの商を $Q(x)$，余りを r とおくと，
$$f(x)=(x-\alpha)Q(x)+r \quad \cdots\cdots ①$$
と表せる．

ここで①の両辺に $x=\alpha$ を代入すると
$$f(\alpha)=\underbrace{(\alpha-\alpha)Q(\alpha)}_{0}+r \quad \cdots\cdots ②$$

仮定より $f(\alpha)=0$ $\cdots\cdots ③$

②③より，$f(\alpha)=r=0$

∴ $r=0$

とわかり，①より $f(x)=(x-\alpha)Q(x)$ と表せる．よって $f(x)$ は $x-\alpha$ で割り切れる．[証明終]

因数定理

次の因数定理を用いて 3 次以上の方程式を解いていきましょう．

因数定理

多項式 $f(x)$ および定数 α に対し，
$f(\alpha)=0$ ならば $f(x)$ は $x-\alpha$ で割り切れる．

基礎例題 2-16 (3次式を因数分解)

$f(x) = x^3 + 2x^2 - 2x + 3$ について
(1) $f(1)$, $f(-1)$, $f(3)$, $f(-3)$ の値を求めよ.
(2) (1)を利用して $f(x)$ を整数係数の範囲で因数分解せよ.

解答

(1) $f(1) = 1 + 2 - 2 + 3 = \mathbf{4}$
$f(-1) = -1 + 2 + 2 + 3 = \mathbf{6}$
$f(3) = 27 + 18 - 6 + 3 = \mathbf{42}$
$f(-3) = -27 + 18 + 6 + 3 = \mathbf{0}$

（偶数乗は値が一致し
奇数乗は符号が異なる）

$$\begin{array}{r} x^2 - x + 1 \\ x+3 \,\overline{\big)\, x^3 + 2x^2 - 2x + 3} \\ \underline{x^3 + 3x^2} \\ -x^2 - 2x \\ \underline{-x^2 - 3x} \\ x + 3 \\ \underline{x + 3} \\ 0 \end{array}$$

(2) $f(-3) = 0$ より $f(x)$ は $x+3$ で割り切れる（因数定理）.
実際に $f(x)$ を $x+3$ で割って，
$$f(x) = (x+3)(x^2 - x + 1)$$

> **注** $x^2 - x + 1$ は整数係数の範囲では
> これ以上因数分解できないのでこれでおしまいです.

解説

このように，簡単な3次式は**代入して 0 になる整数を探す**ことで因数分解を行います.
その候補は

最高次の係数が 1 のときは ±[定数項の約数]

です．この問題では ±[3の約数] なので，1，−1，3，−3 です．その理由を最高次の係数が 1 の 3次式 $f(x)$ で説明しましょう．$f(x)$ に代入して 0 になる整数 α があるとき，$f(x)$ は $x-\alpha$ で割り切れ，その商は $x^2 + px + q$ と表せます．
すると
$$f(x) = (x-\alpha)(x^2 + px + q)$$
$$= x^3 + (p-\alpha)x^2 + (q-\alpha p)x - \alpha q$$
となり，確かに α は $f(x)$ の定数項の約数とわかります．

例題演習 2-17 （高次方程式を解く）

次の方程式を解け．
(1) $x^3+3x^2-10x-24=0$
(2) $x^3+6x^2+7x-6=0$
(3) $x^4-4x^3+2x^2+8x-8=0$

解答

(1) $f(x)=x^3+3x^2-10x-24$ とおく．
$f(-2)=0$ なので $f(x)$ は $x+2$ で割り切れる．
実際に右の筆算のように割り算を行うと
$f(x)=(x+2)(x^2+x-12)$
$=(x+2)(x-3)(x+4)$

（さらに2次式を因数分解）

よって $x^3+3x^2-10x-24=0$
の解は，
$(x+2)(x-3)(x+4)=0$
$x+2=0$ 又は $x-3=0$ 又は $x+4=0$
∴ $x=-2,\ 3,\ -4$

$$
\begin{array}{r}
x^2+x-12 \\
x+2\overline{\smash{\big)}\,x^3+3x^2-10x-24} \\
\underline{x^3+2x^2} \\
x^2-10x \\
\underline{x^2+2x} \\
-12x-24 \\
\underline{-12x-24} \\
0
\end{array}
$$

(2) $f(x)=x^3+6x^2+7x-6$ とおく．
$f(-3)=0$ なので $f(x)$ は $x+3$ で割り切れる．
実際に右の筆算のように割り算を行うと，
$f(x)=(x+3)(x^2+3x-2)$
と因数分解される．ここで x^2+3x-2 はこれ以上整数係数の範囲で因数分解できないので，このままでよい．
$f(x)=(x+3)(x^2+3x-2)=0$
を解いて，
$x+3=0,\ x^2+3x-2=0$

（解の公式で解く）

∴ $x=-3,\ x=\dfrac{-3\pm\sqrt{17}}{2}$

$$
\begin{array}{r}
x^2+3x-2 \\
x+3\overline{\smash{\big)}\,x^3+6x^2+7x-6} \\
\underline{x^3+3x^2} \\
3x^2+7x \\
\underline{3x^2+9x} \\
-2x-6 \\
\underline{-2x-6} \\
0
\end{array}
$$

(3) $f(x)=x^4-4x^3+2x^2+8x-8$ とおく．
$f(2)=0$ なので，$f(x)$ は $x-2$ で割り切れる．実際に右の筆算のように割り算を行うと，
$$f(x)=(x-2)(x^3-2x^2-2x+4) \quad \cdots ①$$
と因数分解される．ここで3次式は，まだ因数分解される可能性があるので
$$g(x)=x^3-2x^2-2x+4$$
とおく．$g(x)$ に対しても $f(x)$ 同様に代入して0となる数を探そう．このとき重解もありうるので $x=2$ を代入するのも忘れずに．$g(2)=0$ となるので，$g(x)$ は $x-2$ で割り切れる．

実際に右の筆算のように割り算を行うと，
$$g(x)=(x-2)(x^2-2) \quad \cdots\cdots\cdots\cdots ②$$
①②より
$$\begin{aligned}f(x)&=(x-2)g(x)\\&=(x-2)(x-2)(x^2-2)\\&=(x-2)^2(x^2-2)\end{aligned}$$
と因数分解される．よって，
$f(x)=0$ を解くと，
$$x=2, \ x^2=2 \ \text{より}, \ \boldsymbol{x=2, \ \pm\sqrt{2}}$$

$$\begin{array}{r}x^3-2x^2-2x+4\\x-2\overline{)x^4-4x^3+2x^2+8x-8}\\\underline{x^4-2x^3}\\-2x^3+2x^2\\\underline{-2x^3+4x^2}\\-2x^2+8x\\\underline{-2x^2+4x}\\4x-8\\\underline{4x-8}\\0\end{array}$$

$$\begin{array}{r}x^2-2\\x-2\overline{)x^3-2x^2-2x+4}\\\underline{x^3-2x^2}\\-2x+4\\\underline{-2x+4}\\0\end{array}$$

類題演習 2-11　（解答は p.197）

次の方程式を解け．
(1) $x^3-19x+30=0$
(2) $x^3+x^2-8x-12=0$
(3) $x^3-7x^2+14x-6=0$
(4) $x^4-2x^3-2x^2+6x-3=0$

基礎例題 2-18 （有理数を代入する）

方程式 $2x^3-x^2-11x+12=0$ を解け．

解説

$f(x)=2x^3-x^2-11x+12$ とおいて，$f(x)$ に $\pm[12\text{ の約数}]$ を代入しても $f(x)=0$ になりません．x^3 の係数が 1 でないときは有理数を代入して 0 になる可能性があります．

実は，

> 整数係数の 3 次式 $f(x)=ax^3+bx^2+cx+d$ $(a\neq 0)$
> に対して，$f(\alpha)=0$ となる有理数 α の候補は
> $$\alpha=\pm\frac{d\text{ の約数}}{a\text{ の約数}}$$

です．その理由は，$\alpha=\dfrac{q}{p}$ が $f(\alpha)=0$ となる α とすると
$f(x)$ は整数係数なので，
$$f(x)=(px-q)(sx^2+tx+u) \quad (s,\ t,\ u\text{ は整数})$$
と因数分解されるはずです．右辺を展開すると
$$f(x)=psx^3+(pt-qs)x^2+(pu-qt)x-qu$$
となり，**p は x^3 の係数の約数，q は定数項の約数**
とわかります．この有理数の候補をもれなくあてはめて，解を見つけましょう．

▶注 上の事実は一般の n 次方程式の場合でも成り立ちます．

解答

$f(x)$ に整数を代入しても $f(x)=0$ にならないので有理数の候補 $\pm\dfrac{1}{2}$, $\pm\dfrac{3}{2}$ を代入しよう．

$f\left(\dfrac{3}{2}\right)=0$ なので，$f(x)$ は $2x-3$ で割り切れる．
右の筆算より
$$f(x)=(2x-3)(x^2+x-4)$$

$$\begin{array}{r}
x^2+x-4 \\
2x-3\overline{\smash{)}2x^3-x^2-11x+12} \\
\underline{2x^3-3x^2} \\
2x^2-11x \\
\underline{2x^2-3x} \\
-8x+12 \\
\underline{-8x+12} \\
0
\end{array}$$

$f(x)=0$ を解いて，$\boldsymbol{x=\dfrac{3}{2},\ \dfrac{-1\pm\sqrt{17}}{2}}$

基礎例題 2-19 （解からの方程式の構成）

$x = -1,\ 2,\ -3$ を解に持つ 3 次方程式 $x^3 + px^2 + qx + r = 0$ ……①
の係数 $p,\ q,\ r$ を求めよ．

解説

$x = -1,\ 2,\ -3$ を解に持つので，①の左辺は
$$x^3 + px^2 + qx + r = (x+1)(x-2)(x+3) \quad \cdots\cdots ②$$
と因数分解できます．このとき，左辺の x^3 の係数と右辺を展開したときの x^3 の係数が一致していることを確認しておきましょう．

あとは，②の右辺を展開して両辺の係数を比較すればよいですね．
$$\begin{aligned} x^3 + px^2 + qx + r &= (x+1)(x^2 + x - 6) \\ &= x^3 + 2x^2 - 5x - 6 \quad \cdots ③ \end{aligned}$$

$$\begin{array}{r} x^2 + x - 6 \\ \times \quad x + 1 \\ \hline x^2 + x - 6 \\ x^3 + x^2 - 6x \quad\ \\ \hline x^3 + 2x^2 - 5x - 6 \end{array}$$

③において係数を比べると
$p = 2,\ q = -5,\ r = -6$

類題演習 2-12 （解答は p.197）

次の方程式を解け．
(1) $2x^3 - 3x^2 - x + 1 = 0$
(2) $3x^3 + 7x^2 - 4x - 2 = 0$

基礎例題 2-20 （3次方程式の解と係数の関係）

3次方程式 $x^3+3x^2-x-4=0$ ……① の実数解を α, β, γ とするとき，次の値を求めよ．

(1) $\alpha^2+\beta^2+\gamma^2$

(2) $\dfrac{1}{\alpha}+\dfrac{1}{\beta}+\dfrac{1}{\gamma}$

(3) $\alpha^3+\beta^3+\gamma^3$

(4) $(1-\alpha)(1-\beta)(1-\gamma)$

解説

［3次方程式の解と係数の関係］

2次方程式の解と係数の関係（「ランクアップ②第7章」を参照）と同様，3次方程式においても解と係数の関係が考えられます．

一般に，3次方程式 $x^3+px^2+qx+r=0$ ……② の解を α, β, γ とおくとき，②の左辺は

$$x^3+px^2+qx+r=(x-\alpha)(x-\beta)(x-\gamma) \quad \cdots\cdots ③$$

と因数分解されます．そして，③の右辺を展開すると

$$x^3+px^2+qx+r=(x^2-\beta x-\alpha x+\alpha\beta)(x-\gamma)$$
$$=x^3-\beta x^2-\alpha x^2+\alpha\beta x-\gamma x^2+\beta\gamma x+\alpha\gamma x-\alpha\beta\gamma$$

$\therefore\ x^3+px^2+qx+r=x^3-(\alpha+\beta+\gamma)x^2+(\alpha\beta+\beta\gamma+\gamma\alpha)x-\alpha\beta\gamma$ ……④

が成り立ちます．④の両辺の係数を比べることで，次の公式が得られます．

≪3次方程式の解と係数の関係≫

3次方程式 $x^3+px^2+qx+r=0$ の実数解を α, β, γ とするとき

$\alpha+\beta+\gamma=-p$, $\alpha\beta+\beta\gamma+\gamma\alpha=q$, $\alpha\beta\gamma=-r$

［3変数対称式について］

α, β, γ の対称式については，3つの基本対称式

$$\alpha+\beta+\gamma,\ \alpha\beta+\beta\gamma+\gamma\alpha,\ \alpha\beta\gamma$$

の組合せで表せることが知られています．(1)〜(4)は，まず，与えられた α, β, γ の対称式を基本対称式の組合せで表しましょう．2変数のときよりも表し方が難しいので注意が必要です．

解答

解と係数の関係より，

$\alpha+\beta+\gamma=-(+3)=-3$

$\alpha\beta+\beta\gamma+\gamma\alpha=-1$

$\alpha\beta\gamma=-(-4)=4$

が得られる．

(1) 公式 $(\alpha+\beta+\gamma)^2=\alpha^2+\beta^2+\gamma^2+2\alpha\beta+2\beta\gamma+2\gamma\alpha$ を用いる.
$$\alpha^2+\beta^2+\gamma^2=(\alpha+\beta+\gamma)^2-2(\alpha\beta+\beta\gamma+\gamma\alpha)$$
$$=(-3)^2-2\times(-1)=\mathbf{11}$$

(2) 分数式を**通分**すると
$$\frac{1}{\alpha}+\frac{1}{\beta}+\frac{1}{\gamma}=\frac{\beta\gamma}{\alpha\beta\gamma}+\frac{\alpha\gamma}{\alpha\beta\gamma}+\frac{\alpha\beta}{\alpha\beta\gamma}$$
$$=\frac{\beta\gamma+\gamma\alpha+\alpha\beta}{\alpha\beta\gamma}=\frac{-1}{4}=-\frac{1}{4}$$

(3) 公式 $\alpha^3+\beta^3+\gamma^3-3\alpha\beta\gamma=(\alpha+\beta+\gamma)(\alpha^2+\beta^2+\gamma^2-\alpha\beta-\beta\gamma-\gamma\alpha)$ を用いる.
$$\alpha^3+\beta^3+\gamma^3=(\alpha+\beta+\gamma)\{\alpha^2+\beta^2+\gamma^2-(\alpha\beta+\beta\gamma+\gamma\alpha)\}+3\alpha\beta\gamma$$
$$=-3\times\{\underbrace{11}_{\text{(1)の値}}-(-1)\}+3\times 4$$
$$=-3\times 12+12=\mathbf{-24}$$

注 次の応用演習 2-21 で公式を用いない解法を紹介します.

(4) ①の左辺を $f(x)$ と置き,$f(x)$ を α,β,γ で因数分解した式を用いると楽.
$$f(x)=x^3+3x^2-x-4=(x-\alpha)(x-\beta)(x-\gamma)$$
とおく.この式に $x=1$ を代入すると,
$$f(1)=1^3+3\times 1^2-1-4=\underbrace{(1-\alpha)(1-\beta)(1-\gamma)}_{\text{求める式}}$$
が成り立つ.よって
$$(1-\alpha)(1-\beta)(1-\gamma)=f(1)=1+3-1-4=\mathbf{-1}$$

注 もちろん $(1-\alpha)(1-\beta)(1-\gamma)$ を展開して値を代入しても求まります.

類題演習 2-13 (解答は p.197)

3次方程式 $x^3+3x^2-2x-1=0$ の実数解を α,β,γ とするとき,次の値を求めよ.

(1) $\alpha^2+\beta^2+\gamma^2$ 　　(2) $\dfrac{\alpha}{\beta\gamma}+\dfrac{\beta}{\gamma\alpha}+\dfrac{\gamma}{\alpha\beta}$ 　　(3) $(2-\alpha)(2-\beta)(2-\gamma)$

応用演習 2-21 （順番に代入する）

3次方程式 $x^3+2x^2-7x-3=0$ ……① の実数解を α, β, γ とするとき，次の値を求めよ．

(1) $\alpha^2+\beta^2+\gamma^2$ (2) $\alpha^3+\beta^3+\gamma^3$

(3) $\alpha^4+\beta^4+\gamma^4$ (4) $\alpha^5+\beta^5+\gamma^5$

解説

解と係数の関係より
$$\alpha+\beta+\gamma=-2 \cdots\cdots ②, \quad \alpha\beta+\beta\gamma+\gamma\alpha=-7, \quad \alpha\beta\gamma=3$$
が求まります．

(1) $\alpha^2+\beta^2+\gamma^2=(\alpha+\beta+\gamma)^2-2(\alpha\beta+\beta\gamma+\gamma\alpha)$
$$=(-2)^2-2\times(-7)=\mathbf{18} \quad \cdots\cdots ③$$

(2) 順に計算するために，次のような式を作ります．

α は①の解なので，①に α を代入すると等式が成り立ちます．即ち
$$\alpha^3+2\alpha^2-7\alpha-3=0$$
が得られます．この式より，
$$\alpha^3=-2\alpha^2+7\alpha+3 \quad \cdots\cdots ④$$
のように α^3 を α^2 以下の式で表すことができます．β, γ も同様に
$$\beta^3=-2\beta^2+7\beta+3 \cdots\cdots ⑤, \quad \gamma^3=-2\gamma^2+7\gamma+3 \cdots\cdots ⑥$$
が得られます．よって④，⑤，⑥を足すと

$$
\begin{array}{rllll}
\alpha^3 &= -2\alpha^2 & +7\alpha & +3 & \cdots\cdots ④ \\
\beta^3 &= -2\beta^2 & +7\beta & +3 & \cdots\cdots ⑤ \\
+)\ \gamma^3 &= -2\gamma^2 & +7\gamma & +3 & \cdots\cdots ⑥ \\
\hline
\alpha^3+\beta^3+\gamma^3 &= -2(\alpha^2+\beta^2+\gamma^2) & +7(\alpha+\beta+\gamma) & +9 & \\
&= -2\times 18 & +7\times(-2) & +9 & \text{（③②を代入）}\\
&= -36-14+9 & & & \\
&= \mathbf{-41} & & & \cdots\cdots ⑦
\end{array}
$$

(3) (2)のようにして，$\alpha^4+\beta^4+\gamma^4$ を作りましょう．

④の両辺に α をかけると
$$\alpha^4=-2\alpha^3+7\alpha^2+3\alpha \quad \cdots\cdots ⑧$$
が得られ，同様にして
$$\beta^4=-2\beta^3+7\beta^2+3\beta \quad \cdots\cdots ⑨$$
$$\gamma^4=-2\gamma^3+7\gamma^2+3\gamma \quad \cdots\cdots ⑩$$
を作って，⑧⑨⑩を加えます．

2章　多項式の割り算と3次方程式

$$
\begin{aligned}
\alpha^4 &= -2\alpha^3 &&+7\alpha^2 &&+3\alpha \\
\beta^4 &= -2\beta^3 &&+7\beta^2 &&+3\beta \\
+)\quad \gamma^4 &= -2\gamma^3 &&+7\gamma^2 &&+3\gamma \\
\hline
\alpha^4+\beta^4+\gamma^4 &= -2(\alpha^3+\beta^3+\gamma^3) &&+7(\alpha^2+\beta^2+\gamma^2) &&+3(\alpha+\beta+\gamma) \\
&= -2\times(-41) &&+7\times 18 &&+3\times(-2) \quad (⑦③②を代入) \\
&= 82+126-6 = \mathbf{202} \cdots\cdots\cdots\cdots\cdots ⑪
\end{aligned}
$$

(4)
$$
\begin{aligned}
⑧\times\alpha:\alpha^5 &= -2\alpha^4 &&+7\alpha^3 &&+3\alpha^2 \\
⑨\times\beta:\beta^5 &= -2\beta^4 &&+7\beta^3 &&+3\beta^2 \\
+)\quad ⑩\times\gamma:\gamma^5 &= -2\gamma^4 &&+7\gamma^3 &&+3\gamma^2 \\
\hline
\alpha^5+\beta^5+\gamma^5 &= -2(\alpha^4+\beta^4+\gamma^4) &&+7(\alpha^3+\beta^3+\gamma^3) &&+3(\alpha^2+\beta^2+\alpha^2) \\
&= -2\times 202 &&+7\times(-41) &&+3\times 18 \,(⑪⑦③を代入) \\
&= -404-287+54 \\
&= \mathbf{-637}
\end{aligned}
$$

類題演習 2−14　（解答は p.197）

3次方程式 $x^3+4x^2-3x-1=0$ の実数解を $\alpha,\ \beta,\ \gamma$ とするとき，次の値を求めよ．

(1) $\alpha^2+\beta^2+\gamma^2$ 　　(2) $\alpha^3+\beta^3+\gamma^3$

(3) $\alpha^4+\beta^4+\gamma^4$ 　　(4) $\alpha^5+\beta^5+\gamma^5$

応用演習 2-22 （2乗和・3乗和から3次方程式）

実数 α, β, γ（但し $\alpha<\beta<\gamma$）が次を満たしている．

$$\begin{cases} \alpha+\beta+\gamma=-4 & \cdots\cdots\cdots① \\ \alpha^2+\beta^2+\gamma^2=22 & \cdots\cdots\cdots② \\ \alpha^3+\beta^3+\gamma^3=-58 & \cdots\cdots③ \end{cases}$$

(1) α, β, γ を解とする x の3次方程式をひとつ求めよ．
(2) α, β, γ を求めよ．

解説

α, β, γ を解とする3次方程式のひとつは

$$(x-\alpha)(x-\beta)(x-\gamma)=0$$
$$x^3-(\alpha+\beta+\gamma)x^2+(\alpha\beta+\beta\gamma+\gamma\alpha)x-\alpha\beta\gamma=0 \quad\cdots\cdots\cdots④$$

と表せます．

$\alpha+\beta+\gamma=-4$ などから，実数係数の3次方程式として求まります．

解答

(1) $\alpha\beta+\beta\gamma+\gamma\alpha$ の値と $\alpha\beta\gamma$ の値を求める．

$$(\alpha+\beta+\gamma)^2=\alpha^2+\beta^2+\gamma^2+2(\alpha\beta+\beta\gamma+\gamma\alpha)$$

に①と②を代入して

$$(-4)^2=22+2(\alpha\beta+\beta\gamma+\gamma\alpha)$$
$$-6=2(\alpha\beta+\beta\gamma+\gamma\alpha)$$

$\therefore \quad \alpha\beta+\beta\gamma+\gamma\alpha=-3 \quad\cdots\cdots\cdots⑤$

$$\alpha^3+\beta^3+\gamma^3-3\alpha\beta\gamma=(\alpha+\beta+\gamma)(\alpha^2+\beta^2+\gamma^2-\alpha\beta-\beta\gamma-\gamma\alpha)$$

に③，①，②，⑤を代入して，

$$-58-3\alpha\beta\gamma=-4\times\{22-(-3)\}$$
$$-58-3\alpha\beta\gamma=-4\times 25$$
$$-3\alpha\beta\gamma=-100+58$$
$$-3\alpha\beta\gamma=-42$$

$\therefore \quad \alpha\beta\gamma=14 \quad\cdots\cdots\cdots⑥$

従って，①⑤⑥を④に代入すると，α, β, γ を解に持つ3次方程式のひとつは，

$$x^3-(-4)x^2+(-3)x-14=0$$

$\therefore \quad \boldsymbol{x^3+4x^2-3x-14=0} \quad\cdots\cdots\cdots⑦$

2章　多項式の割り算と3次方程式　71

(2)　⑦の解が小さい順に α, β, γ であるから
$$f(x)=x^3+4x^2-3x-14$$
とおくと，$f(-2)=-8+16+6-14=0$
なので，$f(x)$ は $x+2$ で割り切れる．

実際に筆算で割ると
$$f(x)=(x+2)(x^2+2x-7)$$
$f(x)=0$ を解いて，$x=-2,\ -1\pm 2\sqrt{2}$
　　$-2\sqrt{2}<-2$ より，
　　$-1-2\sqrt{2}<-2<-1+2\sqrt{2}$
とわかる．$\alpha<\beta<\gamma$ なので
$$\alpha=-1-2\sqrt{2},\ \beta=-2,\ \gamma=-1+2\sqrt{2}$$

```
              x² + 2x  - 7
     x+2 ) x³ + 4x² - 3x - 14
           x³ + 2x²
                2x² - 3x
                2x² + 4x
                    - 7x - 14
                    - 7x - 14
                          0
```

別解

(1)　3乗和の公式を忘れて $\alpha\beta\gamma$ の値が求められなくても，応用演習 2-21 の方法を使って求めることができます．

④に，①⑤を代入して
$$x^3+4x^2-3x-\alpha\beta\gamma=0 \quad\cdots\cdots⑧$$
として，⑧の解が α, β, γ なので，⑧にそれぞれ代入して足すと

$$\begin{array}{llll}
\alpha^3 & +4\alpha^2 & -3\alpha & -\alpha\beta\gamma=0 \\
\beta^3 & +4\beta^2 & -3\beta & -\alpha\beta\gamma=0 \\
+)\ \gamma^3 & +4\gamma^2 & -3\gamma & -\alpha\beta\gamma=0 \\
\hline
\end{array}$$
$$\alpha^3+\beta^3+\gamma^3+4(\alpha^2+\beta^2+\gamma^2)-3(\alpha+\beta+\gamma)-3\alpha\beta\gamma=0 \quad\cdots\cdots⑨$$

⑨に③，②，①を代入して
$$-58+4\times 22-3\times(-4)-3\alpha\beta\gamma=0$$
$$42-3\alpha\beta\gamma=0$$
$$\therefore\ \alpha\beta\gamma=14$$

と求まります．

応用演習 2-23 （解にならないものもある）

α, β は，$\alpha < \beta$ を満たす実数で
$$\begin{cases} \alpha^2 + \beta^2 = 7 & \cdots\cdots① \\ \alpha^3 + \beta^3 = 10 & \cdots\cdots② \end{cases}$$
を満たす．このとき (α, β) を求めよ．

解説

①も②も α, β の対称式なので，$\alpha+\beta$ と $\alpha\beta$ で表せます．
$$\alpha+\beta=p \cdots\cdots③, \quad \alpha\beta=q \cdots\cdots④$$
とおいて，p, q の方程式を立てると
$$\boxed{q \text{ の1次式}}$$
が得られるので q を消去して p のみの3次方程式が求まります．それを解けば (p, q) の組が，求まります．あとは，$\alpha+\beta$, $\alpha\beta$ にもどして実数 α, β を求めればよいのですが，実際に求めないで実数解にならないものを排除することもできます．

解答

①を $\alpha+\beta$ と $\alpha\beta$ を用いて表すと
$$\alpha^2+\beta^2=7 \quad\cdots\cdots①$$
$$(\alpha+\beta)^2-2\alpha\beta=7$$
$$p^2-2q=7 \quad (③, ④を代入) \quad\cdots\cdots⑤$$

②を $\alpha+\beta$ と $\alpha\beta$ を用いて表すと
$$\alpha^3+\beta^3=10 \quad\cdots\cdots②$$
$$(\alpha+\beta)^3-3\alpha\beta(\alpha+\beta)=10$$
$$p^3-3qp=10 \quad (③, ④を代入) \quad\cdots\cdots⑥$$

⑤を q について解くと
$$q=\frac{p^2-7}{2} \quad\cdots\cdots⑦$$

⑦を⑥に代入して，
$$p^3-3\left(\frac{p^2-7}{2}\right)p=10$$
$$2p^3-3(p^2-7)p=20$$
$$2p^3-3p^3+21p=20$$
$$-p^3+21p=20$$
$$\therefore \ p^3-21p+20=0 \quad\cdots\cdots⑧$$

$$\begin{array}{r} p^2+p-20 \\ p-1 \overline{)p^3-21p+20} \\ \underline{p^3-p^2} \\ p^2-21p \\ \underline{p^2-p} \\ -20p+20 \\ \underline{-20p+20} \\ 0 \end{array}$$

$f(p)=p^3-21p+20$ とおくと $f(1)=0$ なので $f(p)$ は $p-1$ で割り切れる．よって右上の筆算より
$$f(p)=(p-1)(p^2+p-20)$$
$$=(p-1)(p-4)(p+5)$$

$f(p)=0$ を解くと，$p=1, 4, -5$ を得る．

⑦に代入して，$(p, q)=(1, -3), \left(4, \dfrac{9}{2}\right), (-5, 9)$ ……………⑨

ここで，p, q を $\alpha+\beta$，$\alpha\beta$ にもどすと，それぞれ

(i) $\begin{cases}\alpha+\beta=1\\ \alpha\beta=-3\end{cases}$ …(*)　　(ii) $\begin{cases}\alpha+\beta=4\\ \alpha\beta=\dfrac{9}{2}\end{cases}$ …(**)　　(iii) $\begin{cases}\alpha+\beta=-5\\ \alpha\beta=9\end{cases}$ …(***)

を満たす実数 α, β を求める．

このとき，α, β を解とする 2 次方程式は
$$(x-\alpha)(x-\beta)=0$$
$$x^2-(\alpha+\beta)x+\alpha\beta=0 \quad\cdots\cdots⑩$$
と表せるので，

(i) ⑩に(*)を代入すると，$x^2-x-3=0$ より，$x=\dfrac{1\pm\sqrt{13}}{2}$

　　よって $\alpha<\beta$ より $(\alpha, \beta)=\left(\dfrac{1-\sqrt{13}}{2}, \dfrac{1+\sqrt{13}}{2}\right)$

(ii) ⑩に(**)を代入すると，$x^2-4x+\dfrac{9}{2}=0$ より，$x=\dfrac{4\pm\sqrt{-2}}{2}$

　　これは実数ではないので不適．

(iii) ⑩に(***)を代入すると，$x^2+5x+9=0$ より，$x=\dfrac{-5\pm\sqrt{-11}}{2}$

　　これは実数ではないので不適．

よって求める α, β は，$\boldsymbol{\alpha=\dfrac{1-\sqrt{13}}{2}, \beta=\dfrac{1+\sqrt{13}}{2}}$

別解　（実数条件）

α, β は⑩に③，④を代入した
$$x^2-px+q=0$$
の実数解なので係数 p, q は判別式 $D\geqq0$ 即ち，
$$D=(-p)^2-4q\geqq0$$
$$\therefore \quad p^2-4q\geqq0 \quad\cdots\cdots⑪$$
を満たします．

つまり⑨の中で⑪を満たすものが答と言えます．

$(p, q)=(1, -3)$ のとき $D=1^2-4(-3)=13\geqq0$：O.K.

$(p, q)=\left(4, \dfrac{9}{2}\right)$ のとき $D=4^2-4\left(\dfrac{9}{2}\right)=-2<0$：不適

$(p, q)=(-5, 9)$ のとき $D=(-5)^2-4\times9=-11<0$：不適

と判定できます．

応用演習 2-24 （対称式の片割れ）

3次方程式 $x^3-4x-2=0$ の3解を α, β, γ ($\alpha \geq \beta \geq \gamma$) とする．
このとき
$$P=\alpha\beta^2+\beta\gamma^2+\gamma\alpha^2, \quad Q=\alpha^2\beta+\beta^2\gamma+\gamma^2\alpha$$
とおく．
(1) $\alpha^2\beta^2+\beta^2\gamma^2+\gamma^2\alpha^2$, $\alpha^3\beta^3+\beta^3\gamma^3+\gamma^3\alpha^3$ の値を求めよ．
(2) $P+Q$, PQ の値を求めよ．
(3) P, Q を求めよ．

解説

P, Q 単独では α, β, γ の対称式ではないですが $P+Q$, PQ は対称式なので，基本対称式の組合せで表せます．

$P+Q$, PQ の値がわかれば，P, Q を2解とする2次方程式
$$(x-P)(x-Q)=0$$
を作れば，すぐに P, Q が求まります．

解答

(1) $x^3-4x-2=0$ ……① の3解が α, β, γ なので解と係数の関係より
$\alpha+\beta+\gamma=0$ ……②, $\alpha\beta+\beta\gamma+\gamma\alpha=-4$ ……③, $\alpha\beta\gamma=2$ ……④
②③④より
$\alpha^2+\beta^2+\gamma^2=(\alpha+\beta+\gamma)^2-2(\alpha\beta+\beta\gamma+\gamma\alpha)=0^2-2(-4)=8$ ……⑤
$\alpha^3+\beta^3+\gamma^3=(\alpha+\beta+\gamma)(\alpha^2+\beta^2+\gamma^2-\alpha\beta-\beta\gamma+\gamma\alpha)+3\alpha\beta\gamma$
$\qquad\qquad\quad =3\alpha\beta\gamma$ （②より $\alpha+\beta+\gamma=0$）
$\qquad\qquad\quad =3\times 2=6$ ……⑥
さらに⑤, ⑥を用いて
$\alpha^2\beta^2+\beta^2\gamma^2+\gamma^2\alpha^2=(\alpha\beta+\beta\gamma+\gamma\alpha)^2-2\{(\alpha\beta)(\beta\gamma)+(\beta\gamma)(\gamma\alpha)+(\gamma\alpha)(\alpha\beta)\}$
$\qquad\qquad\qquad$ （⑤の前半の式の α, β, γ を $\alpha\beta, \beta\gamma, \gamma\alpha$ に置き換えた）
$\qquad\qquad\qquad =(\alpha\beta+\beta\gamma+\gamma\alpha)^2-2\alpha\beta\gamma(\beta+\gamma+\alpha)$
$\qquad\qquad\qquad =(\alpha\beta+\beta\gamma+\gamma\alpha)^2 \quad (\beta+\gamma+\alpha=0)$
$\qquad\qquad\qquad =(-4)^2=\mathbf{16}$ ……⑦

$$\alpha^3\beta^3+\beta^3\gamma^3+\gamma^3\alpha^3=(\alpha\beta+\beta\gamma+\gamma\alpha)\{(\alpha\beta)^2+(\beta\gamma)^2+(\gamma\alpha)^2$$
$$-(\alpha\beta)(\beta\gamma)-(\beta\gamma)(\gamma\alpha)-(\gamma\alpha)(\alpha\beta)\}+3(\alpha\beta)(\beta\gamma)(\gamma\alpha)$$
(⑥の前半の式の α, β, γ を $\alpha\beta$, $\beta\gamma$, $\gamma\alpha$ に置き換えた)
$$=(\alpha\beta+\beta\gamma+\gamma\alpha)\{(\alpha\beta)^2+(\beta\gamma)^2+(\gamma\alpha)^2-\alpha\beta\gamma(\beta+\gamma+\alpha)\}+3(\alpha\beta\gamma)^2$$
$$=-4\times(16-2\times0)+3\times2^2=\mathbf{-52} \quad\cdots\cdots\text{⑧}$$

(2) ここでは, ②より $\alpha+\beta+\gamma=0$ なので
$$\alpha+\beta=-\gamma,\ \beta+\gamma=-\alpha,\ \gamma+\alpha=-\beta \quad\cdots\cdots\text{⑨}$$
を用いる.
$$P+Q=(\alpha\beta^2+\beta\gamma^2+\gamma\alpha^2)+(\alpha^2\beta+\beta^2\gamma+\gamma^2\alpha)$$
$$=\alpha\beta(\beta+\alpha)+\beta\gamma(\gamma+\beta)+\gamma\alpha(\alpha+\gamma)$$
$$=\alpha\beta(-\gamma)+\beta\gamma(-\alpha)+\gamma\alpha(-\beta)\quad(\text{⑨を用いた})$$
$$=-3\alpha\beta\gamma=-3\times2=\mathbf{-6} \quad\cdots\cdots\text{⑩}$$

$$PQ=(\alpha\beta^2+\beta\gamma^2+\gamma\alpha^2)(\alpha^2\beta+\beta^2\gamma+\gamma^2\alpha)$$
$$=\boldsymbol{\alpha^3\beta^3}+\underline{\alpha^2\beta^2\gamma^2}+\alpha^4\beta\gamma+\alpha\beta^4\gamma+\boldsymbol{\beta^3\gamma^3}+\underline{\alpha^2\beta^2\gamma^2}+\underline{\alpha^2\beta^2\gamma^2}+\alpha\beta\gamma^4+\boldsymbol{\alpha^3\gamma^3}$$
$$=\boldsymbol{\alpha^3\beta^3}+\boldsymbol{\beta^3\gamma^3}+\boldsymbol{\gamma^3\alpha^3}+\alpha^4\beta\gamma+\alpha\beta^4\gamma+\alpha\beta\gamma^4+3\alpha^2\beta^2\gamma^2$$
$$=\underbrace{-52}_{\text{⑧}}+\alpha\beta\gamma(\alpha^3+\beta^3+\gamma^3)+3\times2^2=-52+2\times\underbrace{6}_{\text{⑥}}+12=\mathbf{-28} \quad\cdots\cdots\text{⑪}$$

(3) P, Q を解とする x の 2 次方程式は
$$(x-P)(x-Q)=0$$
$$x^2-(P+Q)x+PQ=0$$
$$x^2+6x-28=0 \quad\cdots\cdots\text{⑫}\quad(\text{⑩⑪を代入})$$
と求まる. よって P, Q は⑫の 2 解なので
$$x=-3\pm\sqrt{37} \quad\cdots\cdots\text{⑬}$$

最後に P, Q の大小を決定しよう.
$$P-Q=(\alpha\beta^2+\beta\gamma^2+\gamma\alpha^2)-(\alpha^2\beta+\beta^2\gamma+\gamma^2\alpha)$$
$$=-(\beta-\gamma)\alpha^2+\alpha(\beta^2-\gamma^2)+\beta\gamma^2-\beta^2\gamma$$
$$=-(\beta-\gamma)\alpha^2+\alpha(\beta-\gamma)(\beta+\gamma)-\beta\gamma(\beta-\gamma)$$
$$=-(\beta-\gamma)\{\alpha^2-(\beta+\gamma)\alpha+\beta\gamma\}$$
$$=-(\beta-\gamma)(\alpha-\beta)(\alpha-\gamma) \quad\cdots\cdots\text{⑭}$$

(α の 2 次式とみて整理)

$\alpha\geqq\beta\geqq\gamma$ より $\beta-\gamma\geqq0$, $\alpha-\beta\geqq0$, $\alpha-\gamma\geqq0$ なので
$$(\beta-\gamma)(\alpha-\beta)(\alpha-\gamma)\geqq0 \quad\cdots\cdots\text{⑮}$$
とわかる. 従って, ⑭, ⑮より
$$P-Q\leqq0 \quad \therefore\ P\leqq Q \quad \text{よって}\ \boldsymbol{P=-3-\sqrt{37}},\ \boldsymbol{Q=-3+\sqrt{37}}$$

応用演習 2-25 （4次方程式のフェラリによる解法）

4次方程式 $x^4-7x^2+2x+2=0$ ……① を次の方法で解け．

(1) ①を $x^4=7x^2-2x-2$ ……② と変形し，両辺に $yx^2+\dfrac{y^2}{4}$ を足す．その式の右辺を x について整理せよ．

(2) (1)で整理した式の右辺を x の2次式と見なし [判別式]$=0$ を解け．

(3) ①を解け．

解答

(1)　$x^4-7x^2+2x+2=0$ ……①

を　$x^4=7x^2-2x-2$ ……②

の形に変形し，②の両辺に $yx^2+\dfrac{y^2}{4}$ を加える．

$$x^4+yx^2+\dfrac{y^2}{4}=7x^2-2x-2+yx^2+\dfrac{y^2}{4} \quad \text{……③}$$

$$=(7+y)x^2-2x+\dfrac{y^2}{4}-2 \quad \text{……④}$$

(2)　④の判別式$=(-2)^2-4(7+y)\left(\dfrac{y^2}{4}-2\right)=0$

両辺を4で割って

$$1-\left(\dfrac{7}{4}y^2-14+\dfrac{y^3}{4}-2y\right)=0$$

$$-\dfrac{y^3}{4}-\dfrac{7}{4}y^2+2y+15=0$$

両辺を -4 倍して

$$y^3+7y^2-8y-60=0 \quad \text{……⑤}$$

⑤の左辺を $f(y)$ とおくと，

$f(-3)=-27+63+24-60=0$

より，$f(y)$ は $y+3$ で割り切れる．

従って

$\qquad f(y)=(y+3)(y^2+4y-20)$

$\qquad f(y)=0$ を解くと $\boldsymbol{y=-3,\ -2\pm 2\sqrt{6}}$

を得る．

$$\begin{array}{r}
y^2+\ 4y-20 \\
y+3\overline{)y^3+7y^2-\ 8y-60} \\
\underline{y^3+3y^2} \\
4y^2-\ 8y \\
\underline{4y^2+12y} \\
-20y-60 \\
\underline{-20y-60} \\
0
\end{array}$$

(3) ここでは $y=-3$ を③に代入して，①を因数分解することを考える．
（$y=2\pm 2\sqrt{6}$ を用いても同じ因数分解ができるが，計算は激しく大変）
③に $y=-3$ を代入する．（すると両辺が完全平方型になる！）

$$x^4-3x^2+\frac{9}{4}=4x^2-2x+\frac{1}{4}$$

$$\left(x^2-\frac{3}{2}\right)^2=\left(2x-\frac{1}{2}\right)^2$$

$$\left(x^2-\frac{3}{2}\right)^2-\left(2x-\frac{1}{2}\right)^2=0$$

$$\left(x^2-\frac{3}{2}+2x-\frac{1}{2}\right)\left(x^2-\frac{3}{2}-2x+\frac{1}{2}\right)=0$$

$$(x^2+2x-2)(x^2-2x-1)=0$$

よって $x^2+2x-2=0$ または $x^2-2x-1=0$ より

$$\boldsymbol{x=-1\pm\sqrt{3},\ 1\pm\sqrt{2}}$$

4次方程式のフェラリによる解法

4次方程式 $x^4+ax^3+bx^2+cx+d=0$ は $x=X-\dfrac{a}{4}$ と変数を置き換えると X^3 の係数のない方程式 $X^4+b'X^2+c'X+d'=0$ ……⑥ に変形できます．⑥は本問解答のようにフェラリによる解法によって3次方程式に帰着して解くことができます．

応用演習 2-26 （多重因数定理）

多項式 $f(x)$ および n 個の相異なる定数 $\alpha_1, \alpha_2, \cdots, \alpha_n$ に対して
$$f(\alpha_1) = f(\alpha_2) = \cdots = f(\alpha_n) = 0$$
ならば，$f(x)$ は $(x-\alpha_1)(x-\alpha_2)\cdots(x-\alpha_n)$ を因数に持つことを証明せよ．

解答

[証明] 多項式 $f(x)$ において，$f(\alpha_1)=0$ なので因数定理より $f(x)$ は $x-\alpha_1$ で割り切れる．その商を $Q_1(x)$ とすると，
$$f(x) = (x-\alpha_1)Q_1(x) \quad \cdots\cdots①$$
と表せる．

次に①に $x=\alpha_2$ を代入すると
$$f(\alpha_2) = (\alpha_2-\alpha_1)Q_1(\alpha_2) = 0$$
となり，$\alpha_2 \neq \alpha_1$ より $\alpha_2-\alpha_1 \neq 0$ なので
$$Q_1(\alpha_2) = 0$$
とわかる．因数定理より $Q_1(x)$ は $x-\alpha_2$ で割り切れるので，その商を $Q_2(x)$ とすると
$$Q_1(x) = (x-\alpha_2)Q_2(x) \quad \cdots\cdots②$$
と表せる．よって，①②より
$$f(x) = (x-\alpha_1)(x-\alpha_2)Q_2(x)$$
以下相異なる $\alpha_3, \alpha_4, \cdots, \alpha_n$ について同様のことを繰り返すと，多項式 $Q_n(x)$ を用いて
$$f(x) = (x-\alpha_1)(x-\alpha_2)\cdots(x-\alpha_n)Q_n(x)$$
と表せる．よって $f(x)$ は $(x-\alpha_1)(x-\alpha_2)\cdots(x-\alpha_n)$ を因数に持つことがわかった． [証明終]

一致の定理

多重因数定理を用いると次の一致の定理が証明できます．

≪一致の定理≫

n 次以下の多項式 $f(x), g(x)$ および $n+1$ 個の相異なる定数 $\alpha_1, \alpha_2, \cdots, \alpha_n, \alpha_{n+1}$ に対して
$$f(\alpha_1)=g(\alpha_1),\ f(\alpha_2)=g(\alpha_2),\ \cdots,\ f(\alpha_{n+1})=g(\alpha_{n+1})$$
ならば $f(x)$ と $g(x)$ は多項式として一致する．

[証明] $F(x)=f(x)-g(x)$ とおく。$F(x)$ は n 次以下の多項式である。
$$f(\alpha_1)=g(\alpha_1),\ f(\alpha_2)=g(\alpha_2),\ \cdots,\ f(\alpha_{n+1})=g(\alpha_{n+1})$$
より
$$F(\alpha_1)=0,\ F(\alpha_2)=0,\ \cdots,\ F(\alpha_{n+1})=0$$
が成り立つ。
　ここで $F(\alpha_1)=F(\alpha_2)=\cdots=F(\alpha_n)=0$ なので、多重因数定理より $F(x)$ は
$$(x-\alpha_1)(x-\alpha_2)\cdots(x-\alpha_n) \quad \cdots\cdots ①$$
で割り切れる。$F(x)$ は n 次以下の式なので、$F(x)$ を n 次式①で割ると、商は定数となり、それを a とおくと
$$F(x)=a(x-\alpha_1)(x-\alpha_2)\cdots(x-\alpha_n) \quad \cdots\cdots ②$$
と表せる。ここで $F(\alpha_{n+1})=0$ より②に $x=\alpha_{n+1}$ を代入すると
$$F(\alpha_{n+1})=a(\alpha_{n+1}-\alpha_1)(\alpha_{n+1}-\alpha_2)\cdots(\alpha_{n+1}-\alpha_n)=0$$
であり、$\alpha_1,\ \alpha_2,\ \cdots,\ \alpha_{n+1}$ は相異なるので
$$\alpha_{n+1}-\alpha_1 \neq 0,\ \alpha_{n+1}-\alpha_2 \neq 0,\ \cdots,\ \alpha_{n+1}-\alpha_n \neq 0$$
なので、$a=0$
とわかる。よって、
$$F(x)=f(x)-g(x)=0$$
ゆえに $f(x)=g(x)$ が成り立つ。　　　　　[証明終]

　x の 3 次式 $f(x)$ と x^3 に対して
$$f(1)=1^3,\ f(2)=2^3,\ f(3)=3^3,\ f(4)=4^3$$
が成り立つとします。ここで $g(x)=x^3$ とおくと、$f(x)$ と $g(x)$ は 3 次式で 4 個の相異なる値 $x=1,\ 2,\ 3,\ 4$ に対して
$$f(1)=g(1),\ f(2)=g(2),\ f(3)=g(3),\ f(4)=g(4)$$
なので、**一致の定理**より、
$$f(x)=g(x),\ \text{即ち}\ f(x)=x^3$$
が言えます。

注 多項式 $f(x)$ と $g(x)$ が「多項式として一致する」とは、次数が同じで、すべての係数が一致することを言います。

応用演習 2-27 （値から式を求める）

x の 3 次式 $f(x) = px^3 + qx^2 + rx + s$ で次を満たすものを求めよ．
(1) $f(1) = 1$, $f(2) = 2$, $f(3) = 3$, $f(4) = -8$
(2) $f(1) = 2^4$, $f(2) = 3^4$, $f(3) = 4^4$, $f(4) = 5^4$

解答

(1) $F(x) = f(x) - x$ とおくと
$F(1) = f(1) - 1 = 0$, $F(2) = f(2) - 2 = 0$, $F(3) = f(3) - 3 = 0$
より $F(x)$ は $(x-1)(x-2)(x-3)$ で割り切れる．（多重因数定理）
$F(x)$ は 3 次式なので，商を a とおくと
$(F(x) =) f(x) - x = a(x-1)(x-2)(x-3)$ ……………………①
と表せる．①の両辺に $x = 4$ を代入して
$F(4) = f(4) - 4 = a \times 3 \times 2 \times 1$
$-8 - 4 = 6a$ ∴ $a = -2$
よって $f(x) - x = -2(x-1)(x-2)(x-3)$ なので
$f(x) = -2x^3 + 12x^2 - 21x + 12$

(2) $F(x) = f(x) - (x+1)^4$ とおくと
$F(1) = f(1) - 2^4 = 0$, $F(2) = f(2) - 3^4 = 0$,
$F(3) = f(3) - 4^4 = 0$, $F(4) = f(4) - 5^4 = 0$
より $F(x)$ は $(x-1)(x-2)(x-3)(x-4)$ で割り切れる．（多重因数定理）
$F(x)$ は 4 次式なので商を a とおくと
$(F(x) =) f(x) - (x+1)^4 = a(x-1)(x-2)(x-3)(x-4)$ …………①
とおけて，①の両辺の x^4 の係数を比べると，$a = -1$ とわかる．
よって $f(x) - (x+1)^4 = -(x-1)(x-2)(x-3)(x-4)$
$f(x) = (x+1)^4 - (x-1)(x-2)(x-3)(x-4)$
$= x^4 + 4x^3 + 6x^2 + 4x + 1 - (x^4 - 10x^3 + 35x^2 - 50x + 24)$
$= 14x^3 - 29x^2 + 54x - 23$

応用演習 2-28（複雑な式も値がわかれば）

a, b, c を相異なる定数とするとき，以下を簡単にせよ．
$$f(x) = a^3 \frac{(x-b)(x-c)}{(a-b)(a-c)} + b^3 \frac{(x-c)(x-a)}{(b-c)(b-a)} + c^3 \frac{(x-a)(x-b)}{(c-a)(c-b)}$$

解答

$$f(a) = a^3 \frac{\cancel{(a-b)(a-c)}}{\cancel{(a-b)(a-c)}} + b^3 \frac{\overset{0}{\overbrace{(a-c)(a-a)}}}{(b-c)(b-a)} + c^3 \frac{\overset{0}{\overbrace{(a-a)(a-b)}}}{(c-a)(c-b)}$$
$$= a^3$$

同様に $f(b) = b^3$, $f(c) = c^3$ が成り立つ．

よって $F(x) = f(x) - x^3$ とおくと，

$F(a) = f(a) - a^3 = a^3 - a^3 = 0$, 同様に $F(b) = 0$, $F(c) = 0$ が成り立つ．

よって多重因数定理より，$F(x)$ は $(x-a)(x-b)(x-c)$ で割り切れる．また，$f(x)$ は2次式なので $F(x)$ は3次式であるから $(x-a)(x-b)(x-c)$ で割った商は定数であり，それを k とおくと

$$(F(x)=) f(x) - x^3 = k(x-a)(x-b)(x-c) \quad \cdots\cdots\cdots ①$$

と表せる．

①の x^3 の係数を考えると $k = -1$ とわかる．

よって，
$$f(x) - x^3 = -(x-a)(x-b)(x-c)$$
$$f(x) = x^3 - (x-a)(x-b)(x-c)$$
$$= x^3 - \{x^3 - (a+b+c)x^2 + (ab+bc+ca)x - abc\}$$
$$= \boldsymbol{(a+b+c)x^2 - (ab+bc+ca)x + abc}$$

演習問題

解答は p.214

2-1　一の位が 1, 4, 9 となっている 1 ケタでない平方数 N^2 (N は自然数) には，次のような性質(☆)がある．

> 性質(☆)：N^2 の一の位を取り除いた部分 A は，$\dfrac{N}{10}$ に最も近い自然数 B で割り切れる．

例えば，$N^2 = 543^2 = 294849$ の一の位を取り除いた部分は $A = 29484$ で，これを $\dfrac{N}{10} = 54.3$ に最も近い自然数 $B = 54$ で割ると，$29484 = 54 \times 546$ となるので，(☆)が成り立つ．この性質(☆)を N^2 の 1 の位が 9 の場合に証明しよう．

(1) このとき，N の一の位としてありうる数をすべて答えよ．
(2) N の一の位が(1)の値のとき，(☆)を証明せよ．

2-2　右図の 4 角形 ABCD は $\angle \text{ABC} = \angle \text{BCD} = 90°$，$\text{AC} \perp \text{BD}$ の台形であり，$\text{AB} = 1$，$\text{AD} = \sqrt{7}$ である．AC と BD の交点を O とし，$\text{OA} = a$，$\text{OA} : \text{OB} = 1 : r$ とするとき，a, r を求めよ．

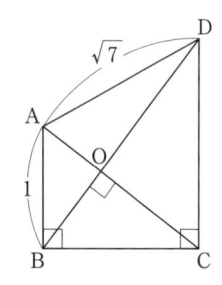

ヒント　2-1　(1) 0, 1, 2, $\cdots$, 9 を順に 2 乗してみればよいですね．
　　　　　　(2) X に最も近い自然数 B は X 未満とは限りません．
　　　　2-2　△AOB に相似な 3 角形を見つけましょう．
　　　　　　r^6 の方程式が現れますが，3 次式の性質をうまく使ってください．

2-3 右図の3角錐 A-BCD において，
$\angle ABC = \angle ABD = 90°$ であり，
辺 AC，BC，BD，AD 上にそれぞれ P，Q，R，S を，
PQ // SR // AB，PS // QR // CD
となるようにとる．
AS : SD = a : b のとき

[5面体 APS-BQR の体積]：[5面体 PQRS-CD の体積]
を a, b の式で展開した形で表せ．

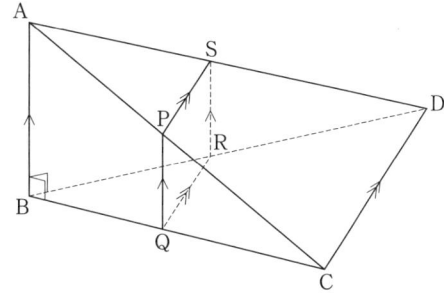

2-4 次の式を因数分解せよ．
(1) $a^3 + b^3 - ax^2 - bx^2 - 3abx$
(2) $a^3b + b^3c + c^3a - ab^3 - bc^3 - ca^3$
(3) $(a-b)^3 + (b-c)^3 + (c-a)^3$

2-5 $2x^3 - x^2 + ax + b$ を $x^2 + 2x + 4$ で割った余りが $5x + 7$ となるとき，
(1) 商を求めよ．
(2) a, b を求めよ．

2-6 多項式 $f(x)$ を $x+2$ で割った商が $x^2 + 7x + 5$，余りが 6 であった．このとき，$f(x)$ を $(x+2)^2$ で割った商と余りを求めよ．

ヒント 2-3 相似な3角錐の体積比を考えます．
2-4 (1) 次数の低い x について整理しましょう．
(2) まず a について整理すると共通因数がみつかります．
その後は a 以外の(次数の低い)文字について整理して続けましょう．

2-7 多項式 $f(x)$ を x^2+3x-2 で割ると，余りが $4x-5$ である．このとき，$(x+2)f(x)$ を x^2+3x-2 で割った余りを求めよ．

2-8 $x^{99}+x^{60}+1$ を x^2-1 で割った余りを求めよ．

2-9 多項式 $f(x)$ を $(x-2)(x+3)$ で割った余りが $4x+9$，$(x-1)(x-2)$ で割った余りが $12x+k$（k は定数）である．このとき，$f(x)$ を $(x-1)(x-2)(x+3)$ で割った余りを求めよ．

2-10 多項式 $f(x)$ を $x+2$ で割った余りが 38，$(x-1)^2$ で割った余りが $-3x+5$ である．このとき，$f(x)$ を $(x+2)(x-1)^2$ で割った余りを求めよ．

ヒント　2-9 まず k を求めましょう．
　　　　2-10 余りは $a(x-1)^2-3x+5$ と置けます．

2-11 $f(x)=x^3+3x^2-3$ とするとき，多項式 $f(f(x))$ を $(x-1)(x+1)(x+3)$ で割った余りを求めよ．

2-12 多項式 $f(x)$ を x^2+1 で割ると余りが $x+1$，x^2+2 で割ると余りが $x+2$ であるとき，$f(x)$ を $(x^2+1)(x^2+2)$ で割った余りを求めよ．

2-13 $f(x)$ を多項式，$g(x)=f(f(x))$ とするとき，$g(x)-x$ は $f(x)-x$ で割り切れることを示せ．

2-14 黒板に3次方程式 $x^3+3x^2+4x+5=0$ が書かれている．いま，生徒が1人ずつ順番に出てきて，x^2 の係数，x の係数，定数項のうち1つを選んで1だけ増やすか減らすかし，その方程式を黒板に書く．これを繰り返していって，最終的に $x^3+x^2+6x+3=0$ が書かれたとする．このとき，この黒板には $x=-1$ を解に持つ3次方程式が少なくとも1つ書かれていることを示せ．

ヒント　2-11 $f(f(1))$，$f(f(-1))$，$f(f(-3))$ を計算してみましょう．
　　　　2-12 $f(x)=(x^2+1)(x^2+2)Q(x)+(x^2+1)(ax+b)+x+1$ とおいて，この式を (x^2+2) で割ったときの式に変形してみると…
　　　　2-13 $f(x)-f(a)$ が $x-a$ で割り切れることを利用しましょう．

2-15 3次方程式 $x^3+3x^2-2x-5=0$ の3解を α, β, γ とおくとき
$$\frac{\beta+\gamma}{\alpha}+\frac{\gamma+\alpha}{\beta}+\frac{\alpha+\beta}{\gamma}$$
の値を求めよ．

2-16 $x+y+z=a$, $\dfrac{1}{x}+\dfrac{1}{y}+\dfrac{1}{z}=\dfrac{1}{a}$ のとき，x, y, z のうち，少なくとも1つは a に等しいことを示せ．

2-17 3次の多項式 $f(x)$ が
$$f(2)=\frac{1}{2},\ f(3)=\frac{2}{3},\ f(4)=\frac{3}{4},\ f(5)=\frac{4}{5}$$
を満たす．このとき，$f(1)$ を求めよ．

2-18 $f(x)=x^3-3x^2-x+3$, $g(x)=f(f(f(x)))$ とする．このとき，多項式 $g(x)$ は $f(x)$ で割り切れることを示せ．

ヒント 2-15 $\alpha+\beta+\gamma=-3$ を利用しましょう．
2-16 「x, y, z のうち少なくとも1つは a に等しい」ことは等式 $(x-a)(y-a)(z-a)=0$ で表せます．
2-17 $F(x)=xf(x)-(x-1)$ と置いて考えてみましょう．

$$\frac{a}{\sin A}=\frac{b}{\sin B}=\frac{c}{\sin C}=2R$$

第3章　3角比

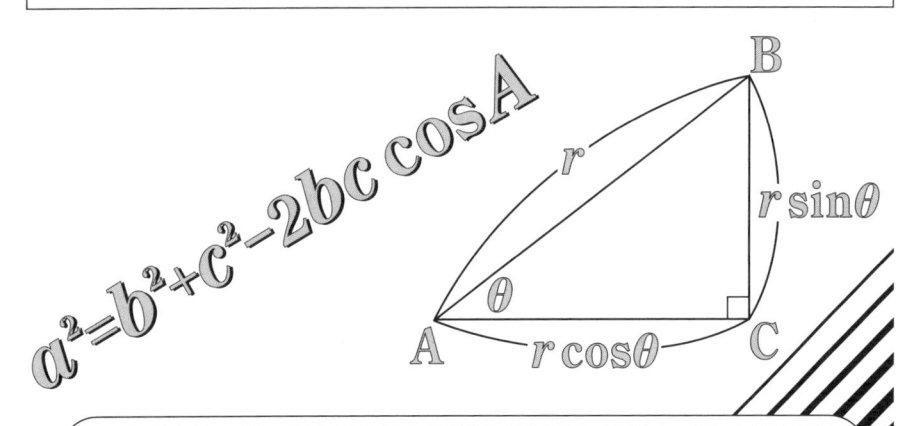

$a^2=b^2+c^2-2bc\cos A$

> 　1角が30°，45°，60°の直角3角形の3辺の比はピタゴラスの定理で学習済みですが，1角が10°，20°などの一般の角度で直角3角形の辺の比を考えたのが3角比（$\cos\theta$，$\sin\theta$，$\tan\theta$）です。さらにそれらの値を使うと角度の情報を数式に取り込むことができ，図形の問題を補助線を引かずに，方程式などを計算することで解決できるようになります。図形問題の新感覚を味わってください。

§1 3角比の定義

基礎例題 3-1 (斜めに1m行くと)

勾配が角度 t の坂道 l を地点 O から 1m の地点 A まで移動するカタツムリがいる．

(1) 角度 t が以下のとき，カタツムリは右（水平方向）に何 m，上（垂直方向）に何 m 進んだことになるか．$\sqrt{2}=1.41$, $\sqrt{3}=1.73$ として，小数第2位まで求めよ．

 (i) $t=30°$ (ii) $t=45°$ (iii) $t=60°$

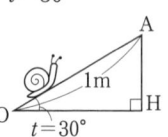

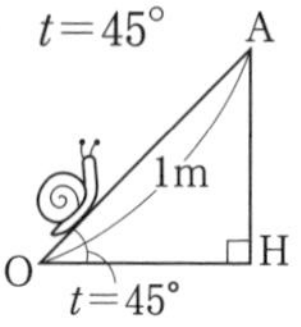

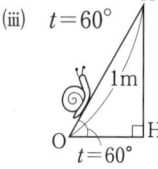

(2) 右ページの「方眼上の36等分円」の図を用いて，次の角度 t における，カタツムリの水平，垂直方向への移動距離のおよその値を小数第2位まで求めよ．
 (i) $t=40°$ (ii) $t=80°$

(3) カタツムリが角度 $t=110°$ の絶壁をよじのぼる．右図のように水平方向右を正（左を負），垂直方向上を正（下を負）となるように座標軸を設定する．このとき，カタツムリの水平，垂直方向への移動距離を符号をつけて答えよ．

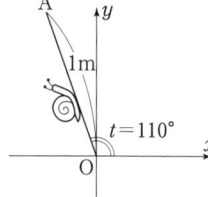

解説

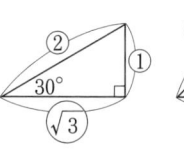

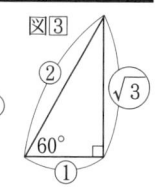

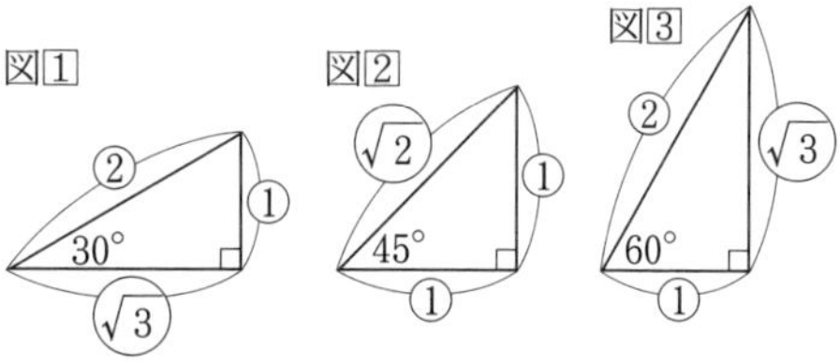

(1) 定規型3角形の3辺比を用いましょう．（詳しくは「ランクアップ②第4章」をご覧ください．）
 斜辺を1にするために，図1〜3において，**各辺を斜辺の長さで割れ**ば，水平距離と垂直距離がすぐに求まります．

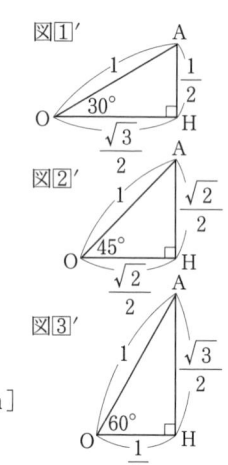

(i) 図1の3辺を2で割って，

水平距離 $OH = \dfrac{\sqrt{3}}{2} = \dfrac{1.73}{2} ≒ \mathbf{0.86}$ [m] （小数第3位を切り捨てた）

垂直距離 $HA = \dfrac{1}{2} = \mathbf{0.50}$ [m]

(ii) 図2の3辺を $\sqrt{2}$ で割って $\left(\times \dfrac{\sqrt{2}}{2}\ ですね\right)$

水平距離 $OH = \dfrac{\sqrt{2}}{2} = \dfrac{1.41}{2} ≒ \mathbf{0.70}$ [m]

垂直距離 $HA = \dfrac{\sqrt{2}}{2} = \dfrac{1.41}{2} ≒ \mathbf{0.70}$ [m]

(iii) 図3の3辺を2で割って，水平距離 $OH = \dfrac{1}{2} = \mathbf{0.50}$ [m]

垂直距離 $HA = \dfrac{\sqrt{3}}{2} ≒ \mathbf{0.86}$ [m]

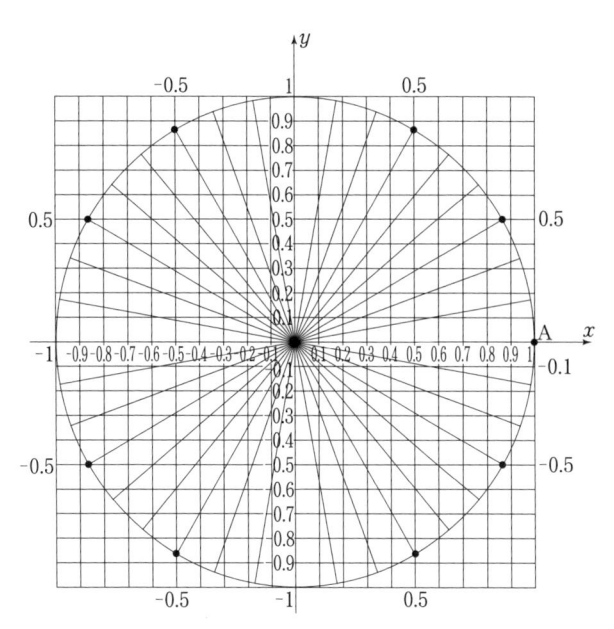

(2) 上図［方眼上の 36 等分円］を用いて，原点中心，半径 1 の円の円周上の点の座標を具体的に読み取ることができます．その値が(i)(ii)の答になるわけです．

(1, 0) を点 A とし，円周上の点 A_1, A_2, A_3 を $\angle A_1OA = 40°$, $\angle A_2OA = 80°$, $\angle A_3OA = 110°$ となるようにとり，A_1, A_2, A_3 から x 軸，y 軸に下した垂線の足をそれぞれ H_1, H_2, H_3, K_1, K_2, K_3 とします．

(i) $\angle A_1OH_1 = 40°$ より，
$OA_1 = 1$ [m] なので，
　水平距離 $=$ (H_1 の x 座標) $= \mathbf{0.77}$
　垂直距離 $=$ (K_1 の y 座標) $= \mathbf{0.64}$

(ii) $\angle A_2OH_2 = 80°$ より，
　水平距離 $=$ (H_2 の x 座標) $= \mathbf{0.17}$
　垂直距離 $=$ (K_2 の y 座標) $= \mathbf{0.98}$

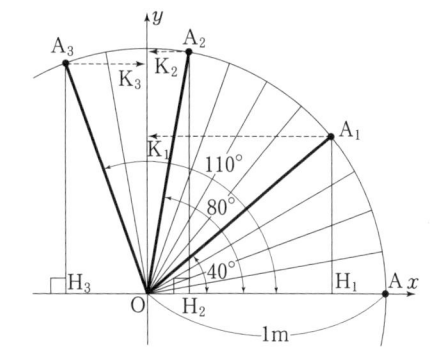

(3) カタツムリは垂直方向には上に向かって進みますが，水平方向には，逆方向に進みます．従って（右がプラスなので）水平方向にはマイナスをつけるのが適切です．よって，
　水平方向 $=$ (H_3 の x 座標) $= \mathbf{-0.34}$
　垂直方向 $=$ (K_3 の y 座標) $= \mathbf{0.94}$

基礎例題 3-2 ($\cos t$, $\sin t$ の定義)

座標平面上において，中心 O(原点)，半径 1 の円を「**単位円**」という．単位円上に点 P をとり，**動径** OP が**始線** OA から正の方向（反時計回り）に回転した角度を t で表す．（時計回りには－をつける）

この角度 t に対して，単位円周上の点 P に対して

  [P の x 座標] $= \cos t$ （コサイン t と読む）
  [P の y 座標] $= \sin t$ （サイン t と読む）

と定義する．

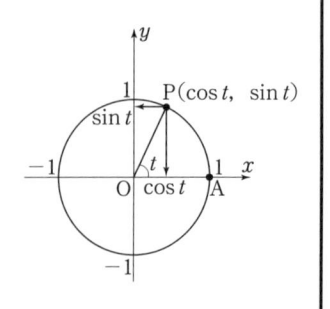

(1) 次の値を前ページの［方眼上の 36 等分円］の目盛りを読むことで小数第 2 位まで求めよ．

  (i) $\begin{cases} \cos 10° \\ \sin 10° \end{cases}$ (ii) $\begin{cases} \cos 70° \\ \sin 70° \end{cases}$ (iii) $\begin{cases} \cos 140° \\ \sin 140° \end{cases}$ (iv) $\begin{cases} \cos 200° \\ \sin 200° \end{cases}$

(2) 次の値をルートなどを用いて正確に求めよ．

  (i) $\begin{cases} \cos 60° \\ \sin 60° \end{cases}$ (ii) $\begin{cases} \cos 150° \\ \sin 150° \end{cases}$ (iii) $\begin{cases} \cos 225° \\ \sin 225° \end{cases}$

解答

(1) A(1, 0) とし右図のように $t=10°$, $t=70°$, $t=140°$, $t=200°$ となる点 P, Q, R, S を単位円周上にとる．

  [点 P の x 座標] $= \cos 10°$
  [点 P の y 座標] $= \sin 10°$

である．そこで小数第 2 位までの値を x 軸，y 軸から読みとると

(i) $\begin{cases} \cos 10° ≒ \mathbf{0.98} \\ \sin 10° ≒ \mathbf{0.17} \end{cases}$

同様に，

(ii) $\begin{cases} \cos 70° ≒ \mathbf{0.34} \\ \sin 70° ≒ \mathbf{0.94} \end{cases}$

（マイナスになる場合は符号を付け忘れずに！）

(iii) $\begin{cases} \cos 140° ≒ \mathbf{-0.77} \\ \sin 140° ≒ \mathbf{0.64} \end{cases}$ (iv) $\begin{cases} \cos 200° ≒ \mathbf{-0.94} \\ \sin 200° ≒ \mathbf{-0.34} \end{cases}$

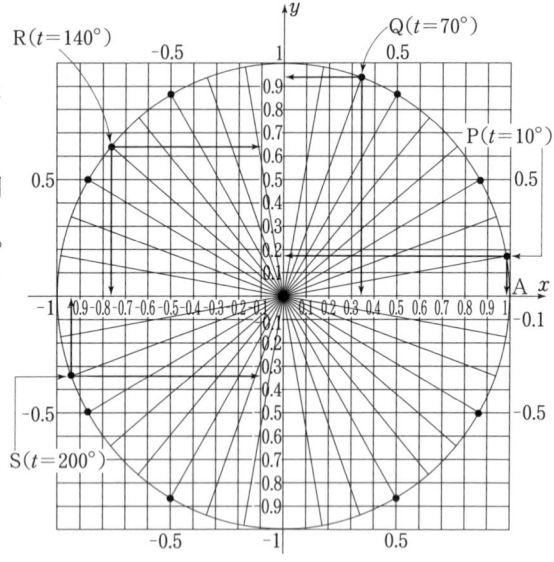

(2) 定規型の直角3角形を補って考えよう.

(i) [図1]のように $t=60°$ となるように点Pをとると
$P\left(\dfrac{1}{2}, \dfrac{\sqrt{3}}{2}\right)$ と決まるので
$\cos 60°=\dfrac{1}{2}$, $\sin 60°=\dfrac{\sqrt{3}}{2}$

[図1] $P\left(\dfrac{1}{2}, \dfrac{\sqrt{3}}{2}\right)=(\cos 60°, \sin 60°)$

(ii) [図2]のように $t=150°$ となるように点Pをとる. このときの点Pの座標が $(\cos 150°, \sin 150°)$ に対応する.
座標は, $30°$ の直角3角形を $\angle POA'$ に補って考えると,

$[P の x 座標]=-OH=-\dfrac{\sqrt{3}}{2}$
$\qquad\qquad\quad =\cos 150°$
$[P の y 座標]=PH=\dfrac{1}{2}=\sin 150°$
∴ **$\cos 150°=-\dfrac{\sqrt{3}}{2}$, $\sin 150°=\dfrac{1}{2}$**

[図2] $P\left(-\dfrac{\sqrt{3}}{2}, \dfrac{1}{2}\right)=(\cos 150°, \sin 150°)$

座標は $\ominus$

(iii) [図3]のように動径OPを $t=225°$ 動かして点Pをとる.
$\angle POA'=45°$ になるので, このとき, 直角2等辺3角形OPHを用いて, 図の点Pの座標を求める.

$[P の x 座標]=-OH=-\dfrac{\sqrt{2}}{2}=\cos 225°$
$[P の y 座標]=-PH=-\dfrac{\sqrt{2}}{2}=\sin 225°$
∴ **$\cos 225°=-\dfrac{\sqrt{2}}{2}$, $\sin 225°=-\dfrac{\sqrt{2}}{2}$**

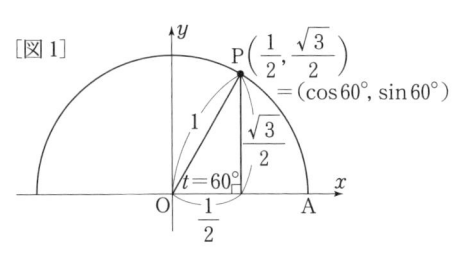

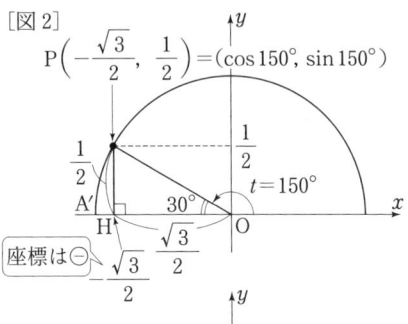

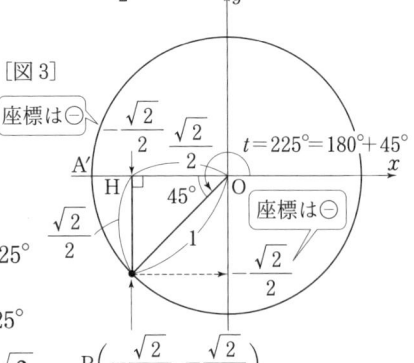

[図3] $t=225°=180°+45°$
座標は $\ominus$
$P\left(-\dfrac{\sqrt{2}}{2}, -\dfrac{\sqrt{2}}{2}\right)=(\cos 225°, \sin 225°)$

公式 $\cos^2 t+\sin^2 t=1$ について

$(\cos t)^2$ や $(\sin t)^2$ は, それぞれ $\cos^2 t$, $\sin^2 t$ と書くことにします.
単位円周上にある点 $P(\cos t, \sin t)$ と原点 $O(0, 0)$ の距離が1であることから, 2点間の距離の公式(「ランクアップ②第6章」参照)を用いると
OPの距離 $=\sqrt{(\cos t-0)^2+(\sin t-0)^2}=1$
両辺を2乗すると $(\cos t)^2+(\sin t)^2=1^2$
∴ $\cos^2 t+\sin^2 t=1$

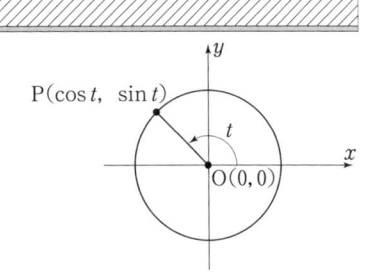

基礎例題 3-3 （$\cos t \leftrightarrows \sin t$）

(1) $0°<t<90°$ で，$\cos t = \dfrac{2}{3}$ となるときの角度 t に対し，$\sin t$ の値を求めよ．

(2) $90°<t<180°$ で $\sin t = \dfrac{3}{4}$ となるときの角度 t に対し，$\cos t$ の値を求めよ．

解説

(1) $\cos t$，$\sin t$ の値は，プラスやマイナスの場合があるので，まず，単位円上で求める角度 t のだいたいの位置を確認しましょう．

$\cos t$ は単位円上の点の x 座標だから $\cos t = \dfrac{2}{3}$ なので，x 軸上に [図 1] のように $x=(\cos t=)\dfrac{2}{3}$ となる点をとりましょう．そして，対応する（x 座標が $\dfrac{2}{3}$ となる）単位円上の点（2 点ある！）を打つと，[図 2] のように，対応する点（2 個ある！）を単位円上に描けます．$0°<t<90°$ なので [図 3] のように角度 t が 1 つに決まり，その t に対応する円周上の点 P に対し，$\sin t$ の値がプラスとわかります．

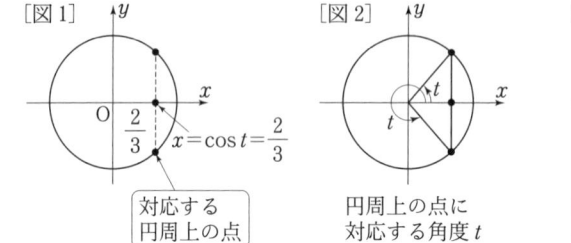

[図1]　　　　　　　　[図2]　　　　　　　　[図3]

| 対応する円周上の点 | 円周上の点に対応する角度 t | $0°<t<90°$ の範囲の t ∴ $\sin t > 0$ |

$\sin t > 0$ とわかったので，$\cos^2 t + \sin^2 t = 1$ の関係式を用いて $\sin t$ の値を求めましょう．$\cos^2 t + \sin^2 t = 1$ より

$$\sin^2 t = 1 - \cos^2 t = 1 - \left(\dfrac{2}{3}\right)^2 = 1 - \dfrac{4}{9} = \dfrac{5}{9}$$

$\sin^2 t = \dfrac{5}{9}$ で，$\sin t > 0$ だから，

$$\sin t = +\sqrt{\dfrac{5}{9}} = \dfrac{\sqrt{5}}{3}$$

(2) (1)と同様に単位円を用いて,まず $\cos t$ の正負を判定しましょう.
$\sin t$ は単位円上の点の y 座標であることに注意しましょう.

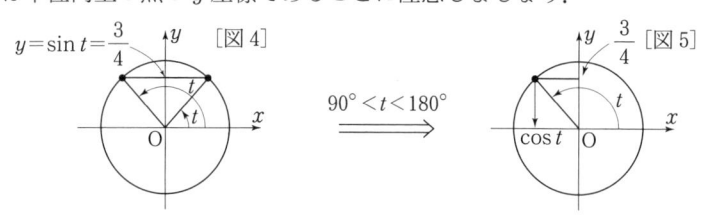

$y = \sin t = \dfrac{3}{4}$ [図4] $90°<t<180°$ ⟹   [図5]

[図4]のように $y(=\sin t)=\dfrac{3}{4}$ となる円周上の点は2点とれて,対応する角度 t も2つ描けます.この中で $90°<t<180°$ となる t は[図5]のように,**円周上の点 P が第2象限にあるとき**なので,$\cos t < 0$ とわかります.

従って,$\cos t$ の値は,$\cos^2 t + \sin^2 t = 1$ より

$$\cos^2 t = 1 - \sin^2 t = 1 - \left(\dfrac{3}{4}\right)^2 = 1 - \dfrac{9}{16} = \dfrac{7}{16}$$

$\cos^2 t = \dfrac{7}{16}$ で,$\cos t < 0$ だから

$$\cos t = -\sqrt{\dfrac{7}{16}} = -\dfrac{\sqrt{7}}{4}$$

角度 t は,はっきりわからなくても大丈夫

(1)において $\cos t = \dfrac{2}{3}$ ($0°<t<90°$) から $\sin t$ の値を求めましたが,t の値が明記されていないことに違和感を感じたかもしれません.

角度 t は右図のように

∠PHO$=90°$,OP$=1$,OH$=\dfrac{2}{3}$

の直角3角形の ∠POH で,この3角形は「**直角3角形の斜辺と1辺**」が決まっておりただ1つに決まります.

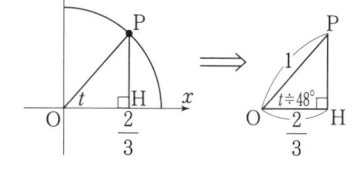

つまり,$\cos t = \dfrac{2}{3}$ ($0°<t<90°$) を満たす角度 t はいつも同一の角(約48度)に決まっているわけです.

しかし,この角度を厳密に「何度」と表すうまい方法がないので,文字 t のままにしておくわけです.

例題演習 3-4 （有名角の cos, sin）

(1) 次の値を求めよ．
 (i) $\begin{cases} \cos 45° \\ \sin 45° \end{cases}$ (ii) $\begin{cases} \cos 120° \\ \sin 120° \end{cases}$ (iii) $\begin{cases} \cos 180° \\ \sin 180° \end{cases}$

(2) 次の t を $0° \leq t \leq 180°$ の範囲で求めよ．
 (i) $\sin t = \dfrac{1}{2}$ (ii) $2\cos t + \sqrt{2} = 0$

解答

(1) 3角定規型の直角3角形をうまく利用して $30°$（の倍数）の角度，$45°$（の倍数）の角度に対する3角比を求めよう．

(i) 図 [i -1] において，$\triangle \mathrm{OPH}$ は $\mathrm{OP}=1$，$\angle \mathrm{POH}=45°$ の直角3角形なので，

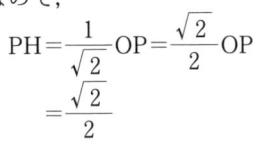

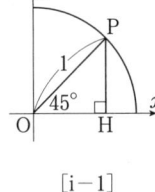

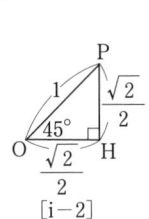

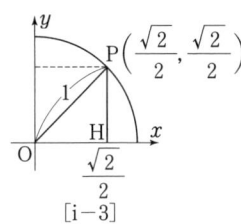

$$\mathrm{PH} = \dfrac{1}{\sqrt{2}}\mathrm{OP} = \dfrac{\sqrt{2}}{2}\mathrm{OP} = \dfrac{\sqrt{2}}{2}$$

$$\mathrm{OH} = \mathrm{PH} = \dfrac{\sqrt{2}}{2}$$

とわかる（図 [i -2]）．よって，$\mathrm{P}\left(\dfrac{\sqrt{2}}{2}, \dfrac{\sqrt{2}}{2}\right)$ と定まるので，

$$\cos 45° = \dfrac{\sqrt{2}}{2}, \quad \sin 45° = \dfrac{\sqrt{2}}{2}$$

(ii) $\angle \mathrm{POA}=120°$ となるように点 P をとり，P から x 軸に垂線 PH を下ろすと**鈍角 POA の外側**に $\mathrm{OP}=1$，$\angle \mathrm{POH}=60°$ の直角3角形ができる（図 [ii -1]）．すると，

$$\mathrm{OH} = \dfrac{1}{2}\mathrm{OP} = \dfrac{1}{2}, \quad \mathrm{PH} = \sqrt{3}\,\mathrm{OH} = \dfrac{\sqrt{3}}{2}$$

とわかる（図 [ii -2]）．
3角比の値は P のそれぞれの座標なので，ここでは，**P の x 座標がマイナス**になることに注意して，

$$\mathrm{P}\left(-\dfrac{1}{2}, \dfrac{\sqrt{3}}{2}\right)$$

とわかる．よって，

$$\cos 120° = -\dfrac{1}{2}, \quad \sin 120° = \dfrac{\sqrt{3}}{2}$$

(iii) $\angle \mathrm{POA}=180°$ となるように点 P をとると，P は $(-1, 0)$ の位置にくるので，

$$\cos 180° = -1, \quad \sin 180° = 0$$

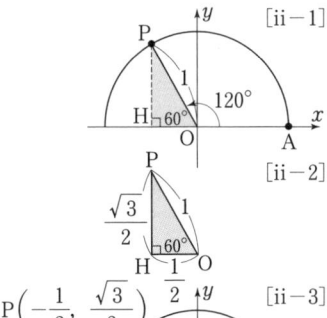

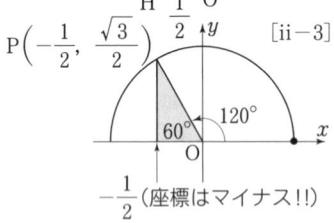

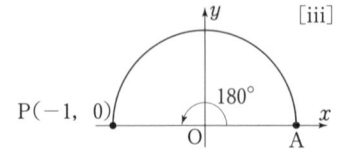

(2) 角度 t が具体的に求められる場合は，ほとんどが角度が $30°$，$45°$ の倍数の場合なので 3 角定規型の直角 3 角形を考えよう．

(i) $\sin t = \dfrac{1}{2}$ なので，y 軸上に $y = \dfrac{1}{2}$ となる点をとると，対応する円周上の点が 2 つとれ，その点を図［iv-1］のように P_1，P_2 とする．

まず $\angle OP_1H_1$ を求めよう（［iv-2］）．
$\triangle OP_1H_1$ は $OP_1 = 1$，$P_1H_1 = \dfrac{1}{2}$ の直角 3 角形なので $\angle P_1OH_1 = 30°$ とわかる．

次に $\angle P_2OA$ を求めよう（［iv-3］）．
$\triangle OP_2H_2$ は，$\triangle OP_1H_1$ 同様 $OP_2 = 1$，$P_2H_2 = \dfrac{1}{2}$ の直角 3 角形なので，$\angle P_2OH_2 = 30°$ とわかる．

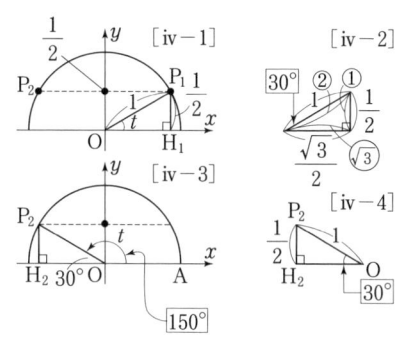

よって $\angle P_2OA = 180° - 30° = 150°$ となる．

以上と $0° \leq t \leq 180°$ から，$t = \boldsymbol{30°}$，$\boldsymbol{150°}$

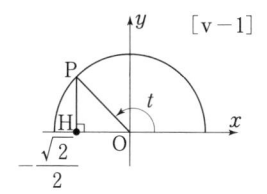

(ii) $2\cos t + \sqrt{2} = 0$（$\cos t = \square$ の形に）

$2\cos t = -\sqrt{2}$，$\cos t = -\dfrac{\sqrt{2}}{2}$

ここで，x 軸上に $x = -\dfrac{\sqrt{2}}{2}$ をとり，$0° \leq t \leq 180°$ を考慮すると［v-1］のように円周上に点 P が 1 点だけとれる．ここで直角 3 角形 OPH において $OP = 1$，$OH = \dfrac{\sqrt{2}}{2}$ なので $\angle POH = 45°$ とわかる．よって $t = 180° - 45° = \boldsymbol{135°}$

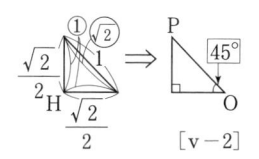

有名角の $\cos t$, $\sin t$

右図は単位円上の角度 t に対する $\cos t$，$\sin t$ を示した図です．円周上の点が円周を回転するに従って，対応する x 座標が $\cos t$，y 座標が $\sin t$ であることをイメージしながら，有名角の 3 角比の値を身につけましょう．

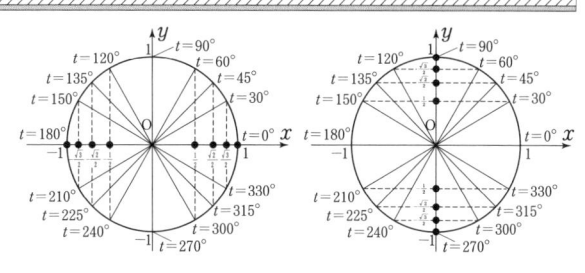

例題演習 3-5 （円の対称性と3角比）

$0° < t < 90°$ を満たす t に対して，$\cos t = a$, $\sin t = b$ とおく．このとき次の値を a または b を用いて表せ．

(1) $\begin{cases} \cos(180° - t) \\ \sin(180° - t) \end{cases}$ (2) $\begin{cases} \cos(90° - t) \\ \sin(90° - t) \end{cases}$ (3) $\begin{cases} \cos(90° + t) \\ \sin(90° + t) \end{cases}$

解説

(1) 単位円上での角度は，反時計回りに＋，時計回りに－の符号をつけて考えます．これを用いると，角度に対し，

$180° - t$ を $180° - t = +180° + (-t)$

として，単位円上を x 軸から「**反時計まわりに $180°$ 回転し，時計まわりに t もどる**」とみなすことができます．

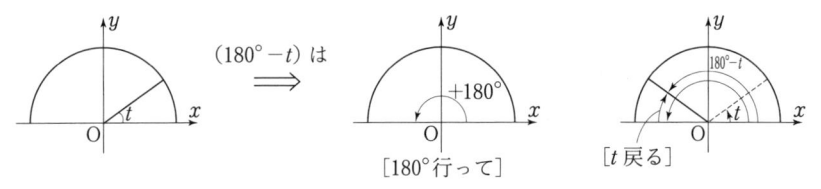

$(180° - t)$ は $\Longrightarrow$ ［$180°$行って］ ［t 戻る］

このとき［図1］のように，円周上を $A(1, 0)$ から t 回転した点を P とすると，円周上を

$A(1, 0)$ から $(180° - t)$ 回転した点 Q は，

$B(-1, 0)$ から時計まわりに t 回転した位置にくるため，∠POA ＝∠QOB $= t$

となり，P と Q が y 軸に関して対称になります．

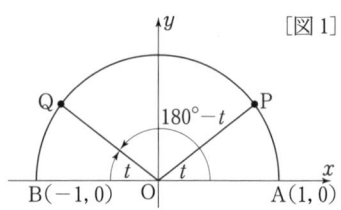

このとき，

$P(\cos t, \sin t)$

$Q(\cos(180° - t), \sin(180° - t))$

なので P, Q が y 軸対称なことから

$\boldsymbol{\cos(180° - t) = -\cos t = -a}$

P, Q の y 座標が同じことから

$\boldsymbol{\sin(180° - t) = \sin t = b}$

がわかります（［図2］）．

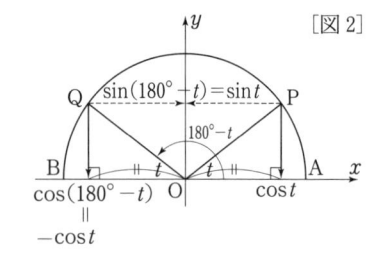

(2) $90°-t=+90°+(-t)$ とみると，
「反時計まわりに $90°$ 回転し，時計まわりに t もどる」とみなせます。
(1)と同様に点 P をとると，円周上を $A(1, 0)$ から $(90°-t)$ 回転した点 Q は $C(0, 1)$ から時計まわりに t 回転した位置にくるため，

$\angle POA = \angle QOC = t$ …①

となります（[図3]）。

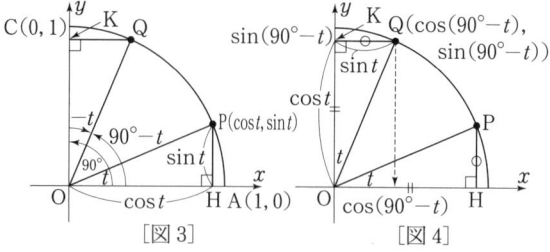

このとき，P，Q から x 軸，y 軸にそれぞれ垂線 PH，QK を下ろすと
①と，OP=OQ=1，$\angle OHP = \angle OKQ = 90°$ より
△OPH≡△OQK（斜辺1鋭角）……② です。

$P(\cos t, \sin t)$ なので，$\cos t = \boxed{OH}$，$\sin t = \boxed{HP}$

$Q(\cos(90°-t), \sin(90°-t))$ なので，

$\cos(90°-t) = \boxed{KQ}$，$\sin(90°-t) = \boxed{OK}$

と辺の長さで表せます。②より，OH=OK，HP=KQ なので，

$\cos(90°-t) = \sin t = b$，$\sin(90°-t) = \cos t = a$

とわかります（[図4]）。

(3) [図5]のように，

$P(\cos t, \sin t)$

$Q(\cos(90°+t), \sin(90°+t))$

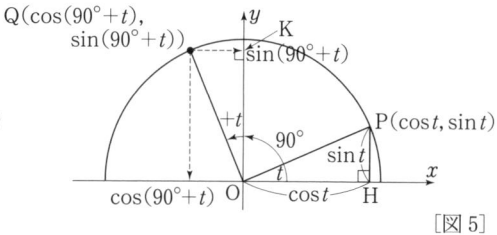

をとり，P，Q から x 軸，y 軸にそれぞれ垂線 PH，QK を下ろします。(2)と同様に

△OPH≡△OQK が言えるので，OH=OK，HP=KQ です。

3角比の値は「**点のそれぞれの座標**」なので符号の確認を行いましょう。

Q は第2象限にあるので

　[Q の x 座標]$=\cos(90°+t)$ → [マイナス]

　[Q の y 座標]$=\sin(90°+t)$ → [プラス]

に注意して，

$\cos(90°+t) = -KQ = -HP = -\sin t = -b$

$\sin(90°+t) = +OK = +OH = +\cos t = a$

を得ます。

> **注** この説明では $0° < t < 90°$ と角を制限して説明しましたが，(1)～(3)の式は一般の t について成り立ちます。

基礎例題 3-6 (tan t の定義)

単位円周上に動径 OP の角度が t となるように点 P をとる.このとき,角度 t に対して,直線 OP の傾きを $\tan t$ (タンジェント t と読む) と定義する.このとき次の値を求めよ.
(1) $\tan 30°$　(2) $\tan 45°$
(3) $\tan 120°$　(4) $\tan 90°$

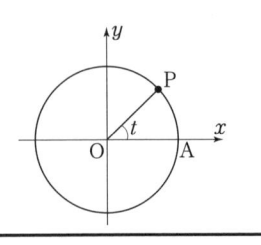

解説

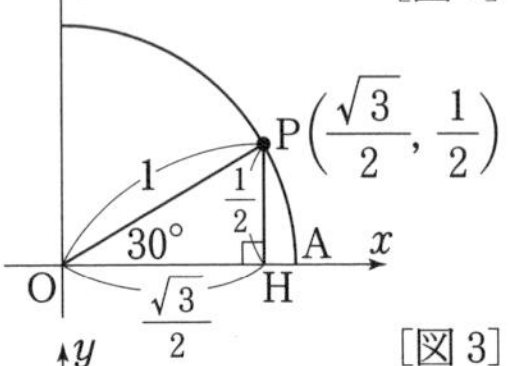

(1) 定義どおり $\tan 30°$ を考えましょう.
∠POA=30° にとると,直角3角形 POH の3辺の比は [図1] のようになるので,点 P の座標は $P\left(\dfrac{\sqrt{3}}{2},\ \dfrac{1}{2}\right)$

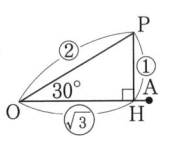

となります.$\tan 30°$ は,OP を直線とみなしたときの(1次関数のグラフとしての)傾きなので,

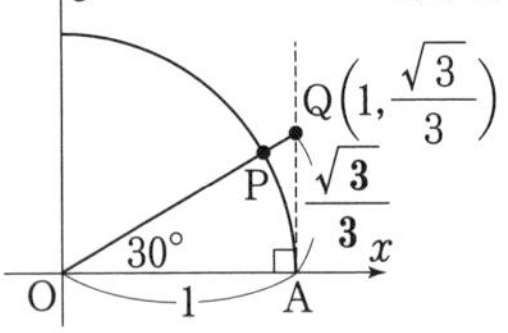

[図1]によると,$\tan 30° = \dfrac{HP}{OH} = \dfrac{1}{\sqrt{3}} = \dfrac{\sqrt{3}}{3}$

[図2]によると,$\tan 30° = \dfrac{\frac{1}{2}}{\frac{\sqrt{3}}{2}} = \dfrac{1}{2} \div \dfrac{\sqrt{3}}{2} = \dfrac{1}{2} \times \dfrac{2}{\sqrt{3}} = \dfrac{\sqrt{3}}{3}$ ……①

と計算できます.

この値を直接図から得ることができます.[図3] のように,**点 A を通り x 軸に垂直な直線**(l とおく)を考えます.l と OP の交点を Q とすると,直角3角形 OAQ において,**OA=1** なので,AQ の長さが,直接,直線 OP の傾きになります.

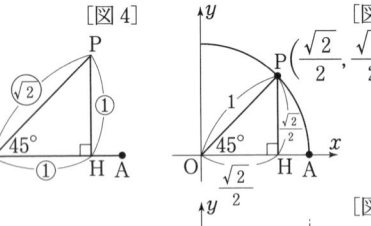

(2) (1)と同様に,直角3角形 POH の3辺の比を用いると([図4]),

$\tan 45° = \dfrac{HP}{OH} = \dfrac{1}{1} = 1$ ………②

P の座標を用いると([図5]),

$\tan 45° = \dfrac{\frac{\sqrt{2}}{2}}{\frac{\sqrt{2}}{2}} = 1$ …………③

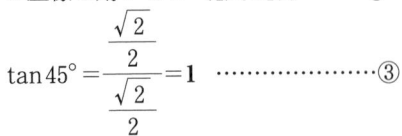

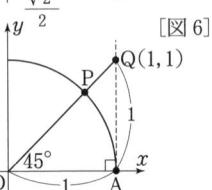

l と OP の交点 Q を用いると([図6]),

$\tan 45° = AQ = (Q\ の\ y\ 座標) = 1$ …④

(3) ∠POA＝120°は鈍角なので［図7］のように外側に∠POH＝60°を補って考えます．このとき，**直線POの傾きがマイナスになる**ことに注意しましょう．

［図7］によると
$$\tan 120° = \frac{-\mathrm{KO}}{+\mathrm{PK}} = \frac{-\sqrt{3}}{1} = -\sqrt{3}$$

［図8］によると
$$\tan 120° = \frac{\frac{\sqrt{3}}{2}}{-\frac{1}{2}} = -\sqrt{3} \quad \cdots\cdots\cdots\cdots\cdots ⑤$$

ここで，［図9］のように，l とPOの交点Qを用いると，
$$\tan 120° = -\mathrm{AQ} = -\sqrt{3} \quad \cdots\cdots\cdots\cdots ⑥$$

となりますが，この値がQの y 座標になっていることにあらためて注意してください．

(4) ∠POA＝90°のときOPの「**傾き**」は**定義されません**．よって，$\tan 90°$ も**定義されない**ことになります．（0ということではなく**値を考えないということです**．）

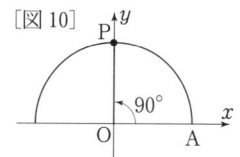

$\tan t$ の特徴

①，③，⑤からもわかるように $\tan t$ は $\cos t$, $\sin t$ を用いて $\boxed{\tan t = \dfrac{\sin t}{\cos t}}$ と表せます．これは

2点 O(0, 0)，P($\cos t$, $\sin t$) の傾きを求める公式を用いて

$$\tan t = [\mathrm{OP\,の傾き}] = \frac{\sin t - 0}{\cos t - 0} = \frac{\sin t}{\cos t}$$

と導けます．

また，④⑥のように動径OPの角が t のとき，l とOPの交点 **Qの y 座標が $\tan t$ で表せる**ことも応用上重要です（［右図］）．

$\tan t$ の値は，$\cos t$, $\sin t$ の値とは異なり，全ての値をとることも記憶にとどめておきましょう．

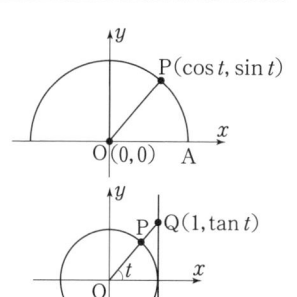

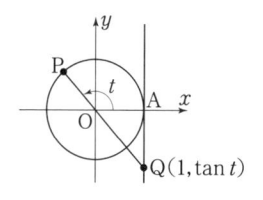

例題演習 3-7 （tan から cos, sin を求める）

$0° < t < 180°$ で，$\tan t = -\dfrac{3}{2}$ となるときの角度 t に対し，$\cos t$, $\sin t$ を求めよ。

解説

まず図を描いて，$\cos t$, $\sin t$ の正負を判定しましょう。

［図1］のように点 $A(1, 0)$ を通り，x 軸に垂直な直線 l を引くと，l 上の点 $B\left(1, -\dfrac{3}{2}\right)$ と原点 O を結ぶ直線 OB の傾きは $-\dfrac{3}{2}$ です。

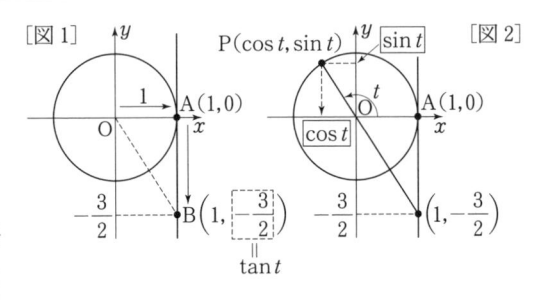

$0° < t < 180°$ なので，［図2］のように直線 OB と第Ⅱ象限における単位円との交点を P とすると，$\angle$POA が $\tan t = -\dfrac{3}{2}$ となる角度 t とわかります。

すると，定義より $P(\cos t, \sin t)$ なので，求める $\cos t$, $\sin t$ の正負は，$\cos t < 0$, $\sin t > 0$ ……① です。

$\cos t$, $\sin t$ の値は，2 つの公式

$$\boxed{\tan t = \dfrac{\sin t}{\cos t} \ \cdots\cdots ②, \quad \cos^2 t + \sin^2 t = 1 \ \cdots\cdots ③}$$

を用いて求めます。②より

$$\tan t = \dfrac{\sin t}{\cos t} = -\dfrac{3}{2} \quad \therefore \ \sin t = -\dfrac{3}{2}\cos t \ \cdots\cdots\cdots\cdots\cdots ④$$

④の両辺を 2 乗して，$\sin^2 t = \dfrac{9}{4}\cos^2 t \ \cdots\cdots\cdots\cdots\cdots ⑤$

⑤を③に代入して $\sin^2 t$ を消去します。（**$\cos^2 t$ のみの式にする！**）

$$\cos^2 t + \dfrac{9}{4}\cos^2 t = 1 \quad \dfrac{13}{4}\cos^2 t = 1 \quad \therefore \ \cos^2 t = \dfrac{4}{13}$$

①より $\cos t < 0$ なので $\cos t = -\sqrt{\dfrac{4}{13}} = -\dfrac{\mathbf{2}}{\sqrt{\mathbf{13}}}$

④より $\sin t = -\dfrac{3}{2}\cos t = \dfrac{3}{2} \times \dfrac{2}{\sqrt{13}} = \dfrac{\mathbf{3}}{\sqrt{\mathbf{13}}}$

注 3 角比，特に $\cos t$, $\sin t$ の値は，2 乗して計算することが多いので分母が有理化されていない形の方が扱いやすいことがよくあります。以後，3 角比の値は分母を有理化しなくてもよいとして扱うことにします。

例題演習 3-8 （式の値を求める）

次の式の値を求めよ．
(1) $\sin^2 50° + \dfrac{1}{1+\tan^2 50°}$
(2) $\cos 70° + \cos 160° + \cos 250° + \cos 340°$

解説

(1) 基本的な2つの等式

$$\cos^2 t + \sin^2 t = 1 \quad \cdots\cdots ①, \quad \tan t = \frac{\sin t}{\cos t} \quad \cdots\cdots ②$$

をうまく使いましょう．まずは $\tan t$ を $\dfrac{\sin t}{\cos t}$ に置きかえます．

$$\sin^2 50° + \frac{1}{1+\tan^2 50°}$$
$$= \sin^2 50° + \frac{1}{1+\left(\dfrac{\sin 50°}{\cos 50°}\right)^2} = \sin^2 50° + \frac{1}{1+\dfrac{\sin^2 50°}{\cos^2 50°}}$$
$$= \sin^2 50° + \frac{1}{\dfrac{\cos^2 50° + \sin^2 50°}{\cos^2 50°}} = \sin^2 50° + \frac{1}{\dfrac{1}{\cos^2 50°}}$$
$$= \sin^2 50° + \cos^2 50° = 1$$

（分母を通分しよう）

(2) $70°$，$160°$，$250°$，$340°$は，$90°$を足すと，次の角度になるので右図のように点P，Q，R，Sは原点対称の位置にあります．

従って，
（△OPH ≡ △QOI ≡ △ORJ ≡ △SOK ですね．）

$$\cos 160° = -\cos 340°$$
$$\cos 250° = -\cos 70°$$

が成り立つので，

$$\cos 70° + \cos 160° + \cos 250° + \cos 340°$$
$$= \cos 70° - \cos 340° - \cos 70° + \cos 340°$$
$$= \mathbf{0}$$

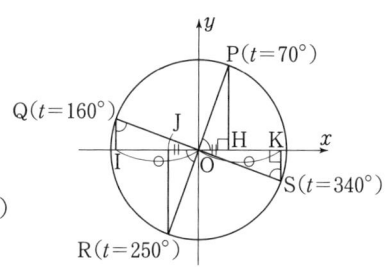

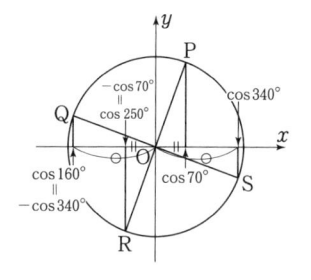

基礎例題 3-9 （直角 3 角形の 3 角比）

右の図形において $\cos\theta$, $\sin\theta$, $\tan\theta$ をそれぞれ求めよ．

解説

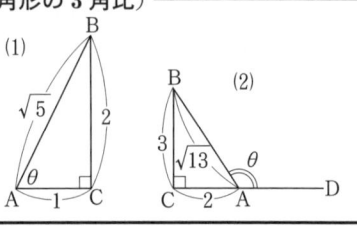

単位円による定義に角 θ をあてはめて，$\cos\theta$, $\sin\theta$, $\tan\theta$ の値を求めましょう．θ は（シータ）と読む，ギリシャ文字で，よく角度に対して用いられる記号です．

(1) $\angle\mathrm{BAC}=\theta$ が単位円の中心角にあてはまるように $\triangle\mathrm{ABC}$ を置くと（[図1]），単位円と斜辺 AB の交点 P の座標は

$$\mathrm{P}(\cos\theta,\ \sin\theta)$$

です．このとき，P から x 軸に下ろした垂線の足を H とすると

$$\triangle\mathrm{ABC}\backsim\triangle\mathrm{OPH}$$

であることに注意しましょう．

このとき，斜辺の比が

$$\mathrm{AB}:\mathrm{OP}=\sqrt{5}:1$$

なので，$\triangle\mathrm{OPH}$ は $\triangle\mathrm{ABC}$ の $\dfrac{1}{\sqrt{5}}$ 倍縮小と考えられます．従って，

$$\mathrm{OH}=\dfrac{1}{\sqrt{5}}\mathrm{AC}=\dfrac{1}{\sqrt{5}}\times 1=\dfrac{1}{\sqrt{5}}$$

$$\mathrm{HP}=\dfrac{1}{\sqrt{5}}\mathrm{CB}=\dfrac{1}{\sqrt{5}}\times 2=\dfrac{2}{\sqrt{5}}$$

よって，$\mathrm{P}\left(\dfrac{1}{\sqrt{5}},\ \dfrac{2}{\sqrt{5}}\right)$

なので，$\cos\theta=\dfrac{1}{\sqrt{5}}$, $\sin\theta=\dfrac{2}{\sqrt{5}}$

また，$\tan\theta=[\mathrm{OP}\ \text{の傾き}]=[\mathrm{AB}\ \text{の傾き}]$

$$=\dfrac{2}{1}=2$$

(2) 今度は θ が鈍角の場合を考えましょう．A を原点 O に直線 CD が x 軸に重なるようにして，$\angle\mathrm{BAD}=\theta$ が単位円の中心角にあてはまるように $\triangle\mathrm{ABC}$ を置くと（[図3]），単位円と斜辺 AB の交点 P の座標は $\mathrm{P}(\cos\theta,\ \sin\theta)$ です．

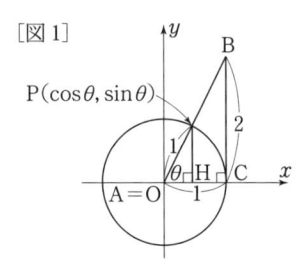

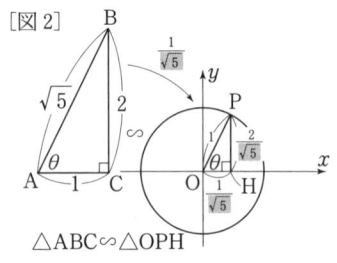

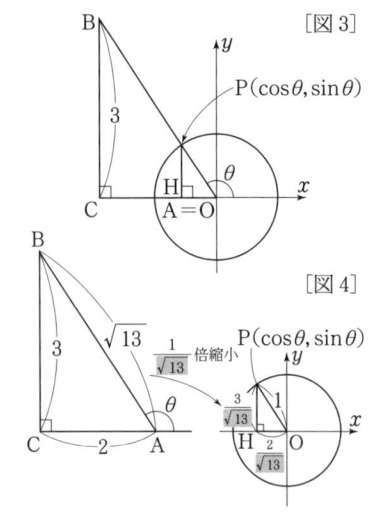

(1)同様 △ABC∽△OPH で，斜辺の比が
AB：OP＝$\sqrt{13}$：1 なので
$OH = \dfrac{1}{\sqrt{13}} AC = \dfrac{2}{\sqrt{13}}$

$HP = \dfrac{1}{\sqrt{13}} CB = \dfrac{3}{\sqrt{13}}$

「長さ」であることに注意！

ここで P の x 座標は負であることを考えると
P(−OH, HP) より，$P\left(-\dfrac{2}{\sqrt{13}}, \dfrac{3}{\sqrt{13}}\right)$

よって，$\cos\theta = -\dfrac{2}{\sqrt{13}}$，$\sin\theta = \dfrac{3}{\sqrt{13}}$

また，$\tan\theta =$ ［OP の傾き］$= -\dfrac{3}{2} \left(= \dfrac{\frac{3}{\sqrt{13}}}{-\frac{2}{\sqrt{13}}}\right)$

鋭角と鈍角の $\cos\theta$, $\sin\theta$

以上をまとめると，次のようになります．

ⅰ）θ が鋭角の場合

B から垂線 BC を下ろして直角3角形を作って，

$\cos\theta = \dfrac{b}{r} \left(= \dfrac{底辺}{斜辺}\right)$

$\sin\theta = \dfrac{a}{r} \left(= \dfrac{高さ}{斜辺}\right)$

$\tan\theta =$ ［AB の傾き］$= \dfrac{a}{b} \left(= \dfrac{高さ}{底辺}\right)$

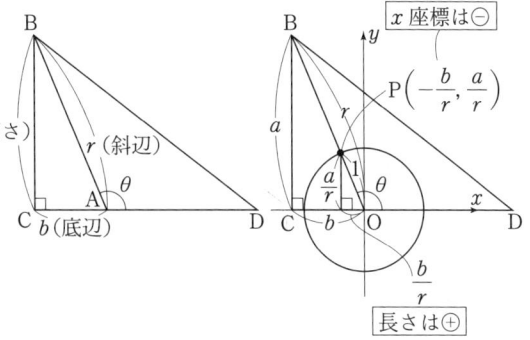

ⅱ）θ が鈍角の場合

B から △ABD の底辺 AD に垂線 BC を下ろして，△ABD の角 θ の外側に直角3角形を作って

$\cos\theta = -\dfrac{b}{r} \left(= -\dfrac{底辺}{斜辺}\right)$

$\sin\theta = \dfrac{a}{r} \left(= \dfrac{高さ}{斜辺}\right)$

$\tan\theta =$ ［AB の傾き］$= -\dfrac{a}{b} \left(= -\dfrac{高さ}{底辺}\right)$

基礎例題 3-10 （横は cos，縦は sin）

右図において，$\cos\theta=\dfrac{5}{6}$ である．

(1) $\sin\theta$ を求めよ．
(2) x, y を求めよ．

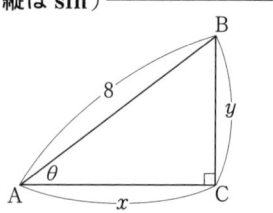

解説

(1) $\boxed{\cos^2\theta+\sin^2\theta=1}$ を用いて $\sin\theta$ を求めましょう．$0°<\theta<180°$ において $\sin\theta>0$ なので $\sin\theta$ は一通りに定まります．

$$\sin^2\theta=1-\cos^2\theta=1-\left(\frac{5}{6}\right)^2=\frac{11}{36}$$

$\sin\theta>0$ より $\sin\theta=+\sqrt{\dfrac{11}{36}}$

$$\therefore\ \sin\theta=\frac{\sqrt{11}}{6}$$

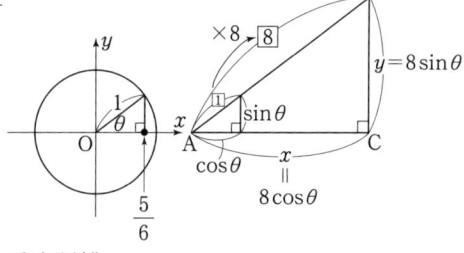

(2) 右図のように θ が鋭角なので $\cos\theta,\ \sin\theta$ は，
「斜めに 1 行ったときの水平距離・垂直距離」
です．斜めに $8(=AB)$ 進むと，それぞれ 8 倍すればよいですね．

$$x=AC=AB\cos\theta=8\times\frac{5}{6}=\frac{20}{3}$$

$$y=BC=AB\sin\theta=8\times\frac{\sqrt{11}}{6}=\frac{4\sqrt{11}}{3}$$

水平距離は cos 倍，垂直距離は sin 倍

上の解答では $\cos\theta,\ \sin\theta$ を 8 倍しましたが，これは，8 を $\cos\theta$ 倍，$\sin\theta$ 倍しても同じことです．

これは，一般に右図の 3 角形 ABC において，
　斜辺 $AB=r$，$\angle BAC=\theta$
とおくと，
　水平距離 $AC=r\cos\theta$，垂直距離 $BC=r\sin\theta$
と表せ，斜めに進んだ距離 r に $\cos\theta,\ \sin\theta$ をかけると水平，垂直距離が求まるとも考えられます．

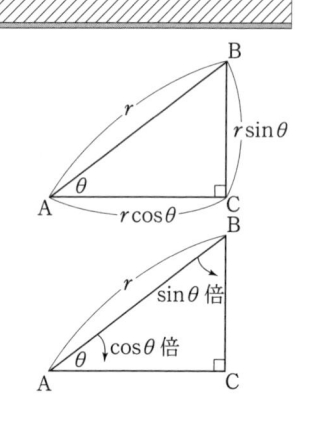

例題演習 3-11　（2辺夾角から対辺を求める）

次の図において BC の長さを求めよ．

(1) $\cos\theta = \dfrac{2}{5}$

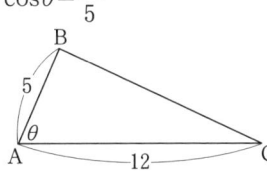

(2) $\cos\theta = -\dfrac{2}{5}$

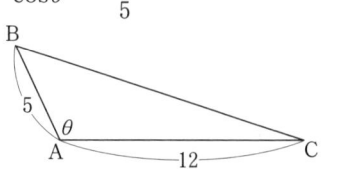

解答

(1) まず，$\sin^2\theta = 1 - \left(\dfrac{2}{5}\right)^2 = \dfrac{21}{25}$　$\sin\theta > 0$ より $\sin\theta = \dfrac{\sqrt{21}}{5}$

　B から AC に垂線 BH を下ろす．

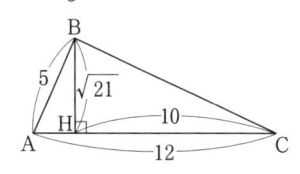

　$AH = AB\cos\theta = 5 \times \dfrac{2}{5} = 2$

　$BH = AB\sin\theta = 5 \times \dfrac{\sqrt{21}}{5} = \sqrt{21}$

　$CH = AC - AH = 12 - 2 = 10$

に注意して，直角3角形 BHC においてピタゴラスの定理を用いると

　$BC^2 = BH^2 + CH^2 = \sqrt{21}^2 + 10^2 = 21 + 100 = 121$

　$BC > 0$ より　$BC = \mathbf{11}$

(2) まず，$\sin^2\theta = 1 - \left(-\dfrac{2}{5}\right)^2 = \dfrac{21}{25}$　$\sin\theta > 0$ より $\sin\theta = \dfrac{\sqrt{21}}{5}$

　B から AC に垂線 BH を下ろす．

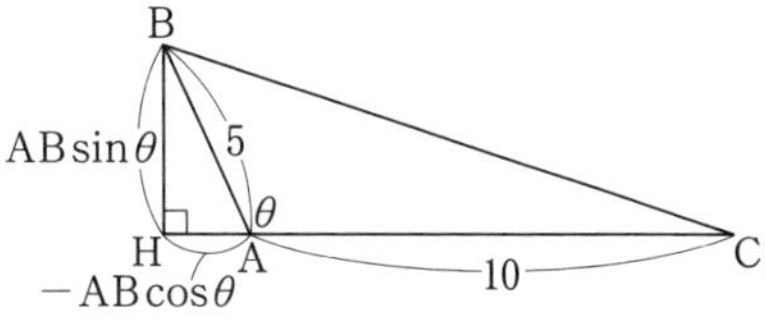

　ここで $AB\cos\theta = 5 \times \left(-\dfrac{2}{5}\right) = -2$

であるが AH の長さは正なので，

　$AB\cos\theta$ に -1 をかけて正にする．

　∴　$AH = -AB\cos\theta = -(-2) = 2$

　BH の方は，$\sin\theta > 0$ なので，

　$BH = AB\sin\theta = 5 \times \dfrac{\sqrt{21}}{5} = \sqrt{21}$

　$CH = CA + AH = 10 + 2 = 12$

に注意して，直角3角形 BHC においてピタゴラスの定理を用いると，

　$BC^2 = BH^2 + CH^2 = \sqrt{21}^2 + 12^2 = 21 + 144 = 165$

　$BC > 0$ より　$BC = \mathbf{\sqrt{165}}$

例題演習 3-12 （第1余弦定理）

右図において ∠B, ∠C は鋭角で AB=1, AC=3, $\sin B = \dfrac{3}{4}$, $\sin C = \dfrac{1}{4}$ である．このとき，BC の長さを求めよ．

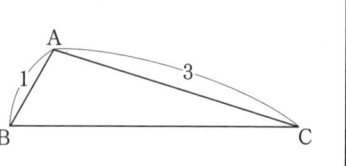

解説

基本は**直角3角形を作ってまず sin を かけてみましょう．**

右図のように**垂線 AH を下ろす**と $AB\sin B$, $AC\sin C$ はすぐに計算できますが両方とも AH の長さになります．

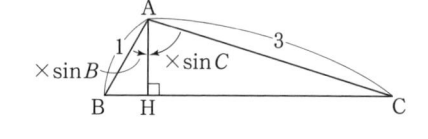

BC＝BH＋CH なので，あとは BH, CH の長さを求めればよいことがわかります．ピタゴラスの定理でも求められますが，ここでは，新たに学習した3角比の考え方を用いて解きましょう．

解答

$\cos^2 B = 1 - \sin^2 B = 1 - \left(\dfrac{3}{4}\right)^2 = \dfrac{7}{16}$

∠B は鋭角なので $\cos B > 0$

∴ $\cos B = \dfrac{\sqrt{7}}{4}$

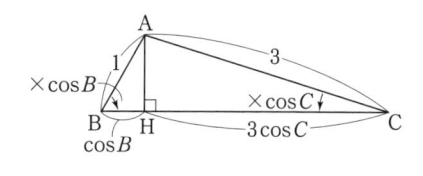

$\cos^2 C = 1 - \sin^2 C = 1 - \left(\dfrac{1}{4}\right)^2 = \dfrac{15}{16}$

∠C は鋭角なので $\cos C > 0$ ∴ $\cos C = \dfrac{\sqrt{15}}{4}$

A から BC に垂線 AH を下ろすと

$BH = AB\cos B = 1 \times \dfrac{\sqrt{7}}{4} = \dfrac{\sqrt{7}}{4}$, $CH = AC\cos C = 3 \times \dfrac{\sqrt{15}}{4} = \dfrac{3\sqrt{15}}{4}$

従って，$BC = BH + CH = \dfrac{\sqrt{7}}{4} + \dfrac{3\sqrt{15}}{4} = \dfrac{\sqrt{7} + 3\sqrt{15}}{4}$

第1余弦定理 $a = b\cos C + c\cos B$

一般に右図において $a = b\cos C + c\cos B$ が成り立ちます．証明は ∠B, ∠C が鋭角（右図）の場合以外にも ∠B が鈍角の場合や ∠C が鈍角の場合もありますが，どの場合も成り立ちます．

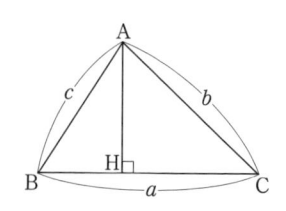

この式を「第1余弦定理」と呼ぶことがあります．余弦(よげん)は cos(コサイン) の和名です．

例題演習 3-13 （面積公式）

右図において、$AB=7$, $AC=9$, $\sin A = \dfrac{2}{3}$ である．このとき、$\triangle ABC$ の面積を求めよ．

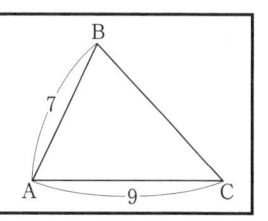

解答

B から垂線 BH を下ろす．高さ BH を求める．
$$BH = AB\sin A = 7 \times \dfrac{2}{3} = \dfrac{14}{3}$$
よって $\triangle ABC = \dfrac{1}{2} \times AC \times BH = \dfrac{1}{2} \times 9 \times \dfrac{14}{3} = \mathbf{21}$

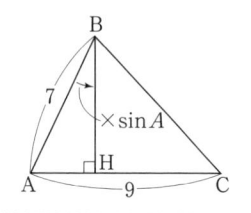

面積公式 $\triangle ABC = \dfrac{1}{2}bc\sin A$

① 鋭角でも鈍角でも

［図1］において、$\angle A$ が鋭角のとき $\triangle ABC$ の面積は
$$\boxed{\triangle ABC = \dfrac{1}{2}bc\sin A} \quad \cdots\cdots(☆)$$
と表せます．右図では「高さ」BH が $AB\sin A$ で表せます．

$\angle A$ が鈍角のときも、［図2］のように、外側に垂線 BH を下ろして、$\sin A$ の定義から
$$BH = AB\sin A = c\sin A$$
で表せます．よってこの場合も(☆)が成り立ちます．

② どちらから垂線を下ろしても

この公式はアルファベットのおき方にかかわらず
$$\boxed{\triangle ABC = \dfrac{1}{2} \times (2\text{辺の積}) \times (2\text{辺のはさむ角のサイン})}$$
と表せます．たとえば［図3］［図4］のように $\sin B$ と $\angle B$ をはさむ2辺 a, c の値がわかっているときに、$\triangle ABC = \dfrac{1}{2}ac\sin B$ と表せます．

この公式は、C から垂線 CH を下ろしても（［図3］）A から垂線 AK を下ろしても（［図4］）、得られます．

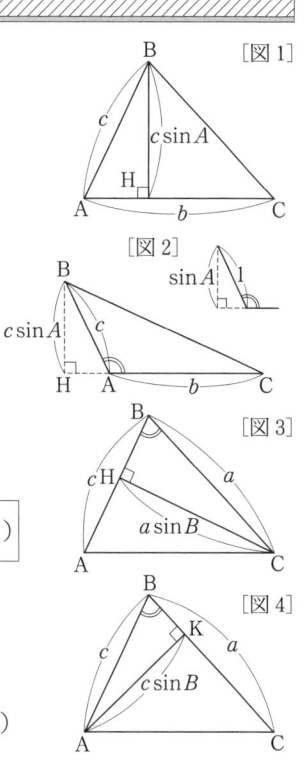

§2 余弦定理・正弦定理

基礎例題 3-14 (余弦定理の証明)

右のそれぞれにおいて，a を b, c, $\cos A$ で表せ．

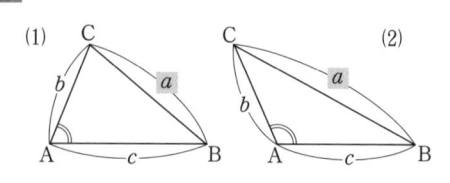

(1), (2)

解説

(1) [∠A が鋭角の場合]

[図1]のように C から垂線 CH を下ろすと，△ACH は直角3角形なので
$$AH = b\cos A, \quad CH = b\sin A$$
と表せます．あとは直角3角形 BCH においてピタゴラスの定理を用いましょう．

$BH = c - b\cos A$ に注意して，
$BC^2 = BH^2 + CH^2$ より

$$a^2 = (\boxed{c} - \boxed{b\cos A})^2 + (b\sin A)^2 \quad \cdots\cdots① $$
$$= \boxed{c^2} - 2\boxed{c} \times \boxed{b\cos A} + (\boxed{b\cos A})^2 + (b\sin A)^2$$
$$= c^2 - 2bc\cos A + b^2\cos^2 A + b^2\sin^2 A$$
$$= c^2 - 2bc\cos A + b^2(\underline{\cos^2 A + \sin^2 A}) \quad (\cos^2 A + \sin^2 A = 1)$$
$$= c^2 - 2bc\cos A + b^2 \qquad \qquad \parallel$$
$$\qquad\qquad\qquad\qquad\qquad\qquad 1$$

$(\Box - \vdots)^2 = \Box^2 - 2\Box\vdots + \vdots^2$

$(\triangle\blacktriangle)^2 = \triangle^2 \times \blacktriangle^2$

∴ $\boldsymbol{a^2 = b^2 + c^2 - 2bc\cos A}$

(2) [∠A が鈍角の場合]

[図2]のように C から直線 AB 上に垂線 CH を下ろすと，∠A が鈍角なので，直角3角形が △ABC の外側にできます．

ここで，$CH = b\sin A$ となりますが，$\cos A < 0$ なので $\boldsymbol{b\cos A < 0}$ ですから
$$AH = -b\cos A \quad (>0)$$
と表せます．これより
$$BH = AB + AH = c + (-b\cos A) = c - b\cos A$$
となるので，直角3角形 BCH でピタゴラスの定理を用いると

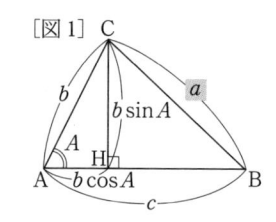

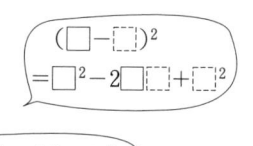

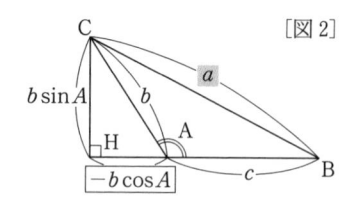

$$a^2=(c-b\cos A)^2+(b\sin A)^2$$
と①と同じ式が得られるので
$$a^2=b^2+c^2-2bc\cos A$$
が導かれます。

> **注** この定理を「余弦定理」と呼びます。3-12 で登場した「第 1 余弦定理」に対して「第 2 余弦定理」と呼ぶこともありますが、使用頻度と重要性から、以降こちらのみを「余弦定理」と呼ぶことにします。

余弦定理 $a^2=b^2+c^2-2bc\cos A$

[1] これからは、特にことわりのないときには、$\triangle$ABC に対して、$\angle$A、$\angle$B、$\angle$C の対辺（向かいあう辺）を a, b, c で表します

余弦定理は $\angle$A をはさむ 2 辺 b, c と $\cos A$ を用いて $\angle$A の対辺の長さを表す公式です。

言葉で表すと

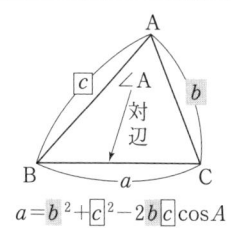

$$a = b^2+c^2 - 2bc\cos A$$

- 余弦定理[1] -

$$a^2 = b^2+c^2 - 2\ bc\ \cos A$$

$$\begin{bmatrix}\text{A の対辺}\\\text{の 2 乗}\end{bmatrix}=\begin{bmatrix}\text{A をはさむ}\\\text{2 辺の 2 乗和}\end{bmatrix}-2\times\begin{bmatrix}\text{A をはさむ}\\\text{2 辺の積}\end{bmatrix}\times\cos A$$

[2] $\cos A$ を 3 辺で表す。

余弦定理[1]の式の右辺には 3 角比が $\cos A$ しか登場しません。つまり、この式を $\cos A$ について解くことができるのです。

左辺の a^2 と右辺の $-2bc\cos A$ をそれぞれ他辺に移項すると

$$2bc\cos A=b^2+c^2-a^2\quad\therefore\quad\cos A=\frac{b^2+c^2-a^2}{2bc}$$

この式は 3 辺の長さがわかっている 3 角形から 1 角の（どの角でもよい！）コサインの値が求まってしまう、とても大切な公式です。

- 余弦定理[2] -

$$\cos A=\frac{b^2+c^2-a^2}{2bc}=\frac{\begin{bmatrix}\text{A をはさむ}\\\text{2 辺の 2 乗和}\end{bmatrix}-\begin{bmatrix}\text{A の対辺}\\\text{の 2 乗}\end{bmatrix}}{2\times\begin{bmatrix}\text{A をはさむ}\\\text{2 辺の積}\end{bmatrix}}$$

例題演習 3-15 （余弦定理の初歩）

右図において，AB=12，AC=7，$\cos A = \dfrac{2}{3}$ である．
(1) BC の長さを求めよ．
(2) $\cos B$，$\cos C$ の値を求めよ．

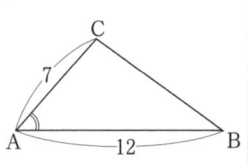

解説

(1) 2辺とその間の角（夾角）のコサインから，角の対辺を求めるときは，余弦定理①より
$$BC^2 = AB^2 + AC^2 - 2AB \times AC \times \cos A$$
$$= 12^2 + 7^2 - 2 \times \overset{4}{\cancel{12}} \times 7 \times \dfrac{2}{\underset{1}{\cancel{3}}}$$
$$= 144 + 49 - 112 = 81$$
BC > 0 より BC = $\sqrt{81}$ = **9**

(2) 余弦定理②の使い方のコツは例えば $\cos A$ の式では，∠A をはさむ2辺 (b, c) は，分母と分子に現れますが，**∠A の対辺 a のみが，分子に $-a^2$ として一カ所だけ現れます．**

この数値を適切に代入すれば，確実に答えが求まりますね．

$\cos B$ を求めるときは対辺が 7 なので
$$\cos B = \dfrac{12^2 + 9^2 - \boxed{7}^2}{2 \times 12 \times 9}$$
$$= \dfrac{144 + 81 - 49}{2 \times 12 \times 9}$$
$$= \dfrac{\overset{22}{\cancel{176}}}{\underset{\underset{3}{1}}{2 \times \cancel{12} \times 9}} = \boldsymbol{\dfrac{22}{27}}$$

$\cos C$ を求めるときは対辺が 12 なので
$$\cos C = \dfrac{7^2 + 9^2 - 12^2}{2 \times 7 \times 9}$$
$$= \dfrac{49 + 81 - 144}{2 \times 7 \times 9}$$
$$= \dfrac{-\overset{1}{\cancel{14}}}{\underset{1}{\cancel{2}} \times \cancel{7} \times 9} = -\boldsymbol{\dfrac{1}{9}}$$

（$\cos C$ が負なので ∠C は鈍角とわかる）

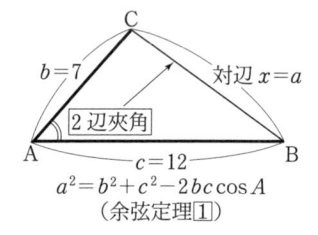

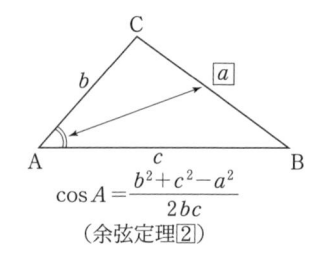

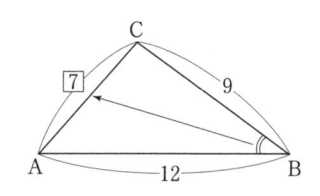

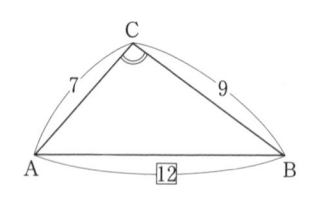

余弦定理① : $a^2 = b^2 + c^2 - 2bc \cos A$
（対辺 $x = a$，2辺夾角，$b = 7$，$c = 12$）

余弦定理② : $\cos A = \dfrac{b^2 + c^2 - a^2}{2bc}$

例題演習 3-16 （3辺からコサイン）

右図において AB=6, BC=9, CA=5 である．
(1) $\cos A$ の値を求めよ．
(2) 辺 AC 上に点 D を AD=2 となるようにとるとき，BD の長さを求めよ．

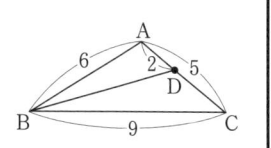

解説

(1) **3辺がわかればコサインがわかる**ので，∠A を含み，3辺がわかっている3角形，つまり，△ABC に注目しましょう．

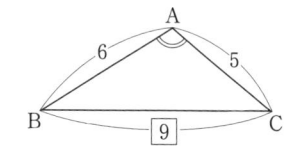

$$\cos A = \frac{6^2+5^2-\boxed{9}^2}{2\cdot 6\cdot 5}$$

$$= \frac{36+25-81}{2\cdot 6\cdot 5}$$

$$= \frac{-20}{2\cdot 6\cdot 5} = -\frac{1}{3}$$

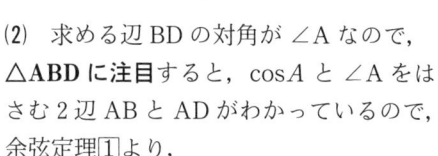

(2) 求める辺 BD の対角が ∠A なので，**△ABD に注目**すると，$\cos A$ と ∠A をはさむ2辺 AB と AD がわかっているので，余弦定理①より，

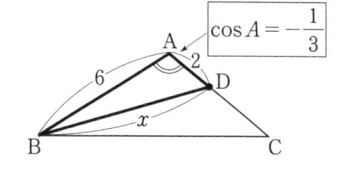

$$BD^2 = AB^2 + AD^2 - 2AB\times AD \times \cos A$$

$$= 6^2 + 2^2 - 2\times 6 \times 2 \times \left(-\frac{1}{3}\right)$$

$$= 36 + 4 + 8$$

$$= 48$$

BD>0 より　**BD=$4\sqrt{3}$**

例題演習 3-17 （2次方程式を立てる）

△ABC において AC=11, BC=7, $\cos A = \dfrac{9}{11}$ である．このとき AB の長さを求めよ．

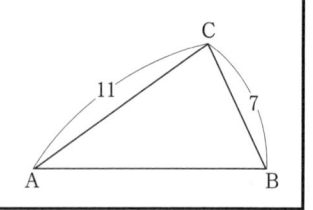

解説

AB=x と置いて余弦定理を用いるわけですが，情報のわかっている角 A の対辺が BC=7 であることに注意しましょう．

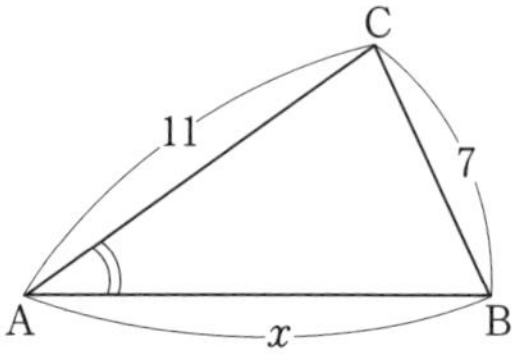

$$7^2 = x^2 + 11^2 - 2 \times x \times 11 \times \cos A$$

$$49 = x^2 + 121 - 2 \times x \times \cancel{11} \times \dfrac{9}{\cancel{11}}$$

$$x^2 - 18x + 72 = 0$$

$$(x-12)(x-6) = 0$$

$$\therefore \quad x = 12,\ 6$$

ここで正の解が2個求まりました．図からみても，$x=12$ はよいのですが，$x=6$ はどうでしょうか？ 実は，与えられた情報が 2辺(AC=11, BC=7)とその間で・ない角 A のコサインなので3角形が1通りに決まりません．

右図のように ∠B が鋭角の場合と ∠B が鈍角の場合の2通り答があることになります．よって

$$AB = \mathbf{12,\ 6}$$

の両方が正解です．

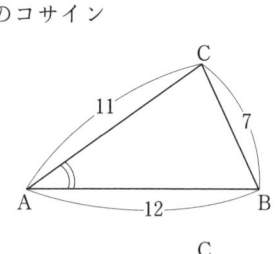

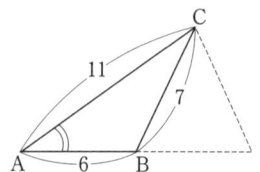

例題演習 3-18 （等角で方程式を立てる）

右図において，ABCD は AD ∥ BC の台形である．BD$=x$ とおく．

(1) △ABD に注目して $\cos(\angle \mathrm{ADB})$ を x で表せ．
(2) $\angle \mathrm{ADB}$ と等しい角に注目して，x の方程式を立式せよ．
(3) x を求めよ．

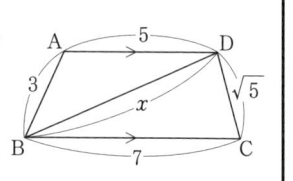

解答

(1) △ABD において余弦定理を用いると
$$\cos(\angle \mathrm{ADB}) = \frac{x^2+5^2-3^2}{2\times x\times 5} = \frac{x^2+16}{10x} \quad \cdots\cdots ①$$

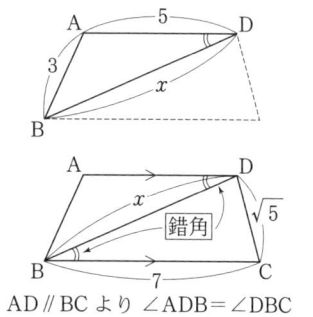

(2) AD ∥ BC より $\angle \mathrm{ADB} = \angle \mathrm{DBC}$（錯角）
よってそれぞれの 3 角比の値は等しいので
$$\cos(\angle \mathrm{ADB}) = \cos(\angle \mathrm{DBC}) \quad \cdots\cdots ②$$
一方，△DBC で余弦定理を用いると
$$\cos(\angle \mathrm{DBC}) = \frac{x^2+7^2-\sqrt{5}^2}{2\times x\times 7} = \frac{x^2+44}{14x} \quad \cdots ③$$

②より①と③の値が等しいので，x の方程式
$$\frac{x^2+16}{10x} = \frac{x^2+44}{14x} \quad \cdots\cdots ④$$
が立式できる．

(3) ④を解く．両辺に $70x$ をかけて
$$7(x^2+16) = 5(x^2+44)$$
$$7x^2+112 = 5x^2+220$$
$$2x^2 = 108$$
$$x^2 = 54, \quad x>0 \text{ より，} \quad x = 3\sqrt{6}$$

AD ∥ BC より $\angle \mathrm{ADB} = \angle \mathrm{DBC}$

基礎例題 3-19 （正弦定理の証明）

△ABC の外接円 O の半径を R とするとき，右図において
$$\frac{c}{\sin C} = 2R$$
を証明せよ．

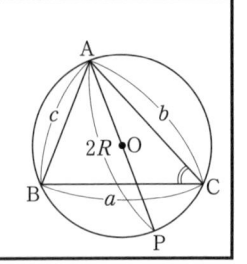

解答

円 O の直径 AP に対して，その円周角は $90°$ なので（[図1]），
$$\angle ABP = 90° \quad \cdots\cdots ①$$
また，円周角の定理より（[図2]），
$$\angle APB = \angle ACB \ (\overset{\frown}{AB} \text{の円周角}) \cdots ②$$
②より，等しい角に対するサイン(正弦)は等しいので
$$\sin(\angle APB) = \sin(\angle ACB) \quad \cdots\cdots ③$$
直角3角形 APB において
$$\sin(\angle APB) = \frac{AB}{AP} = \frac{c}{2R} \quad \cdots\cdots ④$$
③④より
$$\sin(\angle ACB) = \sin C = \frac{c}{2R}$$
よって，$2R \sin C = c$
$$\therefore \ 2R = \frac{c}{\sin C} \quad \cdots\cdots ⑤$$

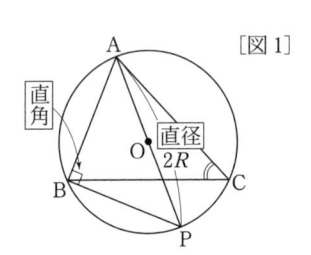

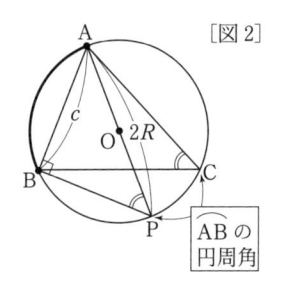

正弦定理 $\dfrac{a}{\sin A} = \dfrac{b}{\sin B} = \dfrac{c}{\sin C} = 2R$

[1] [図2]で直角3角形 APC に注目すると $\dfrac{b}{\sin B} = 2R \cdots\cdots ⑥$ が，同様に適切に直径を引くことで $\dfrac{a}{\sin A} = 2R \cdots\cdots ⑦$ が求まります．

これらを1つにつなげると上記の正弦定理が成り立ちます．正弦(せいげん)は $\sin$ (サイン)の和名です．

この式は⑤，⑥，⑦から
$$a = 2R \sin A, \ b = 2R \sin B, \ c = 2R \sin C$$
と変形でき，「3辺 a, b, c と対角のサインの比が一定」という式

$a : b : c = \sin A : \sin B : \sin C$

が得られます．

② $\dfrac{b}{\sin B} = \dfrac{c}{\sin C}$ は垂線を下ろすことで求まります．　　　　[図3]

A から BC に垂線 AH を下ろすと，
直角 3 角形 ACH と，直角 3 角形 ABH において，
$AH = b \sin C = c \sin B$
となるので，両辺を $\sin B \times \sin C$ で割ると

$$\dfrac{b}{\sin B} = \dfrac{c}{\sin C}$$

が得られます．外接円の半径に無関係に **2 角とそれらの対辺**の関係を求めるときは，[図3]のように**垂線を下ろして考えた方がわかりやすい**でしょう．

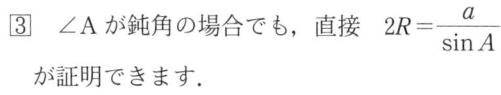

③ ∠A が鈍角の場合でも，直接 $2R = \dfrac{a}{\sin A}$　　　　[図4]

が証明できます．

B から直径 BP を引きます．すると，
∠BCP=90°になります（直径の円周角）．この場合は 4 角形 ABPC が円に内接する 4 角形なので，向かいあう内角の和が 180°であるから，

∠A＋∠P＝180°　　　　[図5]

となり，補角のサインは等しいので
　$\sin A = \sin P$ ……⑧
が得られます．よって直角 3 角形 PBC において
　$2R \sin P = a$
⑧より　$2R \sin A = a$
　∴　$2R = \dfrac{a}{\sin A}$

となります．

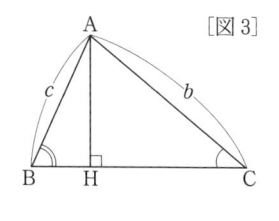

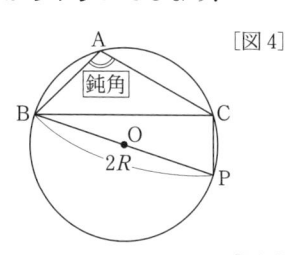

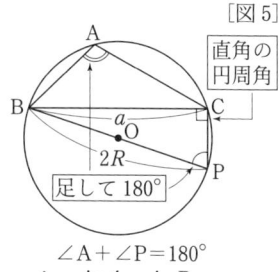

∠A＋∠P＝180°
∴　$\sin A = \sin P$

― 円の諸定理 ―

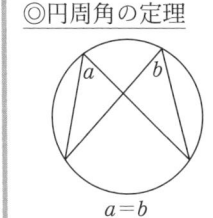

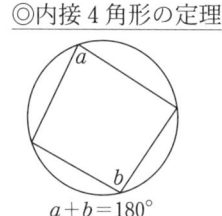

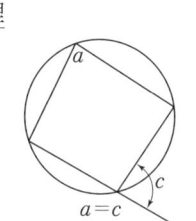

◎円周角の定理　　　　◎内接 4 角形の定理

$a = b$　　　　$a + b = 180°$　　　　$a = c$

例題演習 3-20 （正弦定理）

右図の △ABC において
(1) sin(∠ACB) を求めよ．
(2) 外接円の半径を求めよ．
(3) sin(∠BAC) を求めよ．

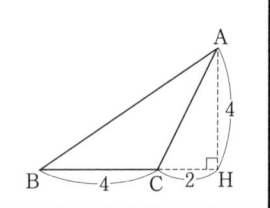

解答

(1) ∠ACB は鈍角なので，
△ABC の外側の直角3角形 ACH を用いて，
$$\sin(\angle ACB) = +\frac{AH}{AC}$$
ここで，ピタゴラスの定理より
$$AC = \sqrt{2^2 + 4^2} = 2\sqrt{5}$$
よって $\sin(\angle ACB) = \dfrac{4}{2\sqrt{5}} = \dfrac{2}{\sqrt{5}}$

―― 直角3角形による sin ――
$$\sin c = \frac{q}{r}$$

(2) 正弦定理を用いて △ABC の外接円の半径 R を求める．正弦定理では1角のサインに対して**向かいあう辺の長さを必要とする**ので，∠ACB に向かい合う辺 AB の長さを求めればよい．ピタゴラスの定理より
$$AB = \sqrt{6^2 + 4^2} = 2\sqrt{13}$$
よって
外接円の直径 $2R = \dfrac{AB}{\sin(\angle ACB)} = \dfrac{2\sqrt{13}}{\dfrac{2}{\sqrt{5}}}$

$$= 2\sqrt{13} \div \frac{2}{\sqrt{5}} = 2\sqrt{13} \times \frac{\sqrt{5}}{2} = \sqrt{65}$$

$2R = \sqrt{65}$ より $\boldsymbol{R = \dfrac{\sqrt{65}}{2}}$

向かいあう角と辺
$$2R = \frac{c}{\sin C}$$

(3) 正弦定理より
$$2R = \frac{BC}{\sin(\angle BAC)}$$
$2R \sin(\angle BAC) = BC$
∴ $\sin(\angle BAC) = \dfrac{BC}{2R} = \dfrac{4}{\sqrt{65}}$

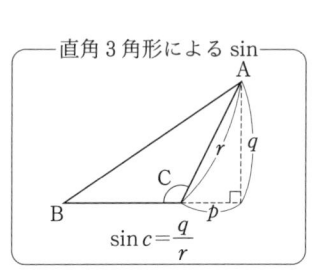

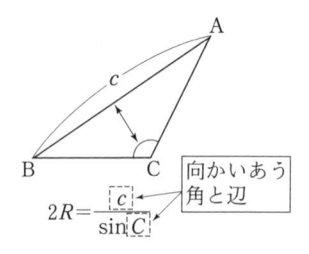

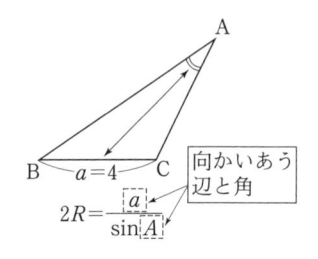

向かいあう辺と角
$$2R = \frac{a}{\sin A}$$

例題演習 3-21 （3辺からの計量）

右図の $\triangle ABC$ において，以下を求めよ．
(1) $\cos A$　　　　　　(2) $\triangle ABC$ の面積
(3) 外接円の半径 R　(4) 内接円の半径 r

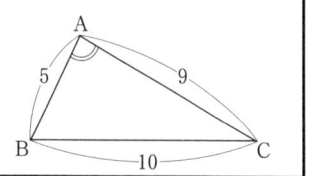

解答

(1) （3辺 $\Rightarrow \cos A$）余弦定理より
$$\cos A = \frac{5^2 + 9^2 - 10^2}{2 \times 5 \times 9} = \frac{6}{2 \times 5 \times 9} = \frac{1}{15}$$

(2) $\sin^2 A = 1 - \cos^2 A = 1 - \left(\frac{1}{15}\right)^2 = \frac{224}{225}$

$\sin A > 0$ より $\sin A = \dfrac{4\sqrt{14}}{15}$

面積公式より $\triangle ABC = \dfrac{1}{2} \times 9 \times 5 \times \dfrac{4\sqrt{14}}{15}$
$= 6\sqrt{14}$

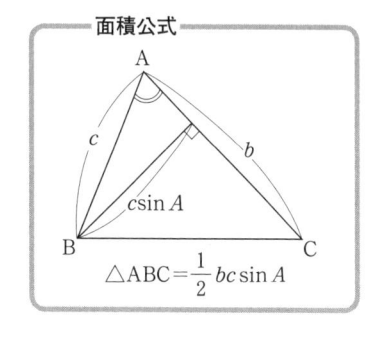

面積公式
$$\triangle ABC = \frac{1}{2} bc \sin A$$

(3) 正弦定理より
$$2R = \frac{a}{\sin A} = \frac{10}{\dfrac{4\sqrt{14}}{15}} = 10 \div \frac{4\sqrt{14}}{15} = 10 \times \frac{15}{4\sqrt{14}} = \frac{75}{2\sqrt{14}}$$

よって $2R = \dfrac{75}{28}\sqrt{14}$ なので，$R = \dfrac{75}{56}\sqrt{14}$

(4) 右図のように，内接円 I(中心も I)は 3辺 BC, CA, AB とそれぞれ H, J, K で接し半径 IH, IJ, IK はそれぞれ辺 BC, CA, AB と直交するので，

$\triangle ABC = \triangle IBC + \triangle ICA + \triangle IAB$
$ = \dfrac{1}{2}ar + \dfrac{1}{2}br + \dfrac{1}{2}cr$

$\therefore\ \triangle ABC = \dfrac{1}{2}r(a+b+c)$

よって，上式より
$6\sqrt{14} = \dfrac{1}{2}r(10+9+5) = 12r$

$\therefore\ r = \dfrac{\sqrt{14}}{2}$

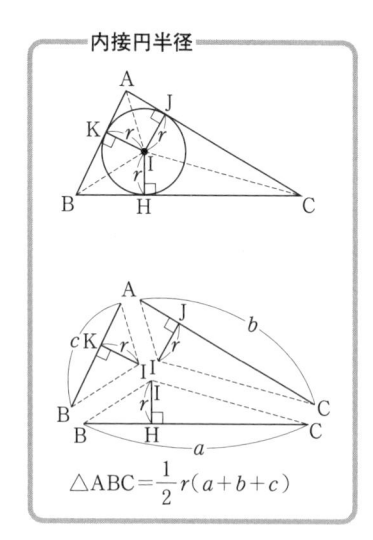

内接円半径
$$\triangle ABC = \frac{1}{2} r(a+b+c)$$

基礎例題 3-22 (補角公式と円に内接する4角形)

(1) $\alpha + \beta = 180°$ となる角 α, β において次を示せ．
  (i) $\cos\alpha = -\cos\beta$ (ii) $\sin\alpha = \sin\beta$
(2) 円に内接する4角形 ABCD において次を求めよ．
  (i) BD の長さ (ii) ABCD の面積

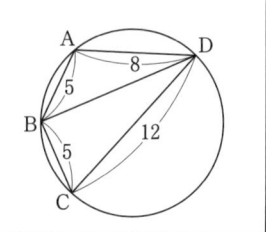

解説

(1) [図1]のように，$\alpha + \beta = 180°$ となるとき，「β は α の補角である」とか，「α と β は互いに補角である」などと言います．α と β が互いに補角であるとき，α と β の3角比には実に単純な関係があります．

[図2]のように，O を中心とする単位円を描くと，図のように，$\cos\alpha$, $\sin\alpha$ が決まります．さらに[図3]のように，$\angle C'OA = \beta$ となるように $\angle C'OA$ をとると，[図3]のように $\cos\beta$, $\sin\beta$ が定まります．ここで，

$$\triangle POH \equiv \triangle P'OH'$$

となるので，

$$\cos\alpha = -\cos\beta, \quad \sin\alpha = \sin\beta$$

が得られます．

(2) 基礎例題 3-19 にもありますが，
円に内接する4角形は，
「向かいあう角の和が $180°$」になるので
(1)の公式が使えます．つまり，
  $\angle BAD + \angle BCD = 180°$ より
  $\cos(\angle BAD) = -\cos(\angle BCD)$ ……………①
  $\sin(\angle BAD) = \sin(\angle BCD)$ ……………②
が得られます．

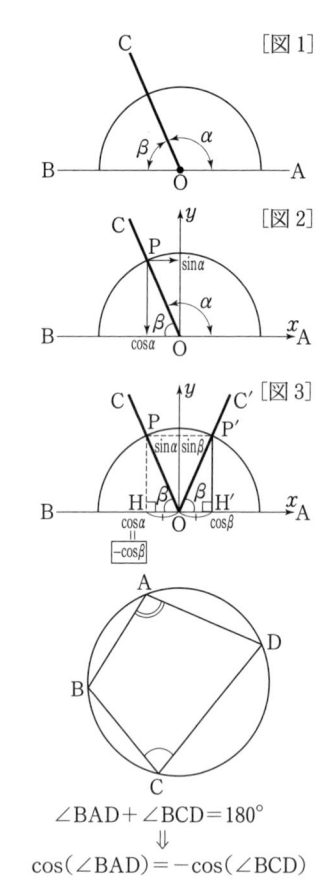

$\angle BAD + \angle BCD = 180°$
$\Downarrow$
$\cos(\angle BAD) = -\cos(\angle BCD)$

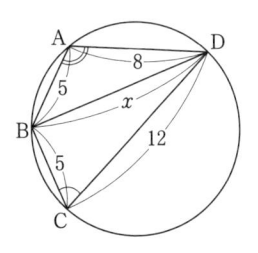

(i) BD$=x$ とおきます．
 $\triangle$ABD において
$$\cos(\angle\text{BAD})=\frac{5^2+8^2-x^2}{2\times5\times8}=\frac{89-x^2}{80} \quad\cdots\cdots\text{③}$$
 $\triangle$BCD において
$$\cos(\angle\text{BCD})=\frac{5^2+12^2-x^2}{2\times5\times12}=\frac{169-x^2}{120} \quad\cdots\cdots\text{④}$$
③④を①に代入して
$$\frac{89-x^2}{80}=-\frac{169-x^2}{120}$$
$$3(89-x^2)=-2(169-x^2)$$
$$267-3x^2=-338+2x^2$$
$$-5x^2=-605$$
$$x^2=121 \quad x>0 \text{ より } x=\text{BD}=\mathbf{11} \quad\cdots\cdots\text{⑤}$$

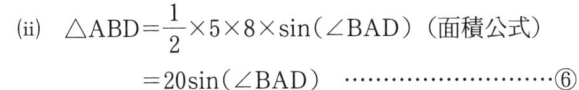

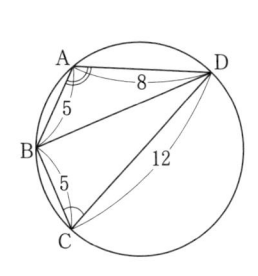

(ii) $\triangle\text{ABD}=\dfrac{1}{2}\times5\times8\times\sin(\angle\text{BAD})$ （面積公式）
$\qquad\qquad=20\sin(\angle\text{BAD}) \quad\cdots\cdots\cdots\cdots\cdots\cdots$ ⑥
$\triangle\text{BCD}=\dfrac{1}{2}\times5\times12\times\sin(\angle\text{BCD})$ （面積公式）
$\qquad\qquad=30\sin(\angle\text{BCD})$
$\qquad\qquad=30\sin(\angle\text{BAD})$ （②より） $\cdots\cdots\cdots$ ⑦
⑥⑦より $\text{ABCD}=\triangle\text{ABD}+\triangle\text{BCD}$
$\qquad\qquad\quad=20\sin(\angle\text{BAD})+30\sin(\angle\text{BCD})$
$\qquad\qquad\quad=50\sin(\angle\text{BAD}) \quad\cdots\cdots\cdots\cdots$ ⑧
ここで，③⑤より
$$\cos(\angle\text{BAD})=\frac{89-11^2}{80}=-\frac{2}{5} \quad \text{よって，}\sin(\angle\text{BAD})=\frac{\sqrt{21}}{5} \quad\cdots\text{⑨}$$
⑧⑨より $\text{ABCD}=50\times\dfrac{\sqrt{21}}{5}=\mathbf{10\sqrt{21}}$

補角公式あれこれ

$\alpha+\beta=180°$ のとき $\cos\alpha=-\cos\beta$ $\cdots\cdots$ ⑩ が成り立ちますが
この式は $\cos\alpha+\cos\beta=0$ とも書けます．
また，⑩を $\cos\beta=-\cos\alpha$ と表して，$\beta=180°-\alpha$ を代入すると，
$$\cos(180°-\alpha)=-\cos\alpha \quad\cdots\cdots\cdots\cdots\cdots\cdots\cdots\cdots\cdots\cdots\cdots\cdots\text{⑪}$$
が得られます．⑪は例題演習 3-5 で $\alpha=t$ の形で登場しています．

類題演習

解答は p.198

3-1

(1) $0° \leq \theta \leq 90°$ で $\cos\theta = \dfrac{\sqrt{7}}{5}$ となるときの角度 θ に対し，$\sin\theta$ の値を求めよ．

(2) $90° \leq \theta \leq 180°$ で $\sin\theta = \dfrac{\sqrt{11}}{6}$ となるときの角度 θ に対し，$\cos\theta$ の値を求めよ．

3-2 次の各値を求めよ．

(1) $\begin{cases} \cos 30° \\ \sin 30° \end{cases}$ (2) $\begin{cases} \cos 60° \\ \sin 60° \end{cases}$ (3) $\begin{cases} \cos 135° \\ \sin 135° \end{cases}$ (4) $\begin{cases} \cos 90° \\ \sin 90° \end{cases}$

3-3 次の θ を $0° \leq \theta \leq 180°$ の範囲で求めよ．

(1) $\sin\theta = \dfrac{\sqrt{3}}{2}$ (2) $2\cos\theta = 1$

(3) $2\sqrt{3}\cos\theta + 3 = 0$ (4) $4\sin\theta = \sqrt{2} + 2\sin\theta$

3-4

$0° < \theta < 180°$ で $\tan\theta = -\dfrac{\sqrt{10}}{2}$ となるときの角度 θ に対して，$\cos\theta$, $\sin\theta$ の値を求めよ．

3-5 右図において

(1) $\cos A$, $\sin A$, $\tan A$ を求めよ．

(2) $\cos B$, $\sin B$, $\tan B$ を求めよ．

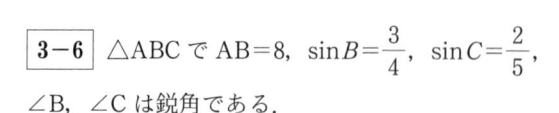

3-6 △ABC で AB=8, $\sin B = \dfrac{3}{4}$, $\sin C = \dfrac{2}{5}$,

∠B, ∠C は鋭角である．

(1) A から BC に下ろした垂線の足を H とするとき AH を求めよ．

(2) AC を求めよ．

(3) BC を求めよ．

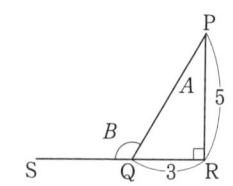

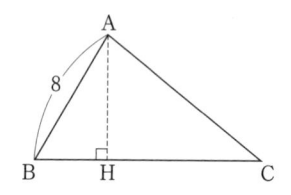

3-7 次の △ABC の面積を求めよ．

(1) 図：△ABC，AB=5，BC=8，∠B=60°

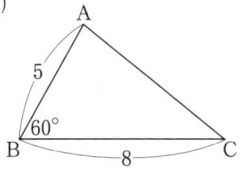

(2) 図：△ABC，AB=6，AC=11，$\sin A = \dfrac{3}{4}$

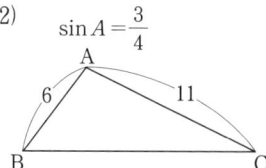

3-8 次の x を余弦定理を用いて求めよ．

(1) 図：△ABC，AB=5，BC=$4\sqrt{2}$，∠B=45°，AC=x

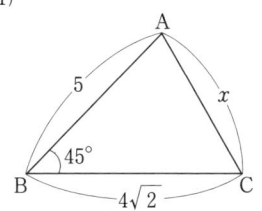

(2) 図：△ABC，CA=7，AB=12，∠CAB=120°，CB=x

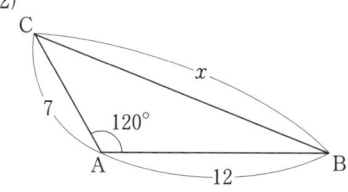

3-9 次の △ABC において，$\cos A$, $\cos B$, $\cos C$ を求めよ．

(1) 図：△ABC，AB=7，AC=12，BC=13

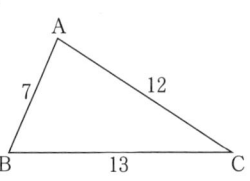

(2) 図：△ABC，AB=5，AC=6，BC=9

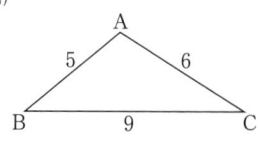

3-10 右の △ABC において

(1) $\cos A$ を求めよ．

(2) 辺 AB 上に図のように AD=6 となるように点 D をとるとき，CD を求めよ．

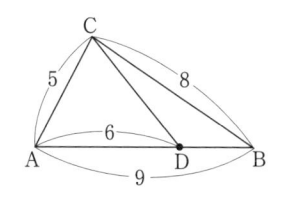

図：△ABC，AC=5，BC=8，AB=9，AD=6，D は AB 上

3-11 $AB=5$,$BC=9$,$\cos C=\dfrac{5}{6}$ の △ABC において，AC を求めよ．

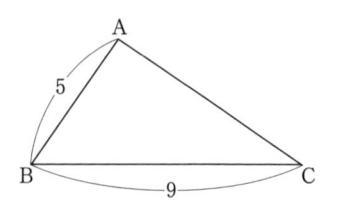

3-12 $\angle A=60°$，$\angle B=45°$，$AC=10$ の △ABC において，
(1) △ABC の外接円の半径 R を求めよ．
(2) BC を求めよ．

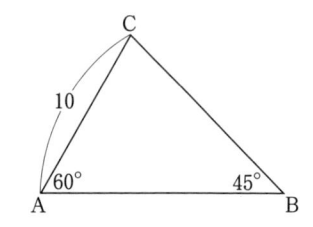

3-13 $BC=3$ の △ABC において，A から BC に下ろした垂線の足を H とするとき，$AH=\sqrt{2}$，$CH=1$ であった．
(1) $\sin C$ を求めよ．
(2) △ABC の外接円の半径 R を求めよ．
(3) $\sin A$ を求めよ．

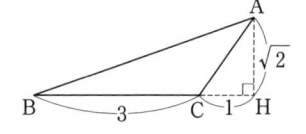

3-14 右図の △ABC において，
(1) $\cos A$ を求めよ．
(2) △ABC の面積を求めよ．
(3) △ABC の外接円の半径 R を求めよ．
(4) △ABC の内接円の半径 r を求めよ．

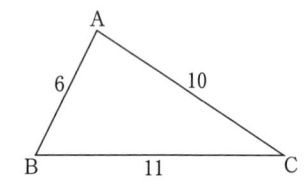

3-15 AB=8, BC=11, CA=9 の △ABC において，AC の延長上に図のように AD=5 となる点 D をとり，AB の中点を M とする．
(1) $\cos(\angle BAC)$ を求めよ．
(2) DM の長さを求めよ．

3-16 AB=6, BC=7, CA=8 の △ABC において，A から BC に平行に直線を引き，図のように AD=3 となるように点 D をとる．このとき BD の長さを求めよ．

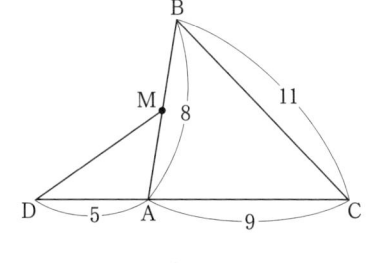

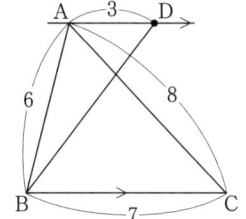

3-17 右図において，AB=5, BC=11, CA=9, BD=CD である．
(1) $\cos(\angle BAC)$ を求めよ．
(2) BD の長さを求めよ．

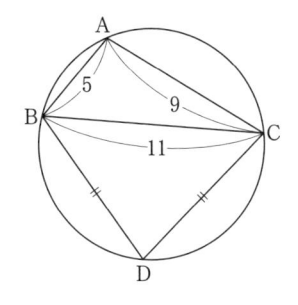

応用演習 3-23 (3角不等式)

次の不等式を満たす θ の範囲を求めよ．（ただし，$0° \leq \theta < 360°$）
(1) $\cos\theta + 2\sqrt{2} \geq \sqrt{2} - \cos\theta$ (2) $\tan\theta \leq -\sqrt{3}$

解説

(1) $\cos\theta \geq [数]$ の形に変形しましょう．
$\cos\theta + 2\sqrt{2} \geq \sqrt{2} - \cos\theta$
$2\cos\theta \geq -\sqrt{2}$
$\cos\theta \geq -\dfrac{\sqrt{2}}{2}$

$\cos\theta$ は単位円周上の点の x 座標なので，x 座標が $-\dfrac{\sqrt{2}}{2}$ 以上の値をとる単位円周上の角度を考えて

$0° \leq \theta \leq 135°, \quad 225° \leq \theta < 360°$

(2) 単位円周上の点 P に対して，
$\tan\theta = [動径 OP (右図) の傾き]$
ですが，「傾き」は点 A(1, 0) で x 軸と垂直に立てた直線 l を用いるとわかりやすいです（例題演習 3-6 を参照）．OP と l の交点を Q とすると，
OA=1，OA⊥l より l 上の点 Q は
$Q(1, \tan\theta)$
と表せます．

逆に，直線上の点を Q とすると，$Q(1, \tan\theta)$ を満たす θ は，OQ と単位円の交点を図のように P とすると，単位円周上の角度 θ は，$0° \leq \theta < 360°$ の範囲に右図のように 2 個あることがわかります．

よって，この $\tan\theta$ が $-\sqrt{3}$ 以下となるときの θ は，$\tan\theta = -\sqrt{3}$ のとき，$\theta = 120°, 300°$ を考慮すると

$90° < \theta \leq 120°, \quad 270° < \theta \leq 300°$

になります．ここで $\tan\theta = 90°, 270°$ となる θ は（OP が x 軸に垂直になり，傾きが定義できないので）ありません．よって，それぞれの不等式の左側に等号を入れてはいけません．

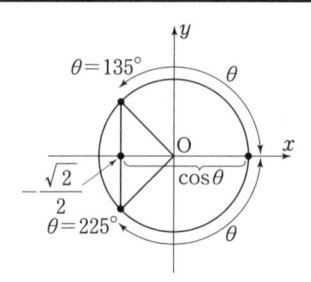

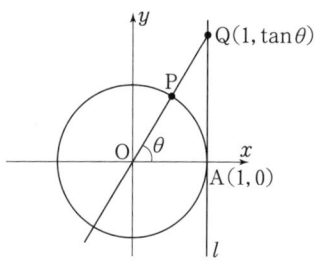

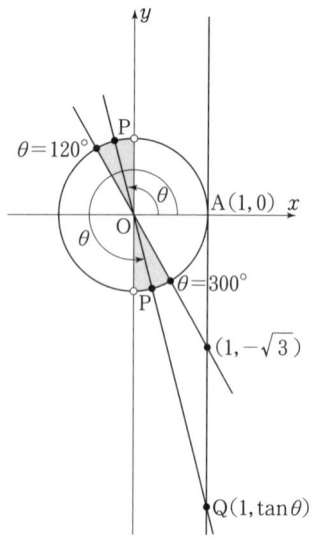

応用演習 3-24 （3角比の連立方程式）

池の中に立っている木の高さ h を求めたい．
まず地点 A から，木のてっぺん P の仰角を測ると α であった．次に a m 木に近づいた地点 B で仰角を測ると β であった．このとき，木の高さ h を a, α, β を用いて表せ．

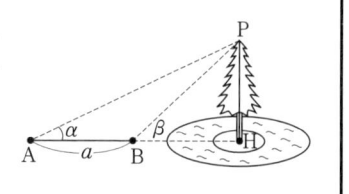

解説

「角度 α, β を用いて」と書かれている場合には「3角比を用いてよい」ことに注意しましょう．まずはどの3角比（cos, sin, tan）を用いるのかを考えます．

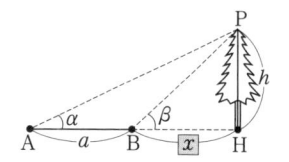

AB$(=a)$ と高さ h は垂直なので，tan を用いましょう．そのためにはまず，BH$=x$ とおいて，$\tan\alpha$, $\tan\beta$ を a, x, h で表します．

$\triangle$PBH において，$\tan\beta = \dfrac{h}{x}$ より $h = x\tan\beta$ ……①

$\triangle$PAH において，$\tan\alpha = \dfrac{h}{a+x}$ より $h = (a+x)\tan\alpha$ ……②

このあと「x を消去して，h を求める」わけですが，h を消去するのが楽なので，まず，h を消去して，x を a, $\tan\alpha$, $\tan\beta$ で表し，その後①の x にその式を代入すれば，h が求まります．

①，②から h を消去して

$x\tan\beta = (a+x)\tan\alpha$

$\underline{x}\tan\beta = a\tan\alpha + \underline{x}\tan\alpha$

$x\tan\beta - x\tan\alpha = a\tan\alpha$

$x(\tan\beta - \tan\alpha) = a\tan\alpha$

（$x=$ [x 以外の式] に整理）

$\alpha \neq \beta$ なので $\tan\alpha \neq \tan\beta$．よって，$\tan\beta - \tan\alpha \neq 0$．

両辺を $\tan\beta - \tan\alpha$ で割って $x = \dfrac{a\tan\alpha}{\tan\beta - \tan\alpha}$ ……③

③を①に代入して，$h = \dfrac{a\tan\alpha}{\tan\beta - \tan\alpha} \times \tan\beta = \dfrac{a\tan\alpha\tan\beta}{\tan\beta - \tan\alpha}$

応用演習 3-25（等式の証明）

1辺が a の正3角形 ABC の外接円の弧 BC 上に点 P をとり，PB$=x$, PC$=y$, PA$=z$ とおく．
(1) $x+y=z$ を示せ．
(2) $x^2+y^2+z^2$ は一定の値をとることを示せ．

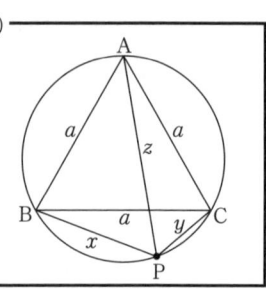

解説

(1) △ABP において，∠APB$=$∠ACB$=60°$（$\overset{\frown}{AB}$ の円周角）
より，$a^2=x^2+z^2-2\times x\times z\times\cos 60°$（余弦定理）
$\qquad\quad =x^2+z^2-2xz\times\dfrac{1}{2}$

∴ $a^2=x^2+z^2-xz$ ……………………………………………①

△BCP において，∠BPC$+$∠BAC$=180°$（内接4角形）より
∠BPC$=120°$．よって
$\qquad a^2=x^2+y^2-2\times x\times y\times\cos 120°$（余弦定理）
$\qquad\quad =x^2+y^2-2xy\times\left(-\dfrac{1}{2}\right)$

∴ $a^2=x^2+y^2+xy$ ……………………………………………②

ここで a^2 を消去して，x, y, z のみの式を作ってみましょう．

$\quad\ a^2=x^2+z^2-xz$ ……①
$\quad\underline{-)\ a^2=x^2+y^2+xy}$ ……②
$\quad\ 0=z^2-y^2-x(z+y)$
$\qquad (z-y)(z+y)-x(z+y)=0$
$\qquad (z-y-x)(z+y)=0$

ここで $z>0$, $y>0$ より $z+y>0$ なので $z+y\neq 0$．
従って，$z-y-x=0$　∴ $x+y=z$ …………………………③

(2) 今度は，一定値として a^2 を利用しましょう．①$+$② より，

$\quad\ a^2=x^2+z^2-xz$ ……①
$\quad\underline{+)\ a^2=x^2+y^2+xy}$ ……②
$\quad\ 2a^2=2x^2+y^2+z^2-x(z-y)$

ここで，③より $z-y=x$ なので
$\qquad 2a^2=2x^2+y^2+z^2-x\times x$　∴ $\boldsymbol{x^2+y^2+z^2=2a^2}$（**一定値**）

注 (1)で②のかわりに △ACP を用いて，$a^2=y^2+z^2-yz$ を求めてもできますが，③式を求めるときに少々苦労します．

応用演習 3-26 （2辺と2角の関係）

△ABC の内部に点 P を
$\angle PAB = \angle PBC = \angle PCA = \theta$
となるようにとる.

このとき $AP:BP:CP = \dfrac{b}{a} : \dfrac{c}{b} : \dfrac{a}{c}$
を証明せよ.

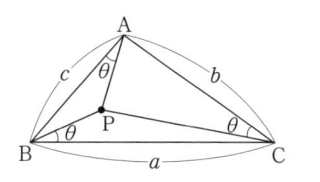

解説

まず △PAB に注目しましょう.
$\angle PAB = \theta$, $\angle ABP = B - \theta$ なので,
$\angle APB = 180° - \theta - (B - \theta) = 180° - B$
となり, cos や sin で表したときに便利な角度になりました.

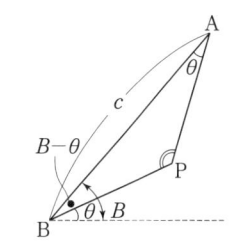

ここで AP を底辺と見て高さを2通りで表すと
$c\sin\theta = BP\sin(\angle APB)$
$\qquad\qquad = BP\sin(180° - B)$
$\qquad\qquad = BP\sin B$

よって, $BP = \dfrac{c\sin\theta}{\sin B}$ ……………………①

が得られます.

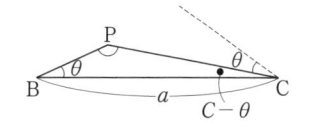

△PBC においても, $\angle BPC = 180° - C$
より, BP を底辺と見て,

$a\sin\theta = CP\sin(180° - C)$ より $CP = \dfrac{a\sin\theta}{\sin C}$ ……………………②

同様に △PCA において $\qquad AP = \dfrac{b\sin\theta}{\sin A}$ ……………………③

が成り立ちます.

①, ②, ③ より,

$AP:BP:CP = \dfrac{b\sin\theta}{\sin A} : \dfrac{c\sin\theta}{\sin B} : \dfrac{a\sin\theta}{\sin C} = \dfrac{b}{\sin A} : \dfrac{c}{\sin B} : \dfrac{a}{\sin C}$

ここで, 正弦定理より (△ABC の外接円の半径を R とすると)

$\sin A = \dfrac{a}{2R}$, $\sin B = \dfrac{b}{2R}$, $\sin C = \dfrac{c}{2R}$

とおけるので

$AP:BP:CP = \dfrac{2Rb}{a} : \dfrac{2Rc}{b} : \dfrac{2Ra}{c} = \dfrac{\boldsymbol{b}}{\boldsymbol{a}} : \dfrac{\boldsymbol{c}}{\boldsymbol{b}} : \dfrac{\boldsymbol{a}}{\boldsymbol{c}}$

応用演習 3-27 （等式の証明）

$\triangle ABC$ において $BC=a$, $CA=b$, $AB=c$ とするとき
$$a+b+c=(b+c)\cos A+(c+a)\cos B+(a+b)\cos C$$
を証明せよ．

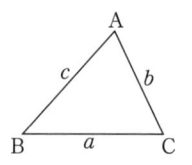

解説

正弦定理（a, b, c に加えて，外接円の半径 R を導入します）と余弦定理を用いて「**長さの情報**」に式を置き換えて証明しましょう．

証明は結論の式に直接代入せず「**複雑な辺（この場合右辺）から単純な辺（この場合左辺）へ**」向けて変形するとよいでしょう．

解答

余弦定理を用いて，
$$\cos A=\frac{b^2+c^2-a^2}{2bc},\ \cos B=\frac{c^2+a^2-b^2}{2ca},\ \cos C=\frac{a^2+b^2-c^2}{2ab} \quad \cdots\cdots\text{①}$$
を得る．

$$(\text{右辺})=(b+c)\times\frac{b^2+c^2-a^2}{2bc}+(c+a)\times\frac{c^2+a^2-b^2}{2ca}+(a+b)\times\frac{a^2+b^2-c^2}{2ab}$$

（①を代入し，――×―― を分数の和の形に変形）

$$=\frac{1}{2}\left[\left(\frac{1}{c}+\frac{1}{b}\right)(b^2+c^2-a^2)+\left(\frac{1}{a}+\frac{1}{c}\right)(c^2+a^2-b^2)+\left(\frac{1}{b}+\frac{1}{a}\right)(a^2+b^2-c^2)\right]$$

$$=\frac{1}{2}\left[\frac{1}{c}(b^2+c^2-a^2+c^2+a^2-b^2)+\frac{1}{b}(b^2+c^2-a^2+a^2+b^2-c^2)+\frac{1}{a}(c^2+a^2-b^2+a^2+b^2-c^2)\right]$$

$$=\frac{1}{2}\left[\frac{2c^2}{c}+\frac{2b^2}{b}+\frac{2a^2}{a}\right]$$

$$=\frac{1}{2}\times 2(c+b+a)=a+b+c=(\text{左辺})$$

よって題意が示された．

応用演習 3-28 （3角形の形状決定）

△ABC において，
$$(\sin A+\sin B+\sin C)(\sin A+\sin B-\sin C)=3\sin A\sin B$$
が成立するとき，この3角形はどのような3角形か答えよ．

解説

3角比による式の証明と同様に，式を長さの情報に書き替えて「長さの等式」を導き出しましょう．

解答

△ABC の外接円の半径を R とする．
正弦定理より
$$\sin A=\frac{a}{2R},\ \sin B=\frac{b}{2R},\ \sin C=\frac{c}{2R}\ \cdots\cdots①$$
①を与式に代入すると，
$$\left(\frac{a}{2R}+\frac{b}{2R}+\frac{c}{2R}\right)\left(\frac{a}{2R}+\frac{b}{2R}-\frac{c}{2R}\right)=3\times\frac{a}{2R}\times\frac{b}{2R}$$
両辺を $(2R)^2$ 倍する．
$(a+b+c)(a+b-c)=3ab$
$(a+b)^2-c^2=3ab$
$c^2=(a+b)^2-3ab$
$c^2=a^2+b^2-ab\ \cdots\cdots②$

②は余弦定理の式に似ているので，その形に合わせてみると，
$$c^2=a^2+b^2-2ab\times\frac{1}{2}$$

$\frac{1}{2}=\cos 60°$ なので，②は $c^2=a^2+b^2-2ab\cos 60°$ と書ける．

よって △ABC は **∠ACB=60° の3角形**

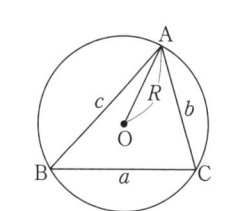

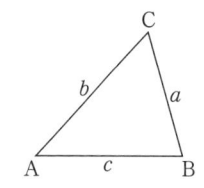

応用演習 3-29 （図形を用いた等式の証明）

$\angle A$，$\angle B$ が鋭角の $\triangle ABC$ の外接円の半径を R とし，CD が直径となるような点 D をとる．

(1) BD，AD を R，$A(=\angle BAC)$，$B(=\angle ABC)$ を用いて表せ．

(2) $\triangle ABC$ において，
$$\cos^2 A + \cos^2 B + \cos^2 C + 2\cos A \cos B \cos C = 1$$
$$\cdots\cdots(\text{☆})$$
を証明せよ．

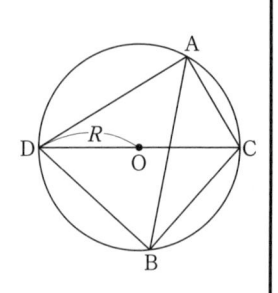

解説

(2)の示すべき式を A，B に注目して見ると，
$$\boldsymbol{\cos^2 A + \cos^2 B} + \cos^2 C + \boldsymbol{2\cos A \cos B}\cos C = 1 \quad\cdots\cdots(\text{☆})$$
であり，余弦定理の式
$$a^2 + b^2 - 2ab\cos C$$
の部分に似ています．ここで(☆)を，$\cos A = a$，$\cos B = b$ とおいて，少し変更すると
$$a^2 + b^2 + \cos^2 C + 2ab\cos C = 1$$
$$a^2 + b^2 + 2ab\cos C = 1 - \cos^2 C$$
$$a^2 + b^2 + 2ab\cos C = \sin^2 C$$
となります．これより，$\cos A$，$\cos B$，$\sin C$ を3辺に持つ3角形に着目しましょう．

解答

(1) $\triangle BCD$ において（[図1]），
DC は直径なので，$\angle DBC = 90°$

$\angle BDC = \angle BAC$（$\overset{\frown}{BC}$ の円周角）
より
$BD = CD\cos(\angle BDC)$
$ = 2R\cos(\angle BAC)$
$ = \boldsymbol{2R\cos A}$ ……①

$\triangle ADC$ において（[図2]），
BD の場合と同様に
$AD = CD\cos(\angle ADC)$
$ = 2R\cos(\angle ABC)$
$ = \boldsymbol{2R\cos B}$ ……②

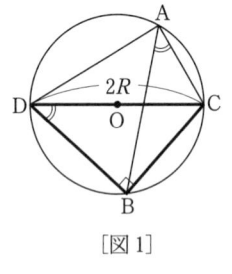

[図1] 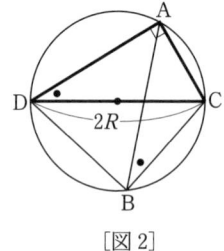　[図2]

(2) (1)より BD，AD が $\cos A$，$\cos B$ で表されているので，**△ABD** に注目して立式する．

　4角形 ADBC は円に内接するので
$$\angle \text{ADB} = 180° - C$$
また正弦定理より
$$\text{AB} = 2R\sin(\angle \text{ADB})$$
$$= 2R\sin(180° - C)$$
$$= 2R\sin C \quad \cdots\cdots ③$$
△ADB において余弦定理を用いると
$$\text{AB}^2 = \text{AD}^2 + \text{BD}^2 - 2\text{AD}\times\text{BD}\cos(\angle \text{ADB})$$
$$(2R\sin C)^2 = (2R\cos B)^2 + (2R\cos A)^2$$
$$\qquad\qquad - 2(2R\cos B)(2R\cos A)\cos(180°-C)$$
両辺を $(2R)^2$ で割って
$$\sin^2 C = \cos^2 B + \cos^2 A - 2\cos B\cos A\cos(180°-C)$$
$$\sin^2 C = \cos^2 A + \cos^2 B - 2\cos A\cos B\times(-\cos C)$$
$$1 - \cos^2 C = \cos^2 A + \cos^2 B + 2\cos A\cos B\cos C$$
$$1 = \cos^2 A + \cos^2 B + \cos^2 C + 2\cos A\cos B\cos C$$
$$\therefore \quad \cos^2 A + \cos^2 B + \cos^2 C + 2\cos A\cos B\cos C = 1$$

応用演習 3-30 （内接6角形）

$AF=1$, $AB=BC=CD=DE=EF=9$ の6角形 ABCDEF が円に内接している。$AC=x$, $AD=y$, $\angle BAC=\theta$ とおく。

(1) $\cos\theta$ を x の式で表せ。
(2) x, y を求めよ。
(3) 6角形 ABCDEF の面積を求めよ。

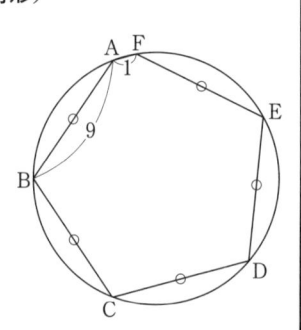

解説

(1) △ABC は AB=BC の2等辺3角形なので頂点 B から AC に垂線 BG を下ろすと、$\angle BGA=90°$ で、$AG=GC=\dfrac{x}{2}$ である。

よって $\cos\theta$ は直角3角形 ABG において

$$\cos\theta=\frac{AG}{AB}=\frac{\frac{x}{2}}{9}=\frac{x}{18} \quad \cdots\cdots ①$$

(2) △ACD の3辺は x, 9, y で CD=BC より対応する円周角の大きさは等しいので

$$\angle CAD=\angle BAC=\theta$$

である。よって余弦定理を用いると x, y の式が次のように1つ得られる。

$$9^2=x^2+y^2-2xy\cos\theta$$

$$81=x^2+y^2-2xy\left(\frac{x}{18}\right) \quad \text{(①を代入)}$$

$$81=x^2+y^2-\frac{x^2y}{9}$$

$$x^2-\frac{y}{9}x^2+y^2-81=0$$

$$x^2\left(\frac{9-y}{9}\right)-(9-y)(9+y)=0$$

$$(9-y)\left(\frac{x^2}{9}-9-y\right)=0$$

ここで $y=9$ とすると ABCD が円に内接するひし形つまり正方形になってしまい答えに適さない。

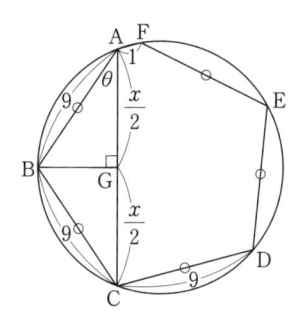

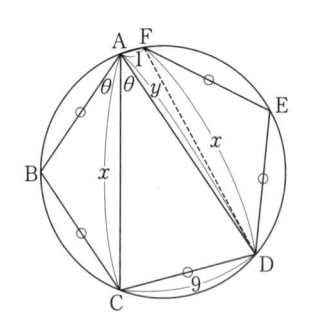

よって，$\dfrac{x^2-81-9y}{9}=0$ より $x^2=9y+81$ ……② を得る．

次に内接4角形 ACDF で対角の和に注目すると

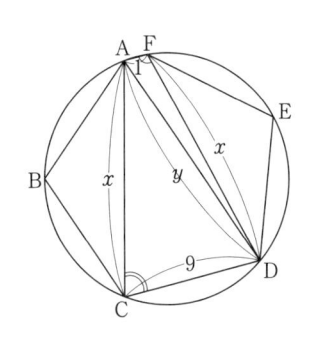

$\cos(\angle\text{ACD})=\dfrac{x^2+9^2-y^2}{2\times x\times 9}$ ……③

$\cos(\angle\text{AFD})=\dfrac{x^2+1^2-y^2}{2\times x\times 1}$ ……④

$\angle\text{ACD}+\angle\text{AFD}=180°$ より

$\cos(\angle\text{ACD})=-\cos(\angle\text{AFD})$

③④を代入して

$\dfrac{x^2+9^2-y^2}{2\times x\times 9}=-\dfrac{x^2+1^2-y^2}{2\times x\times 1}$

両辺 $18x$ 倍して，$x^2-y^2+81=-9x^2+9y^2-9$

$\qquad\qquad\qquad 10x^2-10y^2+90=0$

$\qquad\therefore\ x^2-y^2+9=0$ ……⑤

②を⑤に代入して $9y+81-y^2+9=0$

$\qquad\qquad\qquad 0=y^2-9y-90$

$\qquad\qquad\qquad (y-15)(y+6)=0$

$\qquad\qquad\qquad y>0$ より $\boldsymbol{y=15}$

$\qquad\qquad$②より $\qquad \boldsymbol{x=6\sqrt{6}}$

(3) $\triangle\text{ABC}\equiv\triangle\text{FED}$ であることと ACDF が等脚台形であることに注意すると，$\triangle\text{ABC}$ は $\text{AB}=\text{BC}=9$ で①より $\cos\theta=\dfrac{6\sqrt{6}}{18}=\dfrac{\sqrt{6}}{3}$

$[\triangle\text{ABC}\text{ の面積}]=\dfrac{1}{2}\times 6\sqrt{6}\times 9\times\underbrace{\dfrac{\sqrt{3}}{3}}_{\sin\theta}=27\sqrt{2}$

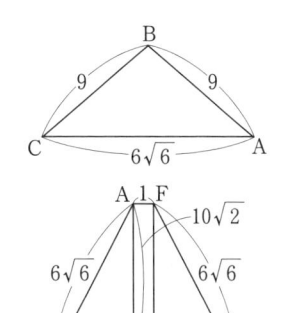

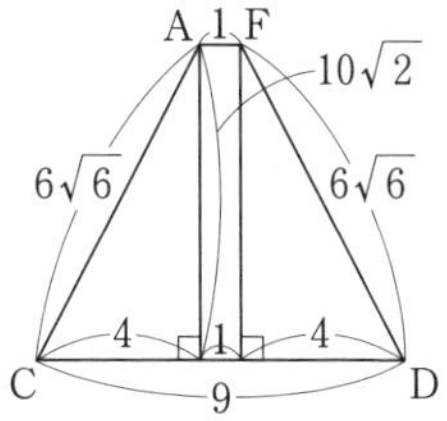

等脚台形の面積は右図より

$[\text{ACDF}\text{ の面積}]=\dfrac{1}{2}\times(1+9)\times 10\sqrt{2}=50\sqrt{2}$

よって

$[\text{ABCDEF}\text{ の面積}]=2\times 27\sqrt{2}+50\sqrt{2}=\boldsymbol{104\sqrt{2}}$

応用演習 3-31 （図形の中の3角比）

△ABC の ∠A の2等分線と BC, △ABC の外接円との交点をそれぞれ L, N とする.

L から AB, AC に下ろした垂線の足をそれぞれ K, M とする.

(1) $KM = AL\sin(\angle BAC)$ を示せ.
(2) AMNK の面積を AL, AN, ∠A で表せ.
(3) AMNK と △ABC の面積が等しいことを示せ.

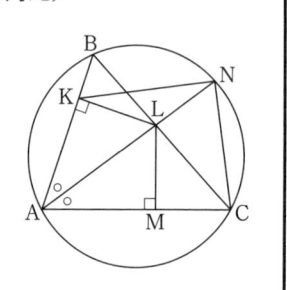

解説

3角比を全く用いずにも解けますが, (3)の面積計算は実際に3角比を用いた方が扱いやすいでしょう. 初等幾何の性質に注目して考えてください.

解答

(1) $\angle AKL = \angle AML = 90°$ より
$\angle AKL + \angle AML = 180°$ なので
A, K, L, M は直径を AL とする円に内接する（内接4角形の定理の逆）.
よって, 正弦定理より,
$KM = AL\sin(\angle BAC)$ ……①

(2) △AKL ≡ △AML（斜辺1鋭角相等）
より AK = AM
よって, △AKM は2等辺3角形なので頂角の2等分線は底辺への垂線になる.
∴ KM⊥AN
これより, AMNK は対角線が直交するので面積は

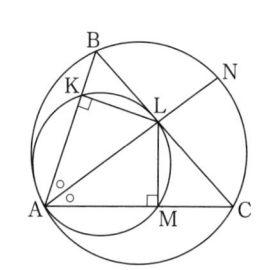

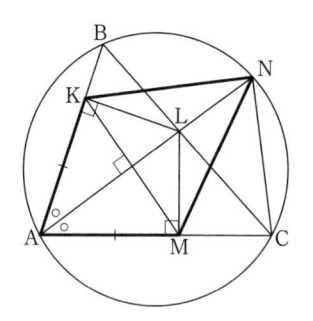

$$\frac{1}{2} \times AN \times KM$$
$$= \frac{1}{2} \times AN \times AL\sin A \quad \text{（①より）} \quad \cdots\cdots ②$$

(3) 面積公式より

$$[\triangle ABC \text{ の面積}] = \frac{1}{2} \times AB \times AC \sin(\angle BAC)$$

……③

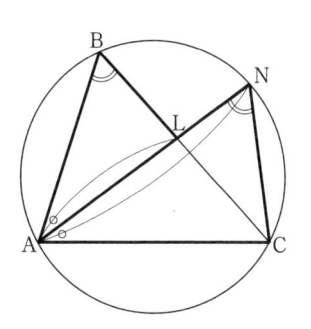

②と③を比較して
AN，AL，AB，AC の関係式を考える．
　△ABL と △ANC において，
　　∠BAL = ∠NAC ……………………④

　　∠ABC = ∠ANC （$\overset{\frown}{AC}$ の円周角）………⑤

④⑤より △ABL∽△ANC （2 角相等）
よって，AB : AL = AN : AC
　　∴　AB×AC = AN×AL …………………⑥
　従って，

$$[AMNK \text{ の面積}] \overset{②}{=} \frac{1}{2} \times AN \times AL \sin A$$

$$= \frac{1}{2} \times AB \times AC \sin A \text{ （⑥より）}$$

$$= [\triangle ABC \text{ の面積}]$$

応用演習 3-32 （3次方程式）

右の5角形 ABCDE は
AB＝BC＝DE＝EA＝8，CD＝7
∠A＝∠B＝∠E，∠C＝∠D
である．
　∠B＝α，∠ACD＝β，AC＝x とおく．
(1) $\alpha+\beta$ の値を求めよ．
(2) x を求めよ．

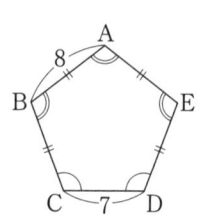

解説

(1) △ABC と △AED は
2辺夾角相等で合同です．
よって，
AC＝AD＝x
∠BAC＝∠EAD
とわかるので，∠BAE で
方程式を立式しましょう．

2等辺3角形 ABC において，
$$\angle BAC = \frac{180°-\alpha}{2} = \angle EAD \quad \cdots\cdots①$$

2等辺3角形 ACD において，
$$\angle CAD = 180°-2\beta \quad \cdots\cdots②$$

①②より
∠BAE＝∠BAC＋∠EAD＋∠CAD

$$\alpha = \frac{180°-\alpha}{2} + \frac{180°-\alpha}{2} + 180°-2\beta$$

$$\alpha = 360°-\alpha-2\beta$$

$2\alpha+2\beta=360°$

∴ $\alpha+\beta = \mathbf{180°}$ $\quad \cdots\cdots③$

(2) 余弦定理を用いて $\cos\alpha$ と $\cos\beta$ を x の式
で表しましょう．

2等辺3角形 ABC において，
$$\cos\alpha = \frac{8^2+8^2-x^2}{2\times 8\times 8} = \frac{128-x^2}{128} \quad \cdots\cdots④$$

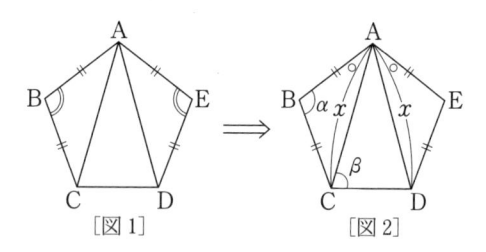

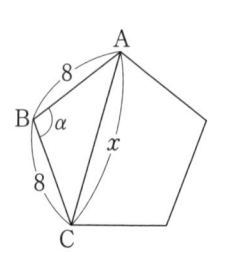

2等辺3角形 ACD において，A から CD に垂線 AK を下ろすと K は CD の中点です．これより直角3角形 ACK において

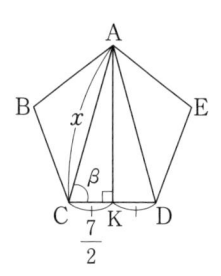

$$\cos\beta = \frac{CK}{AC} = \frac{7}{2} \div x = \frac{7}{2x} \quad \cdots\cdots\cdots\cdots ④$$

ここで③より

$$\cos\alpha + \cos\beta = 0 \quad \cdots\cdots\cdots\cdots\cdots ⑤$$

なので，③，④を⑤に代入すると

$$\frac{128-x^2}{128} + \frac{7}{2x} = 0$$

両辺を $128x$ 倍すると

$$128x - x^3 + 448 = 0$$

$$\therefore \quad x^3 - 128x - 448 = 0 \quad \cdots\cdots\cdots\cdots ⑥$$

を得ます．ここで，3次方程式⑥を解きましょう．⑥の左辺を $f(x)$ とおくと，$f(-4)=0$ となるので，$f(x)$ は $x+4$ で割り切れます．

実際に $f(x)$ を $x+4$ で割ると，

$$f(x) = (x+4)(x^2-4x-112)$$

なので，$f(x)=0$ の解は

$$x+4=0, \quad x^2-4x-112=0$$

$$x=-4, \quad (x-2)^2-116=0$$

$$\therefore \quad x=-4, \ 2\pm 2\sqrt{29}$$

$x>0$ より $\boldsymbol{x = 2 + 2\sqrt{29}}$

$$\begin{aligned}
f(1) &= 1 - 128 - 448 \neq 0 \\
f(-1) &= -1 + 128 - 448 \neq 0 \\
f(2) &= 8 - 256 - 448 \neq 0 \\
f(-2) &= -8 + 256 - 448 \neq 0 \\
f(4) &= 64 - 512 - 448 \neq 0 \\
f(-4) &= -64 + 512 - 448 = \boldsymbol{0}
\end{aligned}$$

$$\begin{array}{r}
x^2 - 4x - 112 \\
x+4 \overline{\smash{)}\, x^3 - 128x - 448} \\
\underline{x^3 + 4x^2 } \\
-4x^2 - 128x \\
\underline{-4x^2 - 16x } \\
-112x - 448 \\
\underline{-112x - 448} \\
0
\end{array}$$

応用演習 3-33 （最後は実用的に）

中心 O，半径 23 の円筒形の容器に（[図1]），半径が 3, 2 の円柱 S_1, S_2（中心を A, B とする）を長さ 13 の棒で中心 A, B を結び，2つの円柱が A, B を中心に回転できるようにする．S_1, S_2 の重さの比は 9 : 4 で棒の重さは無視して考える．

このとき，2つの円柱がつりあって静止したときの棒の水平面に対する傾きを次の手順で求めよう．

(1) △OAB において（[図2]），O から AB に下ろした垂線の足を H とする．OH の長さを求めよ．
(2) 線分 AB を2つの円柱の重さの逆比 4 : 9 で分けた点 G を円柱 S_1, S_2 の重心と呼ぶ．OG の長さを求めよ．
(3) 円柱 S_1, S_2 は G が最も低い位置にきたときに静止する．このとき，棒 AB が水平面に対してなす角度を α とする．$\cos\alpha$ の値を求めよ．

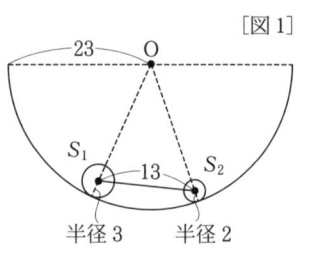

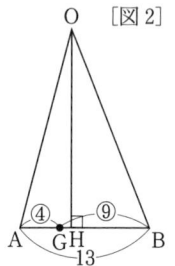

解答

(1) 円の中心 O, A と接点 T_1 は一直線上にあるので，OA = 23 − 3 = 20．同様に
$$OB = 23 − 2 = 21$$
△OAB において，余弦定理を用いて
$$\cos B = \frac{13^2 + 21^2 - 20^2}{2 \cdot 13 \cdot 21} = \frac{\overset{10}{210}}{2 \cdot 13 \cdot 21_1} = \frac{5}{13}$$
$$\sin B = \frac{12}{13}$$
よって $OH = OB \sin B = 21 \times \frac{12}{13} = \boldsymbol{\frac{252}{13}}$

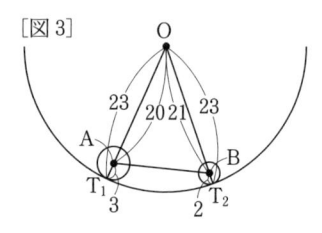

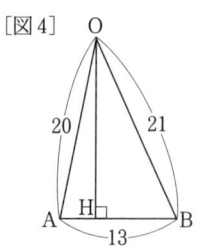

(2) AG：GB＝4：9 で AB＝13 より，BG＝9．
よって余弦定理より

$$OG^2 = BO^2 + BG^2 - 2BO \times BG \cos B$$
$$= 21^2 + 9^2 - 2 \times 21 \times 9 \times \frac{5}{13}$$
$$= 9\left(49 + 9 - \frac{210}{13}\right) = 9 \times \frac{13 \times 58 - 210}{13}$$
$$= \frac{2 \times 9}{13}(377 - 105) = \frac{2 \times 9 \times 272}{13}$$

OG＞0 より $OG = \frac{6\sqrt{136}}{\sqrt{13}} = \boldsymbol{\frac{12\sqrt{34}}{\sqrt{13}}}$

[図5]

(3) ［図6］のように水平面 PQ と AB のなす角が α である．

$$\alpha = \angle BGQ = \angle OGQ - \angle OGH$$
$$= 90° - \angle OGH$$
$$= \angle OHB - \angle OGH$$
$$= \angle GOH$$

より，$\cos \alpha = \cos(\angle GOH)$

$$= \frac{OH}{OG} = \frac{21 \times 12}{13} \div \frac{12\sqrt{34}}{\sqrt{13}}$$
$$= \frac{21 \times \cancel{12}^1}{13} \times \frac{\sqrt{13}}{_1\cancel{12}\sqrt{34}}$$
$$= \frac{21\sqrt{13}}{13\sqrt{34}} = \frac{21}{\sqrt{13 \times 34}} = \boldsymbol{\frac{21}{\sqrt{442}}}$$

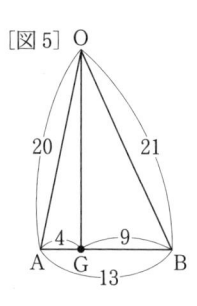

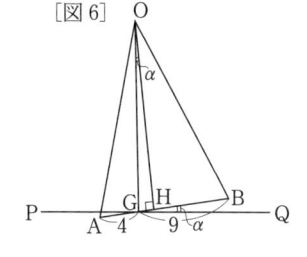

[図6]

演習問題

解答は p.226

3-1 $\cos\theta + \sin\theta = \dfrac{\sqrt{2}}{2}$ ……① のとき，次の値を求めよ．

(1) $\cos\theta\sin\theta$ (2) $\tan\theta + \dfrac{1}{\tan\theta}$ (3) $\cos^3\theta + \sin^3\theta$

3-2 $\cos\theta = \tan\theta$ のとき，$\sin\theta$ を求めよ．

3-3 $\dfrac{\sin\theta}{1-\cos\theta} - \dfrac{\sin\theta}{1+\cos\theta} = 2$ ($0° < \theta < 180°$) のとき θ を求めよ．

3-4 $0° \leqq \theta \leqq 180°$ のとき，$2\cos^2\theta + \sin\theta \geqq 2$ を解け．

3-5 $0° \leqq \theta \leqq 180°$ のとき，$y = \cos^2\theta + \sqrt{3}\sin\theta$ の最大値とそのときの θ の値を求めよ．

ヒント **3-1** ①の両辺を2乗しましょう．
3-2 **3-4** **3-5** $\cos\theta$ か $\sin\theta$ かどちらか1つの記号に統一しましょう．

3-6 右図は∠ABC＝90°の直角3角形で BH⊥AC である．$\cos\theta = \dfrac{\sqrt{7}}{4}$ のとき右図の x, y, z を求めよ．

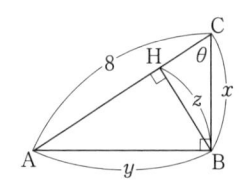

3-7 右図において，$\sin\alpha = \dfrac{5}{7}$，$\cos\beta = \dfrac{\sqrt{3}}{3}$ である．
(1) $\cos\alpha$，$\sin\beta$ を求めよ．
(2) x, y, z, w を求めよ．

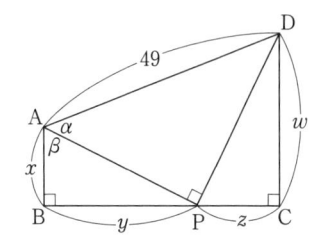

3-8 AB＝15，AC＝9，$\cos A = \dfrac{2}{3}$ の △ABC において，
(1) BC を求めよ．
(2) $\cos C$，$\sin C$ を求めよ．

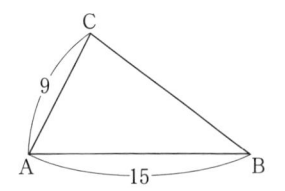

3-9 直方体 ABCD-EFGH において
∠GAE＝α，∠GAB＝β，∠GAD＝γ
AB＝a，BC＝b，AE＝c
とおく．このとき
$\cos^2\alpha + \cos^2\beta + \cos^2\gamma$
を求めよ．

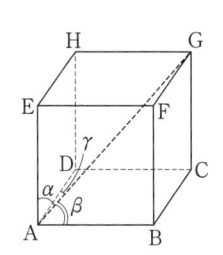

ヒント 3-9 例えば，∠AEG＝90°などの直角をうまく使いましょう．

3-10 $AB=\sqrt{6}+\sqrt{2}$, $BC=2\sqrt{3}$, $CA=2\sqrt{2}$
の △ABC において
(1) $\angle A$ を求めよ．
(2) △ABC の外接円の半径 R を求めよ．

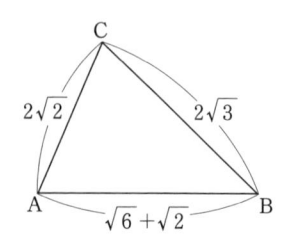

3-11 △ABC があり，その面積は $45\sqrt{3}$，3辺の比は，
$$BC:CA:AB=7:5:3$$
である．
(1) BC を求めよ．
(2) △ABC の外接円の半径 R，内接円の半径 r を求めよ．

3-12 $AB=AC=1$, $\angle BAC=2\theta$ の △ABC がある．
(1) $\sin 2\theta$ を $\cos\theta$, $\sin\theta$ で表せ．
(2) $\cos 2\theta$ を $\cos\theta$ で表せ．

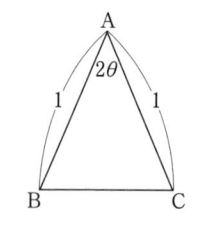

3-13 右図において △ABC は $AB=3$，
$AC=2$, $\angle BAC=60°$ であり，
△BCD は $CB=CD$ であり，$\angle BCD=\theta$ とおく．
$AD /\!/ BC$ のとき $\sin\theta$ を求めよ．

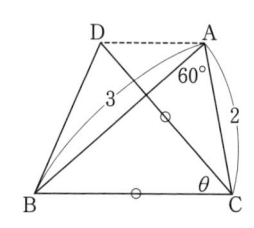

ヒント 3-12 A から BC に垂線を下ろしましょう．
　　　　3-13 面積に注目して考えましょう．

3-14　直線 $y=3x$, $y=7x$ のなす角（鋭角の方）を θ とする.
(1) $\cos\theta$ を求めよ.
(2) $\tan\theta$ を求めよ.

3-15　3角錐 A-BCD があり
$\angle ABC = \angle CBD = \angle DBA = 90°$
である．4つの3角形の面積について
$[\triangle ABC]^2 + [\triangle BCD]^2 + [\triangle ABD]^2 = [\triangle ACD]^2$
を示せ．

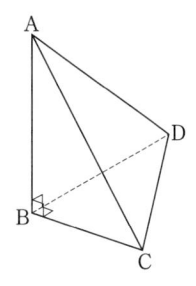

3-16　△ABC において以下の等式を証明せよ．
(1) $\dfrac{\sin A}{\sin B \sin C} + \dfrac{\sin B}{\sin C \sin A} - \dfrac{\sin C}{\sin A \sin B} = \dfrac{2}{\tan C}$
(2) $a+b+c = (b+c)\cos A + (c+a)\cos B + (a+b)\cos C$

3-17　$(\sin A + \sin B + \sin C)(\sin A + \sin B - \sin C) = 3\sin A \sin B$
が成り立つとき，この3角形はどんな3角形か答えよ．

ヒント　3-14　座標平面上に θ を1角に持った3辺の長さのわかる3角形を作りましょう．
　　　　3-15　BC, BD, BA を文字で置いて計算しましょう．
　　　　3-16　sin の値は正弦定理，cos の値は余弦定理で辺の長さの情報に書き直しましょう．

3-18　△ABC の外接円の中心を O, 半径を R とし, O から BC, CA, AB に下ろした垂線の足を H, J, K とする. このとき,
$$2\sin A \sin B \sin C = \sin A \cos A + \sin B \cos B + \sin C \cos C$$
を証明せよ.

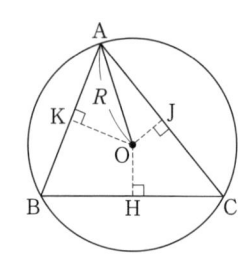

3-19　AB＝AD＝DC＝1, BC＝$\sqrt{3}$ の凸 4 角形において, ∠ABC＝α, ∠ADC＝β とし, $\cos\alpha = t$ とおく.
(1) $\sin^2\beta$ を t で表せ.
(2) △ABC, △ADC の面積を S, T とおくとき, $S^2 + T^2$ の最大値とそのときの t の値を求めよ.

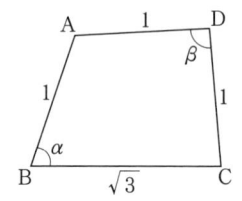

3-20　△ABC は 1 辺 r の正 3 角形で, 辺 BC の間に(両端は除く)点 P をとり, ∠APB＝θ とおく. △ABP と △ACP の内接円の中心を O_1, O_2 とする.
(1) AO_1 の長さを r, θ で表せ.
(2) $\dfrac{AO_1}{AO_2}$ のとりうる値の範囲を求めよ.

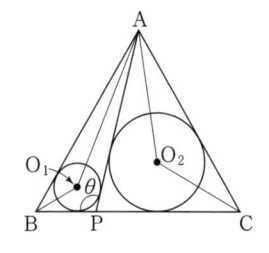

ヒント　3-18　まず △OBC の面積を R, $\cos A$, $\sin A$ で表しましょう.
3-19　t の 2 次関数に持ち込みましょう.
3-20　$\tan$ の値に注目しましょう.

$y=f(x)=|x^2-2x|$

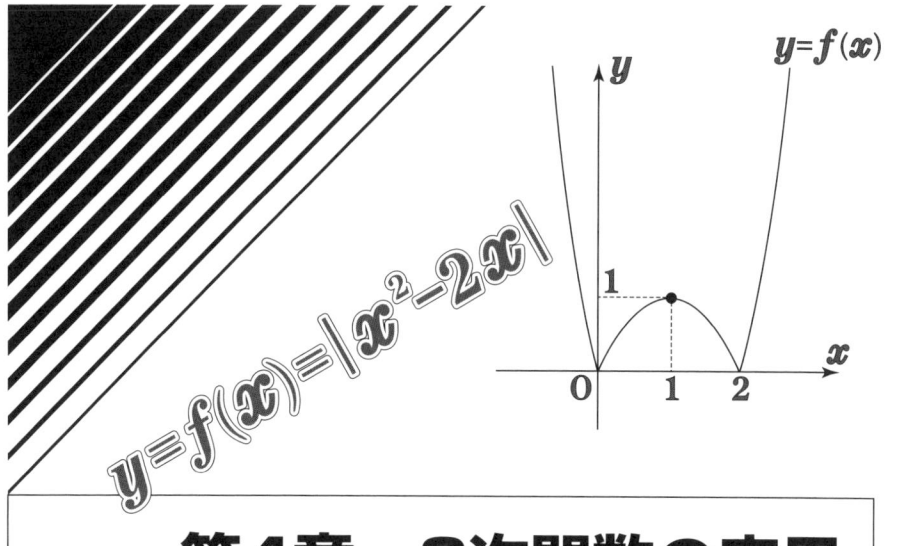

第4章　2次関数の応用

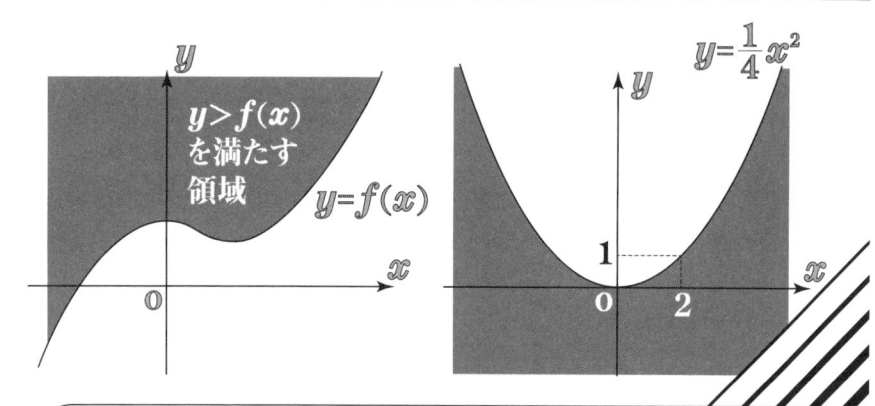

このテーマでは、第1章の2次関数のみを題材にした、高校数学で扱われる主要な応用的考え方を紹介します。大学入試問題でも多く扱われる「パラメータ最大最小」「解の配置」問題の考え方を基礎から応用まで解説し、「直線の通過領域」問題に応用します。抽象度が高くなりますが、第1章の内容が身についていれば大丈夫。最後までしっかり頑張ってくださいね。

§1 絶対値の入った関数のグラフ

基礎例題 4-1 （絶対値入り1次関数）

$y=f(x)=2|x-1|+1$ のグラフを描け．

解説

A の絶対値を $|A|$ と書きます．$|A|$ は $A \geq 0$ ならば A，$A \leq 0$ ならば，符号をかえた値 $-A$（0以下の -1 倍なので0以上）を表します．例えば $A=-5$ であれば
$$|-5|=-(-5)=5$$
と表せます．

≪絶対値の定義≫
$$|A|=\begin{cases} A & (A \geq 0 \text{ のとき}) \\ -A & (A \leq 0 \text{ のとき}) \end{cases}$$

$y=f(x)=2|x-1|+1$ において，
絶対値の中身 $x-1$ が0以上のときと0以下のときに場合分けして関数の形を決めましょう．

(i) $x-1 \geq 0$ のとき，すなわち $x \geq 1$ のとき
$$\begin{aligned} y=f(x) &= 2(x-1)+1 \\ &= 2x-1 \end{aligned}$$

(ii) $x-1 \leq 0$ のとき，すなわち $x \leq 1$ のとき
$$\begin{aligned} y=f(x) &= 2\{-(x-1)\}+1 \\ &= -2(x-1)+1 \\ &= -2x+3 \end{aligned}$$

(i)(ii)より $y=f(x)$ は
$$y=f(x)=\begin{cases} 2x-1 & (x \geq 1 \text{ のとき}) \\ -2x+3 & (x \leq 1 \text{ のとき}) \end{cases}$$
と求まります．

グラフは，座標平面において
$x \geq 1$ の範囲に $y=2x-1$ の
$x \leq 1$ の範囲に $y=-2x+3$ の
グラフを描きます．

$x-1=0$，すなわち $x=1$ のとき
$2x-1$，$-2x+3$ の値は一致し，その値は
$$f(1)=2|1-1|+1=1$$
となることに注意して描きましょう．

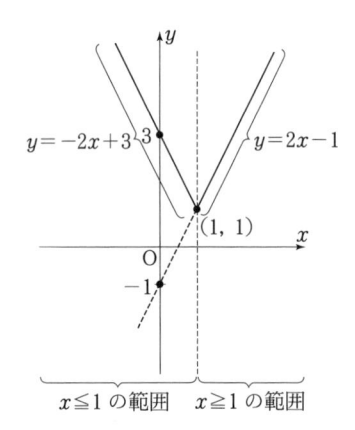

基礎例題 4-2 （複数の絶対値）

$y=f(x)=|x+3|+|2x-5|$ のグラフを描け．

解説

$A=x+3$, $B=2x-5$ とおきます．すると，$x=-3$ のとき，$A=0$, $x=\dfrac{5}{2}$ のとき $B=0$ です．よって $x=-3$ と $x=\dfrac{5}{2}$ において，A, B の正負が変わるので $f(x)$ の式も $x=-3$, $\dfrac{5}{2}$ の前後で形が変わることが予想できます．

$A=x+3$, $B=2x-5$ の正負を数直線で確認すると下のようになるので，
(i) $x\leq -3$, (ii) $-3\leq x\leq \dfrac{5}{2}$, (iii) $\dfrac{5}{2}\leq x$
の範囲で場合分けを行いましょう．

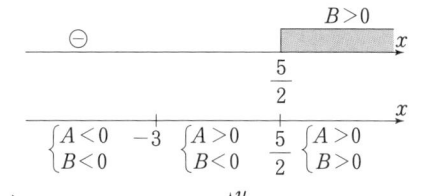

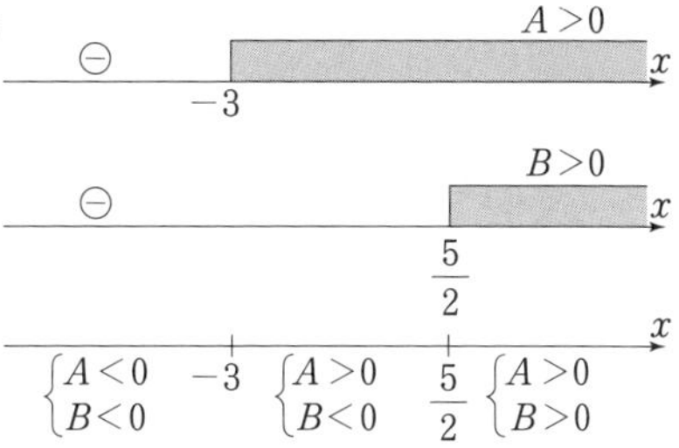

解答

(i) $x\leq -3$ のとき，$A\leq 0$, $B\leq 0$ より
$$f(x)=-(x+3)-(2x-5)$$
$$=-x-3-2x+5=-3x+2$$

(ii) $-3\leq x\leq \dfrac{5}{2}$ のとき，$A\geq 0$, $B\leq 0$ より
$$f(x)=x+3-(2x-5)$$
$$=x+3-2x+5=-x+8$$

(iii) $\dfrac{5}{2}\leq x$ のとき，$A\geq 0$, $B\geq 0$ より
$$f(x)=x+3+2x-5=3x-2$$

(i)(ii)(iii)より

$$f(x)=\begin{cases} -3x+2 & (x\leq -3 \text{ のとき}) \\ -x+8 & (-3\leq x\leq \dfrac{5}{2} \text{ のとき}) \\ 3x-2 & (\dfrac{5}{2}\leq x \text{ のとき}) \end{cases}$$

グラフは，$x\leq -3$, $-3\leq x\leq \dfrac{5}{2}$, $\dfrac{5}{2}\leq x$ の範囲で，それぞれ，$y=-3x+2$, $y=-x+8$, $y=3x-2$ のグラフを描きましょう．

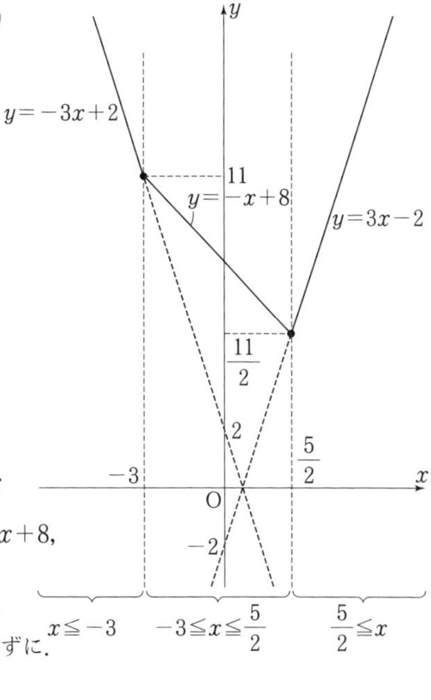

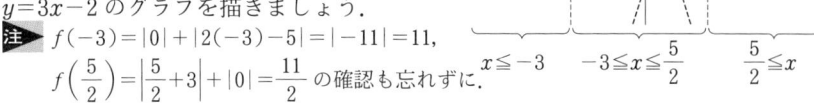

注 $f(-3)=|0|+|2(-3)-5|=|-11|=11$,
$f\left(\dfrac{5}{2}\right)=\left|\dfrac{5}{2}+3\right|+|0|=\dfrac{11}{2}$ の確認も忘れずに．

例題演習 4-3 （絶対値付き2次関数のグラフ）

$y=f(x)=|x^2-3x|-x+3$ のグラフを描け．

解答

(i) $x^2-3x \geqq 0$ のとき，

即ち $x(x-3) \geqq 0$

∴ $\boxed{x \leqq 0,\ 3 \leqq x \text{ のとき}}$

$f(x)=|\underbrace{x^2-3x}_{\oplus}|-x+3$ （そのままはずす）

$=x^2-3x-x+3$
$=x^2-4x+3$
$=(x-2)^2-1$ （⇒ 頂点 (2, -1)）
$=(x-1)(x-3)$ （⇒ x 切片：$x=1,\ 3$）

(ii) $x^2-3x \leqq 0$ のとき

即ち $x(x-3) \leqq 0$

∴ $\boxed{0 \leqq x \leqq 3 \text{ のとき}}$

$f(x)=|\underbrace{x^2-3x}_{\ominus}|-x+3$ （-をつけてはずす）

$=-(x^2-3x)-x+3$
$=-x^2+3x-x+3$
$=-x^2+2x+3$
$=-(x-1)^2+4$ （⇒ 頂点 (1, 4)）
$=-(x-3)(x+1)$
（⇒ x 切片：$x=3,\ -1$）

(i)(ii)より

$f(x)=\begin{cases}(x-2)^2-1 & (x \leqq 0,\ 3 \leqq x \text{ のとき}) \\ -(x-1)^2+4 & (0 \leqq x \leqq 3 \text{ のとき})\end{cases}$

$y=f(x)$ のグラフは右図のとおり．

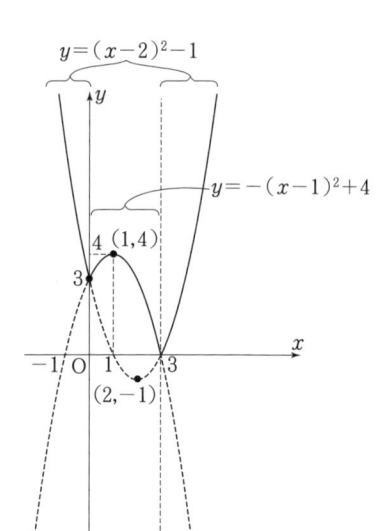

4章 2次関数の応用

応用演習 4-4（方程式の解の個数）

x の方程式 $|x^2-5x+4|+x-k=0$ ……① の実数解の個数が 4 個となるときの k の範囲を求めよ．

解説

①を $|x^2-5x+4|+x=k$ ……② と変形すると②は

> $y=|x^2-5x+4|+x$ と $y=k$
> の共有点の x 座標を求める方程式

と見なせます．

$f(x)=|x^2-5x+4|+x$ とおいて $y=f(x)$ のグラフを描き，$y=f(x)$ のグラフと直線 $y=k$ の共有点が 4 個できるときの k の範囲を求めましょう．

解答

$f(x)$ の絶対値を外す．

(i) $x^2-5x+4 \geqq 0$ 即ち $x \leqq 1$, $4 \leqq x$ のとき，
$\quad f(x)=x^2-4x+4$
$\qquad =(x-2)^2$

(ii) $x^2-5x+4 \leqq 0$ 即ち $1 \leqq x \leqq 4$ のとき，
$\quad f(x)=-x^2+6x-4$
$\qquad =-(x-3)^2+5$

(i)(ii)より $f(x)=\begin{cases}(x-2)^2 & (x\leqq 1,\ 4\leqq x \text{ のとき}) \\ -(x-3)^2+5 & (1\leqq x\leqq 4 \text{ のとき})\end{cases}$

$y=f(x)$ のグラフは右のようになるので
$y=f(x)$ と $y=k$ が 4 個の共有点を持つのは
$\qquad \boldsymbol{4<k<5}$

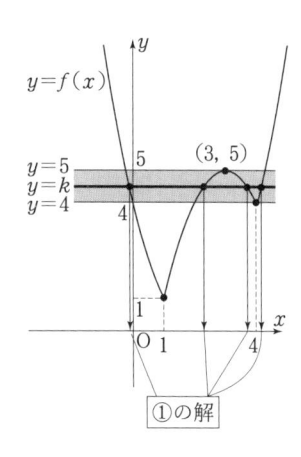

§2 パラメータ最大最小

基礎例題 4-5 (3個の場合分け)

x の2次関数 $y=f(x)=x^2-4ax+2$ ……① の $1 \leq x \leq 4$ における最小値について,

(1) 次のそれぞれについて最小値及びそのときの x の値を求めよ.
  (i) $a=-1$ (ii) $a=1$ (iii) $a=3$

(2) ①の $1 \leq x \leq 4$ における最小値を a の範囲で場合分けして求めよ.

解説

x, y 以外の第3の文字 a をパラメータなどと呼びます. ①は a の値が決まれば, 2次関数を表すので, 最小値が求まります.

(1) (i) $a=-1$ のとき
①は $y=x^2+4x+2$
$\quad =(x+2)^2-2$
よって, 頂点 $(-2, -2)$ の x 座標 $x=-2$ が定義域より左にあるので,

　$x=1$ (定義域の左端) のとき最小値 7

(ii) $a=1$ のとき
①は $y=x^2-4x+2$
$\quad =(x-2)^2-2$
よって, 頂点 $(2, -2)$ の x 座標 $x=2$ は定義域内にあるので,

　$x=2$ (頂点の x 座標) のとき最小値 -2

(iii) $a=3$ のとき
①は $y=x^2-12x+2$
$\quad =(x-6)^2-34$
よって, 頂点 $(6, -34)$ の x 座標 $x=6$ は定義域より右にあるので,

　$x=4$ (定義域の右端) のとき最小値 -30

(2) (1)のように, 両端を含む範囲での2次関数の最小値を考える場合, 最小値を与える x は, 次の3つの場合しかないことがわかります.

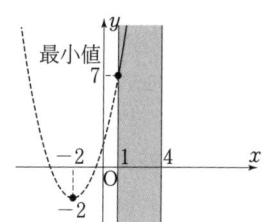

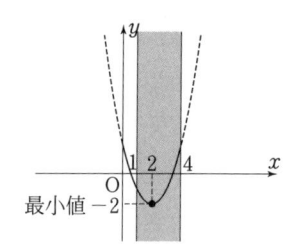

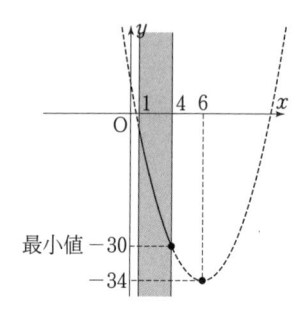

(i) 定義域の左端の x 座標　(ii) 頂点の x 座標　(iii) 定義域の右端の x 座標

それぞれの場合になりうるのは, ①の頂点の x 座標が

(i) 定義域より左側にあるとき
(ii) 定義域内にあるとき
(iii) 定義域より右側にあるとき

です. この(i)〜(iii)に場合分けしましょう.

まずは①の頂点の座標を a の式で表しましょう.

$$y=f(x)=x^2-\boxed{4a}x+2 \cdots ②$$
$$=(x-2a)^2-4a^2+2 \cdots ③ \quad \therefore \text{ 頂点}(2a, -4a^2+2)$$

（2乗を引く）

(i) $\underbrace{2a}_{\text{頂点の }x} \leq \underbrace{1}_{\text{左端の }x}$ 　即ち $a \leq \dfrac{1}{2}$ のとき

$x=1$ で最小値 $f(1)$ をとります.

このとき $f(1)$ の値は②に代入して

$$f(1) \stackrel{②}{=} 1-4a+2 = -4a+3$$

(ii) $\underbrace{1}_{\text{左端の }x} \leq \underbrace{2a}_{\text{頂点の }x} \leq \underbrace{4}_{\text{右端の }x}$ ……④ のとき

即ち, ④の両辺を2で割って

$\dfrac{1}{2} \leq a \leq 2$ のとき

$x=2a$ で最小値 $f(2a)$ をとります.

$f(2a)$ の値は③に代入して $f(2a) \stackrel{③}{=} -4a^2+2$

ですが, 当然この値は頂点の y 座標です.

(iii) $\underbrace{4}_{\text{右端の }x} \leq \underbrace{2a}_{\text{頂点の }x}$ 　即ち $2 \leq a$ のとき

$x=4$ で最小値 $f(4) \stackrel{②}{=} -16a+18$

をとります.

以上より次を得ます.

$$\begin{cases} a \leq \dfrac{1}{2} \text{ のとき } x=1 \text{ で最小値 } -4a+3 \\ \dfrac{1}{2} \leq a \leq 2 \text{ のとき } x=2a \text{ で最小値 } -4a^2+2 \\ 2 \leq a \text{ のとき } x=4 \text{ で最小値 } -16a+18 \end{cases}$$

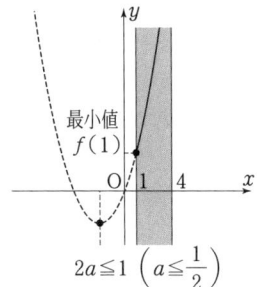

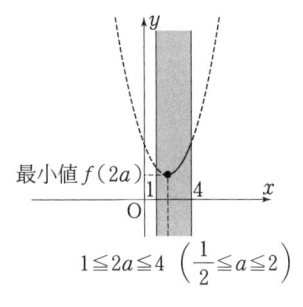

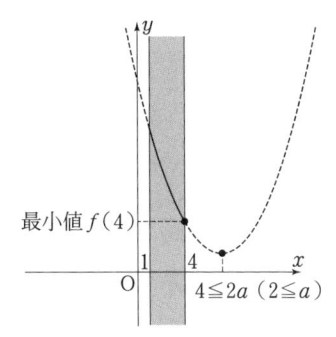

基礎例題 4-6 （不等式を上手に解こう）

x の2次関数 $y=f(x)=x^2+6ax+a$ …① の $-1≦x≦2$ における最小値を a の範囲で場合分けして求めよ．

解説

4-5 と同じ考え方で解きますが，a の範囲が求めづらいので注意しましょう．
まず頂点の座標を a の式で表しましょう．

$y=x^2+6ax+a$ ……①
$=(x+3a)^2-9a^2+a$ ……②

よって頂点の座標は $(-3a, -9a^2+a)$

これより，場合分けは

(i) $-3a≦-1$ のとき　最小値 $f(-1)$
(ii) $-1≦-3a≦2$ のとき　最小値 $f(-3a)$
(iii) $2≦-3a$ のとき　最小値 $f(2)$

とわかります．考える際には図を必ず描きましょう．重要なのは，x 座標の関係なので，下図のように y 軸を描かない図も有効です．

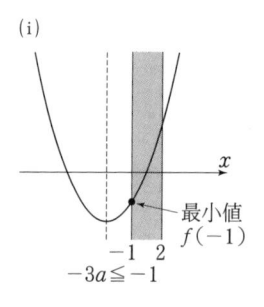

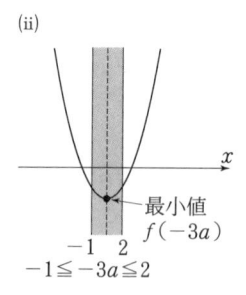

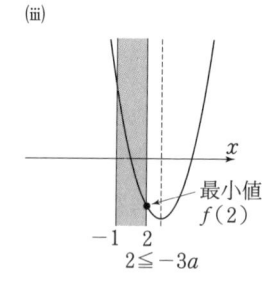

(i) 最小値 $f(-1)$　$-3a≦-1$
(ii) 最小値 $f(-3a)$　$-1≦-3a≦2$
(iii) 最小値 $f(2)$　$2≦-3a$

a で場合分けする必要があるので

(i)～(iii)を a の範囲に書き替えましょう．

(i)　$-3a\ ≦-1$ を a について解きます．
　　（頂点の x）（左端の x）

両辺を -3 で割ると，**不等号の向きが変わる**ことに注意して，

$$a≧\frac{1}{3} \quad ∴ \quad \frac{1}{3}≦a$$

このとき最小値は $f(-1)\overset{①}{=}1-6a+a=-5a+1$

(ii) $-1≦-3a≦2$ を a について解きましょう.

不等号が複数あるときは，原則2つの不等号に分けます．つまり

$$-1≦-3a≦2 \iff \begin{cases} -1≦-3a \quad \cdots\cdots ③ \\ かつ \\ -3a≦2 \quad \cdots\cdots ④ \end{cases}$$

です．（$\iff$ は矢印の左右が同じ意味であることを表す）

③を解いて，$\dfrac{1}{3}≧a$ ……③′

④を解いて，$a≧-\dfrac{2}{3}$ ……④′

なので③′かつ④′より，$-1≦-3a≦2 \iff -\dfrac{2}{3}≦a≦\dfrac{1}{3}$

を得ます．最小値は②より $f(-3a) \stackrel{②}{=} -9a^2+a$

(iii) $2≦-3a$ を a について解くと

$-\dfrac{2}{3}≧a \quad \therefore \quad a≦-\dfrac{2}{3}$

最小値は $f(2) \stackrel{①}{=} 4+12a+a = 13a+4$

(i)(ii)(iii)より

$$\begin{cases} \text{(i)} \quad \dfrac{1}{3}≦a \text{ のとき，} x=-1 \text{ で最小値 } -5a+1 \text{ をとる．} \\ \text{(ii)} \quad -\dfrac{2}{3}≦a≦\dfrac{1}{3} \text{ のとき，} x=-3a \text{ で最小値 } -9a^2+a \text{ をとる．} \\ \text{(iii)} \quad a≦-\dfrac{2}{3} \text{ のとき，} x=2 \text{ で最小値 } 13a+4 \text{ をとる．} \end{cases}$$

注 (ii)の不等式は，切り離さずに解くことができます．

$-1≦-3a≦2$（各辺に $-\dfrac{1}{3}$ をかける $\longrightarrow$ 不等号の向きが変わる）

$\dfrac{1}{3}≧a≧-\dfrac{2}{3}$ （小さい順に並べる）

$-\dfrac{2}{3}≦a≦\dfrac{1}{3}$

注 (i)(ii)(iii)の a の範囲にすべて等号がついていますが
(i)(ii)において頂点の x 座標と $x=-1$ が一致するとき（つまり，$-3a=-1$ のとき），最小値 $f(-1)$ と，$f(-3a)$ が一致します．(ii)(iii)における $x=2$ の場合も同様です．以後 a の範囲には両方に等号をつけて表します．

基礎例題 4-7 （区間が動く場合）

$a-1 \leq x \leq a+1$ における $y=f(x)=-x^2+3x$ の最大値 $M(a)$，最小値 $m(a)$ を a の範囲を場合分けして求めよ．

解説

$y=f(x)$ のグラフが上に凸なので，最大値 $M(a)$ に関しては 4-6 と同様の考え方で場合分けできます．

最小値 $m(a)$ は，頂点で最小値をとることはなく，定義域の左端か右端かで最小値をとる場合の 2 通りです．

まず頂点の座標を求めましょう．

$$y=f(x)=-x^2+3x \quad \cdots\cdots ①$$
$$= -\left(x-\frac{3}{2}\right)^2 + \frac{9}{4} \quad \cdots\cdots ②$$

よって頂点の座標は $\left(\dfrac{3}{2}, \dfrac{9}{4}\right)$

最大値 次の 3 通りに場合分けします．定義域 $a-1 \leq x \leq a+1$ を放物線に対して左から右に動かして考えましょう．

(i) $a+1 \leq \dfrac{3}{2}$ のとき最大値 $f(a+1)$

(ii) $a-1 \leq \dfrac{3}{2} \leq a+1$ のとき最大値 $f\left(\dfrac{3}{2}\right)$

(iii) $\dfrac{3}{2} \leq a-1$ のとき最大値 $f(a-1)$

(i) $a+1 \leq \dfrac{3}{2}$ のとき，即ち $a \leq \dfrac{1}{2}$ のとき

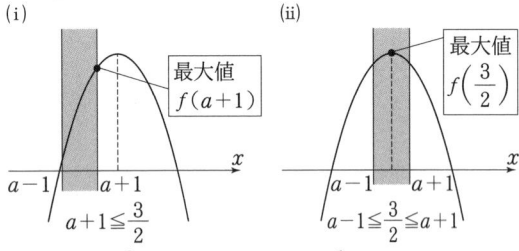

$$\text{最大値}\, f(a+1) \stackrel{①}{=} -(a+1)^2 + 3(a+1)$$
$$= -a^2 - 2a - 1 + 3a + 3 = \boldsymbol{-a^2 + a + 2}$$

(ii) $a-1\leq\dfrac{3}{2}\leq a+1$ のとき
　　　　　￣￣￣￣￣③　￣￣￣④

③より $a\leq\dfrac{5}{2}$ ……③′, ④より $\dfrac{1}{2}\leq a$ ……④′, ③′④′より $\dfrac{1}{2}\leq a\leq\dfrac{5}{2}$

このとき最大値 $f\left(\dfrac{3}{2}\right)\overset{②}{=}\dfrac{9}{4}$

(iii) $\dfrac{3}{2}\leq a-1$ のとき, 即ち $\dfrac{5}{2}\leq a$ のとき

最大値 $f(a-1)\overset{①}{=}-(a-1)^2+3(a-1)$
$= -a^2+2a-1+3a-3=-a^2+5a-4$

(i)(ii)(iii)より

$$M(a)=\begin{cases} -a^2+a+2 & \left(a\leq\dfrac{1}{2}\text{ のとき}\right) \\ \dfrac{9}{4} & \left(\dfrac{1}{2}\leq a\leq\dfrac{5}{2}\text{ のとき}\right) \\ -a^2+5a-4 & \left(\dfrac{5}{2}\leq a\text{ のとき}\right) \end{cases}$$

|最小値| 次の2通りに場合分けしましょう．定義域が頂点を含むとき，頂点から遠い方の端点で最小値をとります．よって，場合分けの分岐点は，定義域 $a-1\leq x\leq a+1$ の中点 a と頂点の x 座標が一致するときです．

(iv) $a\leq\dfrac{3}{2}$ のとき，最小値 $f(a-1)$

(v) $\dfrac{3}{2}\leq a$ のとき，最小値 $f(a+1)$

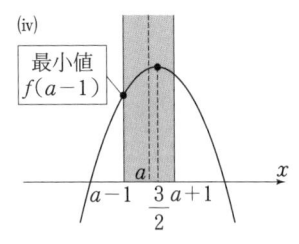

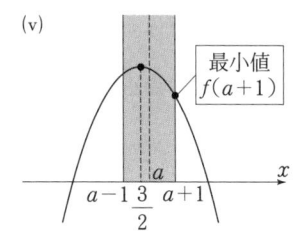

以上より

$$m(a)=\begin{cases} -a^2+5a-4 & \left(a\leq\dfrac{3}{2}\text{ のとき}\right) \\ -a^2+a+2 & \left(\dfrac{3}{2}\leq a\text{ のとき}\right) \end{cases}$$

応用演習 4-8 （絶対値関数の最小値）

$y=f(x)=|2x-1|-x+2$ の $a\leq x\leq a+1$ における最小値を a の範囲で場合分けして求めよ。

解説

2次関数の最小値問題と同様に考えましょう．

$$y=f(x)=\begin{cases} x+1 & (x\geq \frac{1}{2} \text{のとき}) \cdots\text{①} \\ -3x+3 & (x\leq \frac{1}{2} \text{のとき}) \cdots\text{②} \end{cases}$$

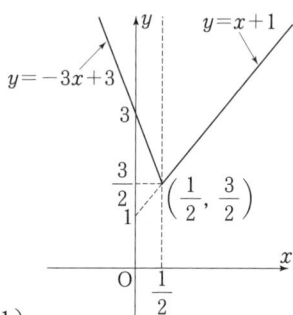

グラフが下にとがっているので，とがった点の x 座標 $\frac{1}{2}$ を定義域に含むか含まないかで場合分けしましょう．

(i) $a+1\leq \frac{1}{2}$，即ち $a\leq -\frac{1}{2}$ のとき　最小値 $f(a+1)$

ここで $a+1\leq \frac{1}{2}$ なのでこの $a+1$ は②の範囲 $x\leq \frac{1}{2}$ に含まれます．よって

$$f(a+1)\stackrel{②}{=}-3(a+1)+3=-3a$$

(ii) $a\leq \frac{1}{2}\leq a+1$，即ち $-\frac{1}{2}\leq a\leq \frac{1}{2}$ のとき　最小値 $f\left(\frac{1}{2}\right)=\frac{3}{2}$

(iii) $\frac{1}{2}\leq a$ のとき最小値 $f(a)$ は，$\frac{1}{2}\leq a$ が①の範囲 $\frac{1}{2}\leq x$ と一致するので

$$f(a)\stackrel{①}{=}a+1$$

(i)〜(iii)より

$$\begin{cases} \text{(i)} \ a\leq -\dfrac{1}{2} \text{のとき} \ x=a+1 \text{で最小値} \ -3a \\ \text{(ii)} \ -\dfrac{1}{2}\leq a\leq \dfrac{1}{2} \text{のとき} \ x=\dfrac{1}{2} \text{で最小値} \ \dfrac{3}{2} \\ \text{(iii)} \ \dfrac{1}{2}\leq a \text{のとき} \ x=a \text{で最小値} \ a+1 \end{cases}$$

(i) $y=-3x+3$　最小値 $-3a$　$a \ \ a+1 \ \frac{1}{2}$

(ii) 最小値 $\dfrac{3}{2}$　$a \ \frac{1}{2} \ a+1$

(iii) $y=x+1$　最小値 $a+1$　$\frac{1}{2} \ a \ a+1$

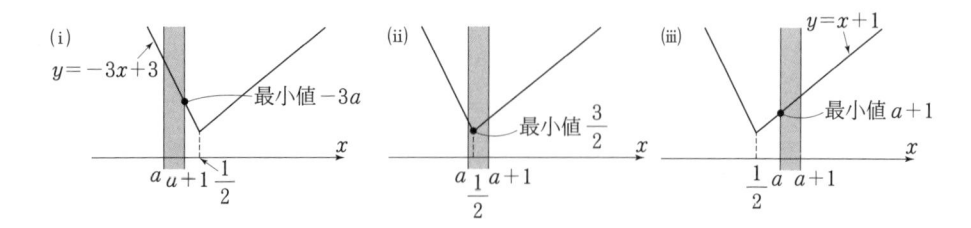

応用演習 4-9 （絶対値関数の最大値）

a を正の定数とするとき $y=f(x)=|x^2-2x|$ の $0\leqq x\leqq a$ における最大値を a の範囲で場合分けして求めよ．

解説

$y=f(x)$ のグラフを描きます．

(i) $x^2-2x\geqq 0$ のとき即ち $x\leqq 0$, $2\leqq x$ のとき
$y=f(x)=x^2-2x=(x-1)^2-1$

(ii) $x^2-2x\leqq 0$ のとき即ち $0\leqq x\leqq 2$ のとき
$y=f(x)=-x^2+2x=-(x-1)^2+1$

(i)(ii)をまとめると，

$$y=f(x)=\begin{cases} x^2-2x & (x\leqq 0,\ 2\leqq x\ \text{のとき}) \cdots ① \\ -x^2+2x & (0\leqq x\leqq 2\ \text{のとき}) \quad \cdots ② \end{cases}$$

次に a の範囲を考えて最大値を考えます．

$0<a\leqq 1$ のとき 最大値は $f(a)$ ですが $0<a\leqq 1$ が②の範囲に含まれるので

$$f(a)\stackrel{②}{=}-a^2+2a$$

次に $y=f(x)$ において正の範囲で頂点以外に $f(x)=1$ となる x を求めましょう．

グラフより $x\geqq 2$ の範囲であるので①より $x^2-2x=1$ を解いて

$$(x-1)^2=2$$

$x\geqq 2$ より $x=1+\sqrt{2}$

これを用いてまとめると次のようになります．

(i) $0<a\leqq 1$ のとき $x=a$ で最大値 $-a^2+2a$

(ii) $1\leqq a\leqq 1+\sqrt{2}$ のとき $x=1$ で最大値 1

(iii) $1+\sqrt{2}\leqq a$ のとき $x=a$ で最大値 $f(a)\stackrel{①}{=}a^2-2a$

　　　　　（$2<1+\sqrt{2}$ より(iii)では①を用います．）

§3 解の配置

基礎例題 4-10 （放物線が潜って昇って）

x の2次方程式 $x^2-mx-2m+3=0$ が $-1<x<0$ と $1<x<2$ にそれぞれ 1つずつ解を持つときの m の範囲を求めよ.

解説

$f(x)=x^2-mx-2m+3$ とおいて，
「2次方程式 $f(x)=0$ の解」を
「2次関数 $y=f(x)$ のグラフの x 切片」と見なして
考えましょう（[図1]）．つまり放物線が x 軸を
横切る所が $f(x)=0$ の解です．$f(x)$ の2乗の係
数が正なので，放物線は下に凸です．よって，

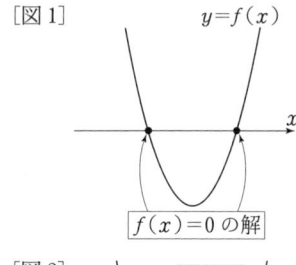

放物線は $-1<x<0$ と $1<x<2$ の間で順に x 軸
と交わればよいので

$$\begin{cases} -1<x<0 \text{ では} \\ \text{放物線は(左から見て)上から下へ }x\text{ 軸を横切り} \\ 1<x<2 \text{ では} \\ \text{放物線は(左から見て)下から上へ }x\text{ 軸を横切る} \end{cases}$$

ことになります（[図2]）.

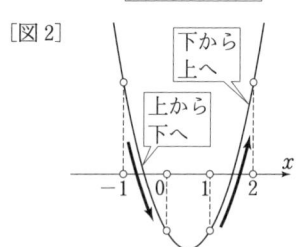

ここで x 軸の上・下は $f(x)$ の正・負に言い直
すことができるので，題意を満たすための条件は，
[図3]のように

$$\begin{cases} f(-1)>0 & \cdots\cdots① \\ f(0)<0 & \cdots\cdots② \\ f(1)<0 & \cdots\cdots③ \\ f(2)>0 & \cdots\cdots④ \end{cases}$$

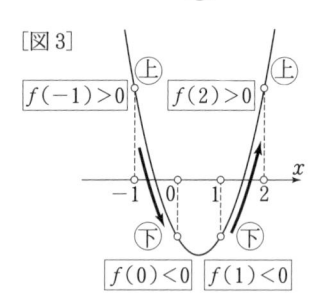

がすべて成り立つことなので，題意を満たす m の
範囲は，①〜④の共通範囲です．従って，以下連立不等式①〜④を解きましょう．

①より $f(-1)=(-1)^2-m\times(-1)-2m+3>0$
$$1+m-2m+3>0$$
$$-m+4>0$$
$$-m>-4$$
$$\therefore\ m<4\ \cdots\cdots\cdots\cdots\cdots\cdots\cdots\cdots\cdots\cdots\cdots\cdots\cdots\cdots\text{①}'$$

②より $f(0)=0^2-m\times 0-2m+3<0$
$$-2m+3<0$$
$$-2m<-3$$
$$\therefore\ m>\frac{3}{2}\ \cdots\cdots\cdots\cdots\cdots\cdots\cdots\cdots\cdots\cdots\cdots\cdots\text{②}'$$

③より $f(1)=1^2-m\times 1-2m+3<0$
$$1-m-2m+3<0$$
$$-3m+4<0$$
$$-3m<-4$$
$$\therefore\ m>\frac{4}{3}\ \cdots\cdots\cdots\cdots\cdots\cdots\cdots\cdots\cdots\cdots\cdots\cdots\text{③}'$$

④より $f(2)=2^2-m\times 2-2m+3>0$
$$4-2m-2m+3>0$$
$$-4m+7>0$$
$$-4m>-7$$
$$\therefore\ m<\frac{7}{4}\ \cdots\cdots\cdots\cdots\cdots\cdots\cdots\cdots\cdots\cdots\cdots\cdots\text{④}'$$

①′②′③′④′の共通範囲は①′②′③′④′がすべて成り立つ m の範囲なので右の数直線より

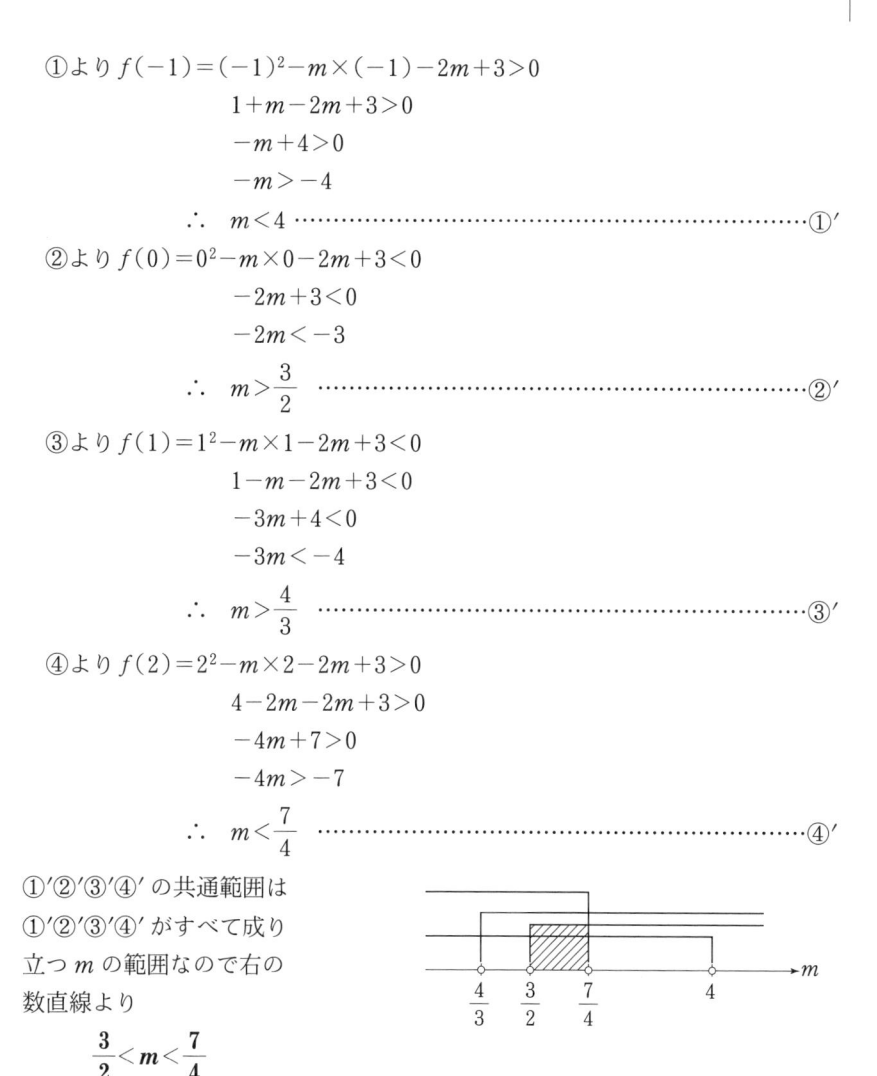

$$\boldsymbol{\frac{3}{2}<m<\frac{7}{4}}$$

基礎例題 4-11 （2 解が負）

x の 2 次方程式 $x^2-(m+4)x+m+7=0$ の実数解（重解を含む）が両方とも負となるような m の範囲を求めよ．

解説

$f(x)=x^2-(m+4)x+m+7$ とおき，放物線 $y=f(x)$ の x 切片が**存在し**，両方とも負となる m の条件を求めましょう．

それは x 切片が両方とも負（重解の場合は x 切片が 1 つでそれが負）になることなので，放物線が下に凸なことから［図 1］，［図 2］のようになればよいことが分かります．

つまり

1. 頂点が第Ⅲ象限にあるとき，より正確に書くと，
$$\begin{cases} [\text{頂点の } x \text{ 座標}]<0 \quad \cdots\cdots\cdots① \\ [\text{頂点の } y \text{ 座標}]\leqq 0 \quad \cdots\cdots\cdots② \end{cases}$$
（重解を含むので等号が入る（［図 2］）

2. y 切片が正 $\cdots\cdots\cdots\cdots\cdots\cdots\cdots③$

と言えます．

次に，それぞれの条件を m の式で書きましょう．まずは頂点の座標を m の式で表すために，$f(x)$ を平方完成します．

$$\begin{aligned} f(x) &= x^2-(m+4)x+m+7 \\ &= \left(x-\frac{m+4}{2}\right)^2-\left(\frac{m+4}{2}\right)^2+m+7 \\ &= \left(x-\frac{m+4}{2}\right)^2-\frac{(m+4)^2}{4}+\frac{4(m+7)}{4} \\ &= \left(x-\frac{m+4}{2}\right)^2-\frac{(m+4)^2-4(m+7)}{4} \end{aligned}$$

よって，頂点は $\left(\dfrac{m+4}{2},\ -\dfrac{(m+4)^2-4(m+7)}{4}\right)$ なので

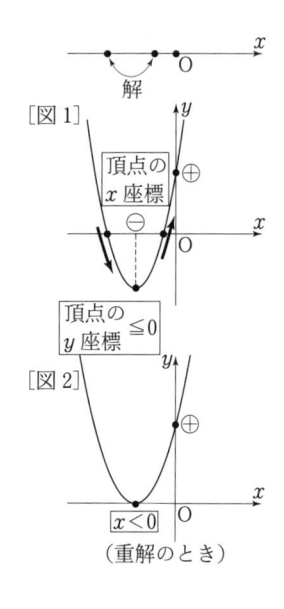

①より $\dfrac{m+4}{2}<0 \cdots\cdots①'$，②より $-\dfrac{(m+4)^2-4(m+7)}{4}\leqq 0 \cdots\cdots\cdots②'$

となります．

①′より $m+4<0$
∴ $m<-4$ ……………①″

②′より $-\{(m+4)^2-4(m+7)\}\leqq 0$
∴ $(m+4)^2-4(m+7)\geqq 0$ …④
$m^2+8m+16-4m-28\geqq 0$
$m^2+4m-12\geqq 0$, $(m+6)(m-2)\geqq 0$
∴ $m\leqq -6$, $2\leqq m$ …………②″

さらに③より
$f(0)=m+7>0$
∴ $m>-7$ ………………③′

ここで，求める m の条件は①″かつ②″かつ③′です．このときまず①″かつ③′が数直線（Ⅰ）のように $-7<m<-4$
となり，これと②″即ち
$m\leqq -6$ または $2\leqq m$ ………②″
との共通部分は，
数直線（Ⅰ）（Ⅱ）のそれぞれの
斜線が重なる所（数直線（Ⅲ））
なので求める m の範囲は
$$-7<m\leqq -6$$

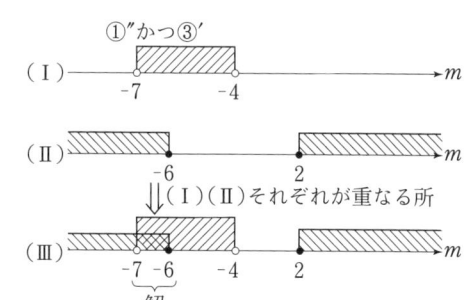

頂点の y 座標と判別式 D

$f(x)$ の判別式 D を計算すると
$D=\{-(m+4)\}^2-4(m+7)$
$=(m+4)^2-4(m+7)$
であり，これは④の左辺と一致します．
これより頂点の y 座標は
$$-\frac{(m+4)^2-4(m+7)}{4}=-\frac{D}{4}$$ 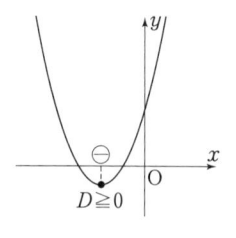
と表せ，「頂点の y 座標が 0 以下」なことと「判別式 $D\geqq 0$」が同じことがわかります．放物線が下に凸で頂点の y 座標が 0 以下ならば，x 切片は必ず 2 個か 1 個，つまり $D\geqq 0$ と言え，逆も成り立ちます．以後，このとき，［頂点の y 座標］$\leqq 0$ のかわりに $D\geqq 0$ として考えます．

基礎例題 4-12 （間に実数解が 2 個）

x の 2 次方程式 $x^2-(m-5)x-3m+7=0$ が 2 個の実数解（重解を含む）を持ち，それらがともに $-5<x<2$ にあるための m の範囲を求めよ．

解説

$f(x)=x^2-(m-5)x-3m+7$ とおいて，[図1]のように，2 次関数 $y=f(x)$ のグラフの 2 個（重解の場合は 1 個）の x 切片が $-5<x<2$ にあるように放物線の位置を決めましょう．

放物線を左から右に見たとき
$\begin{cases} \boxed{1}\ \ x=-5 \text{で} x \text{軸より上} \\ \boxed{2}\ \ 頂点が x 軸上又はそれより下 \\ \boxed{3}\ \ x=2 \text{で} x \text{軸より上} \end{cases}$

のように x 軸を横切ればよいので，それぞれ[図2]のように $f(x)$ の条件に直すと

$\begin{cases} \boxed{1}\ \ f(-5)>0 \ \cdots\cdots\cdots\cdots\cdots\cdots\cdots① \\ \boxed{2\text{-}1}\ \ -5<[頂点の x 座標]<2 \ \cdots\cdots② \\ \boxed{2\text{-}2}\ \ \ [頂点の y 座標]\leqq 0 \\ \qquad \Rightarrow \ \ 判別式 D \geqq 0 \ \cdots\cdots\cdots③ \\ \boxed{3}\ \ f(2)>0 \ \cdots\cdots\cdots\cdots\cdots\cdots\cdots④ \end{cases}$

をすべて満たす m の範囲を求めましょう．

$\boxed{1}$ ①より
$f(-5)=25+5(m-5)-3m+7>0$
$2m+7>0$
$2m>-7$
$m>-\dfrac{7}{2}\ \cdots\cdots\cdots\cdots①'$

$\boxed{2\text{-}1}$ $f(x)$ を平方完成して
$f(x)=\left(x-\dfrac{m-5}{2}\right)^2-\left(\dfrac{m-5}{2}\right)^2-3m+7$

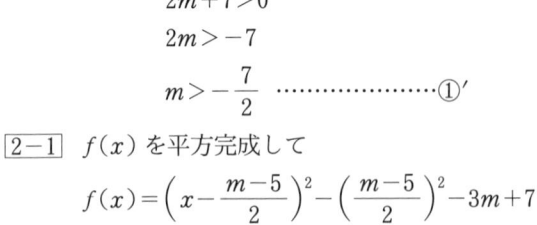

より，頂点の x 座標は $\dfrac{m-5}{2}$

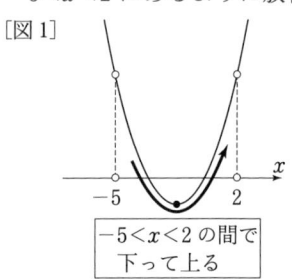

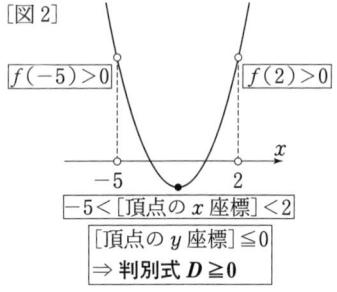

[図1]

$-5<x<2$ の間で
下って上る

[図2]

$f(-5)>0$ 　　$f(2)>0$

$-5<[頂点の x 座標]<2$
$[頂点の y 座標]\leqq 0$
$\Rightarrow$ 判別式 $D\geqq 0$

よって②は $-5<\dfrac{m-5}{2}<2$

となりますが，この式を2つの不等式に分けずに解くと

まず各辺2倍して $-10<m-5<4$

各辺に5を加えて $-10+5<m<4+5$ ∴ $-5<m<9$ ……………②′

2-2 $f(x)$ の判別式より

$$D=\{-(m-5)\}^2-4(-3m+7)\geqq 0$$
$$(m-5)^2+12m-28\geqq 0$$
$$m^2-10m+25+12m-28\geqq 0$$
$$m^2+2m-3\geqq 0$$
$$(m+3)(m-1)\geqq 0$$

∴ $m\leqq -3,\ 1\leqq m$ …………………③′

3 ④より $f(2)=4-2(m-5)-3m+7>0$
$$-5m+21>0$$
$$-5m>-21$$
$$m<\dfrac{21}{5}$$ …………④′

最後に①′②′③′④′の共通部分を考えましょう．

まず，少し複雑な②′③′の共通部分を考えると数直線Ⅰ），Ⅱ）の共通部分を考えて数直線Ⅲ）のようになります．

Ⅲ）に①′，④′を加えるとⅣ）のようになり，求める m の条件は

$$-\dfrac{7}{2}<m\leqq -3,\ 1\leqq m<\dfrac{21}{5}$$

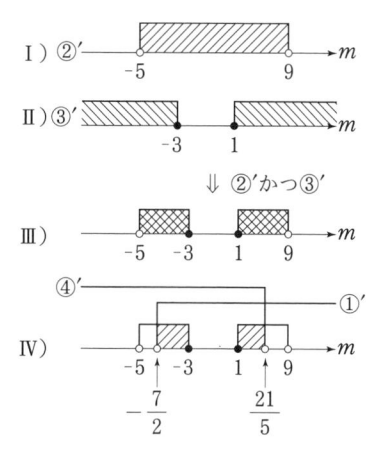

応用演習 4-13 （少なくとも1つ解を持つ）

$f(x)=x^2-mx-3m+7$ とおく．2次方程式 $f(x)=0$ が $-2<x<3$ に実数解を少なくとも1つ持つような m の範囲を放物線 $y=f(x)$ の頂点の x 座標が以下のそれぞれにあるときに場合分けして求めよ．
(i) $x\leq -2$ (ii) $3\leq x$ (iii) $-2<x<3$

解説

頂点の x 座標は $x=\dfrac{m}{2}$ です．

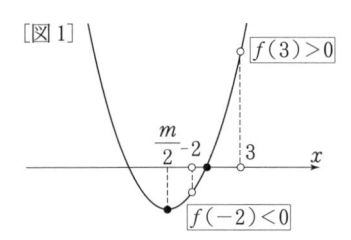

(i) $\dfrac{m}{2}\leq -2$，即ち $m\leq -4$ ……① のとき

題意を満たす条件は
$$\begin{cases} f(-2)<0 & \cdots\cdots ② \\ かつ f(3)>0 & \cdots\cdots ③ \end{cases}$$
です．

②より，$f(-2)=-m+11<0$
∴ $m>11$ ……②′

③より，$f(3)=-6m+16>0$
∴ $m<\dfrac{8}{3}$ ……③′

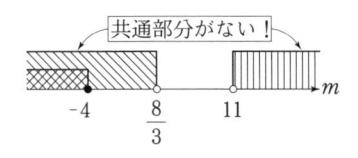

(i)の場合に題意を満たす m の範囲は
①かつ②′かつ③′の場合ですが，右上の数直線より，該当する m は存在しません．
                                                                 ④

(ii) $3\leq \dfrac{m}{2}$，即ち $6\leq m$ ……⑤ のとき

題意を満たす条件は
$$\begin{cases} f(-2)>0 & \cdots\cdots ⑥ \\ かつ f(3)<0 & \cdots\cdots ⑦ \end{cases}$$
です．

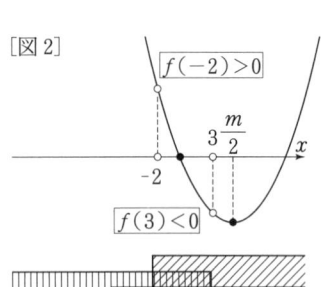

⑥より $f(-2)=-m+11>0$
∴ $m<11$ ……⑥′

⑦より $f(3)=-6m+16<0$
∴ $m>\dfrac{8}{3}$ ……⑦′

(ii)の場合に題意を満たす m の範囲は
⑤かつ⑥′かつ⑦′の範囲で，右の数直線より
$6\leq m<11$ ……⑧

(iii) $-2 < \dfrac{m}{2} < 3$, 即ち $-4 < m < 6$ ……⑨ のとき

題意を満たす条件は下図のようにさらに3通りに分けられます．

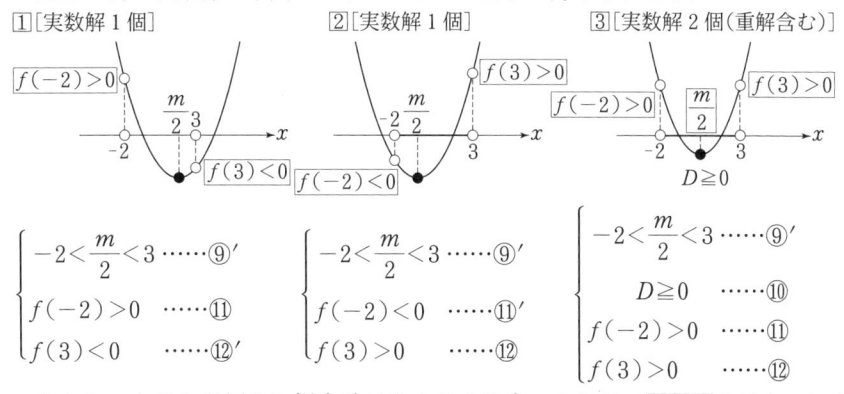

[1][実数解1個]　　　　　　[2][実数解1個]　　　　　[3][実数解2個(重解含む)]

$\begin{cases} -2 < \dfrac{m}{2} < 3 & \cdots\cdots\text{⑨}' \\ f(-2) > 0 & \cdots\cdots\text{⑪} \\ f(3) < 0 & \cdots\cdots\text{⑫}' \end{cases}$
$\begin{cases} -2 < \dfrac{m}{2} < 3 & \cdots\cdots\text{⑨}' \\ f(-2) < 0 & \cdots\cdots\text{⑪}' \\ f(3) > 0 & \cdots\cdots\text{⑫} \end{cases}$
$\begin{cases} -2 < \dfrac{m}{2} < 3 & \cdots\cdots\text{⑨}' \\ D \geqq 0 & \cdots\cdots\text{⑩} \\ f(-2) > 0 & \cdots\cdots\text{⑪} \\ f(3) > 0 & \cdots\cdots\text{⑫} \end{cases}$

しかし，さらに3通りに場合分けをするのは大へんなので[1][2][3]をひとつにまとめることができます．

まず⑨′は[1][2][3]すべてに共通する条件です．

⑩の $D \geqq 0$ は，[1][2]においても実数解を持つので[1][2][3]すべてに成り立つ条件と考えてよいですね．

注目は最後の条件ですが，これらは
　　　$f(-2) > 0$ または $f(3) > 0$　……⑬

とまとめることができます．よって(iii)の満たす条件は

$\begin{cases} -2 < \dfrac{m}{2} < 3 & \cdots\cdots\cdots\cdots\cdots\cdots\cdots\text{⑨}' \\ D \geqq 0 & \cdots\cdots\cdots\cdots\cdots\cdots\cdots\cdots\cdots\cdots\text{⑩} \\ f(-2) > 0 \text{ または } f(3) > 0 & \cdots\cdots\text{⑬} \end{cases}$

です．

⑨′は $-4 < m < 6$ ……⑨

⑩より $D = (-m)^2 - 4(-3m+7) \geqq 0$, $m^2 + 12m - 28 \geqq 0$
　　　　$(m+14)(m-2) \geqq 0$　∴　$m \leqq -14$, $2 \leqq m$ ……⑩′

⑬より $-m + 11 > 0$ または $-6m + 16 > 0$
　　　　$m < 11$ または $m < \dfrac{8}{3}$　………⑬′

⑬′は，　　$m < 11$ ……⑭　です．

よって，求める範囲は右の数直線より
　　　　　$2 \leqq m < 6$ ……⑮

注　以上より，題意を満たす m の条件は(i)または(ii)または(iii), 即ち，④または⑧または⑮の範囲なので
　　　　　$2 \leqq m < 11$

応用演習 4-14 （パラメータ分離）

$f(x)=x^2-mx-3m+7=0$ が $-2<x<3$ に実数解を少なくとも1つ持つような m の範囲を次の手法で求めよ．

「$f(x)=0$ の解を
放物線 $C：y=F(x)=x^2+7$ と直線 $l：y=G(x)=m(x+3)$
の共有点の x 座標とみなし，グラフを用いて考える．」

解説

この手法を「パラメータ分離」といいます．まず
$$x^2-mx-3m+7=0 \quad \cdots\cdots\cdots ①$$
を m のついている項のみ右辺に移項すると
$$x^2+7=mx+3m$$
$$x^2+7=m(x+3) \quad \cdots\cdots\cdots ②$$
となり，②の左辺を $F(x)$，右辺を $G(x)$ とおくと①と②は，同じ実数解を持つので①の実数解を

放物線 $C：y=x^2+7$ ……③ と直線 $l：y=m(x+3)$ ……④

の共有点の x 座標とみなせます．

C は固定された放物線

l は点 $(-3, 0)$ を通り傾き m の直線

とみなせるので座標平面上で点 $(-3, 0)$ を通る直線が $-2<x<3$ の範囲で放物線 C と共有点を持つように動かして，傾き m の範囲を決めましょう．

すると[図1]のように，次の3つの状況を確認する必要があります．

1 直線 l が放物線 C 上の点 $(-2, 11)$ を通るときの傾き m の値
2 直線 l が放物線 C 上の点 $(3, 16)$ を通るときの傾き m の値
3 直線 l が $-2<x<3$ の間（端点除く）で放物線 C と接するときの傾き m の値

そして，それぞれの値を計算すると，

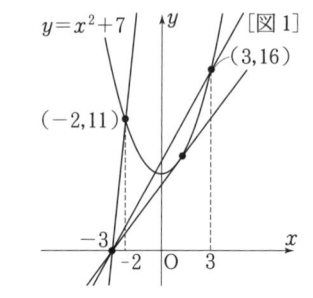

1 直線 l が点 $(-2, 11)$ を通るとき，④に $x=-2$, $y=11$ を代入して
$$11=m(-2+3) \quad \therefore \quad m=11$$

2 直線 l が点 $(3, 16)$ を通るとき，④に $x=3$, $y=16$ を代入して
$$16=m(3+3) \quad \therefore \quad m=\frac{8}{3}$$

3 放物線 C が直線 l と接するとき
共有点の x 座標を求める方程式
$$x^2+7=m(x+3) \quad (これは②式)$$
を移項して整理すると
$$x^2-mx-3m+7=0 \quad \cdots\cdots\cdots ①$$
①が重解を持てばよいので
判別式 $D=(-m)^2-4(-3m+7)=0$
$$m^2+12m-28=0$$
$$(m+14)(m-2)=0$$
$$\therefore \ m=-14, \ 2$$
さらに，m がこの傾きのとき接点の x 座標が $-2<x<3$ にあることを確かめましょう．接点の x 座標は①の重解なので，

(i) $m=-14$ のとき①より $x^2+14x+49=0$，$(x+7)^2=0$
 よって接点の x 座標は $x=-7$ なので，$-2<x<3$ を満たさない．

(ii) $m=2$ のとき①より $x^2-2x+1=0$，$(x-1)^2=0$
 よって接点の x 座標は $x=1$ なので，$-2<x<3$ を満たす．

以上より $-2<x<3$ の間の実数解の個数は，直線 l の傾き m によって，
$$\begin{cases} m=2 \text{ のとき重解} \\ 2<m<\dfrac{8}{3} \text{ のとき 2 つの実数解} \\ \dfrac{8}{3}\leq m<11 \text{ のとき 1 つの実数解} \end{cases}$$
を持つことが [図2] よりわかります．

よって少なくとも 1 つ $-2<x<3$ に実数解を持つ条件は
$$\mathbf{2\leq m<11}$$
とわかります．

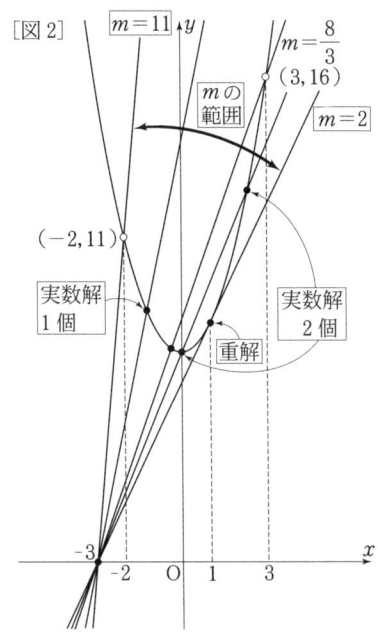

応用演習 4-15 （接点の x 座標は重要）

x の2次方程式 $x^2-mx+3m-6=0$ が $-3<x<1$ の範囲に少なくとも1つの実数解を持つための m の範囲を求めよ．

解説

パラメータ分離で考えます．

$f(x)=x^2-mx+3m-6$ ……① とおいて

$f(x)=0$ ……② として m の項を右辺に移項すると

$$x^2-6=mx-3m$$
$$x^2-6=m(x-3) \quad \cdots\cdots ③$$

この実数解を

放物線 $C:y=x^2-6$ ……④ と直線 $l:y=m(x-3)$ ……⑤

の共有点の x 座標とみなして考えましょう．

ここで，l は点 $(3,0)$ を通り傾き m の直線とみなせるので，[図1]のように次の3つの状況を確認しましょう．

- ①直線 l が放物線 C 上の点 $(-3,3)$ を通るときの傾き m の値
- ②直線 l が放物線 C 上の点 $(1,-5)$ を通るときの傾き m の値
- ③直線 l が $-3<x<1$ の間（端点除く）で放物線 C と接するときの傾き m の値

このとき注意すべきことは，②と③のときの x の値です．ラフに描いた[図1]では②のときの直線と③のときの直線の上下関係が正確ではありません．そのあたりの関係をきちんと計算した上で判断していきましょう．

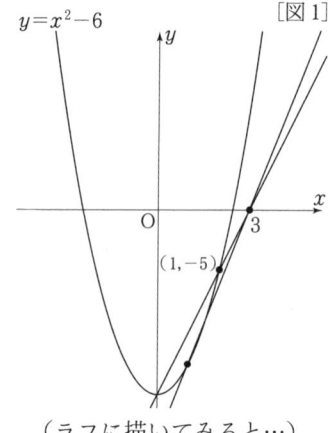

[図1] （ラフに描いてみると…）

① l が点 $(-3,3)$ を通るときの m の値は⑤に $x=-3$, $y=3$ を代入して

$$3=m(-3-3) \quad \therefore \quad m=-\frac{1}{2} \quad \cdots\cdots ⑥$$

② l が点 $(1,-5)$ を通るときの m の値は⑤に $x=1$, $y=-5$ を代入して

$$-5=m(1-3) \quad \therefore \quad m=\frac{5}{2} \quad \cdots\cdots ⑦$$

3 C と l が接するとき，共有点の x 座標を求める方程式
$$x^2-6=m(x-3) \quad \cdots\cdots\cdots\cdots\cdots ③$$
を整理して $x^2-mx+3m-6=0 \quad \cdots\cdots\cdots\cdots ②'$
これが重解を持つので
　　判別式 $D=(-m)^2-4(3m-6)=0 \quad \cdots\cdots\cdots ⑧$
$$m^2-12m+24=0$$
$$(m-6)^2-12=0$$
$$(m-6-2\sqrt{3})(m-6+2\sqrt{3})=0$$
$$\therefore\ m=6+2\sqrt{3},\ 6-2\sqrt{3} \quad \cdots\cdots\cdots\cdots ⑨$$

このとき接点の x 座標は $②'$ の重解です．⑨を $②'$ に代入してもよいですが，ここでは $②'$ を平方完成してみましょう．

$$\left(x-\frac{m}{2}\right)^2-\frac{m^2}{4}+\frac{4(3m-6)}{4}=0$$

$$\left(x-\frac{m}{2}\right)^2-\frac{\boxed{m^2-4(3m-6)}}{4}=0 \quad \overset{D}{}$$

$$\left(x-\frac{m}{2}\right)^2-\frac{D}{4}=0\ (⑧より)$$

ここで放物線 C と直線 l が接するので $D=0$ です．よって
$$\left(x-\frac{m}{2}\right)^2=0$$

なので，接点の x 座標は $x=\dfrac{m}{2}$ と表せます．よって

(i) $m=6+2\sqrt{3}$ のとき $x=3+\sqrt{3}$
　　これは $-3<x<1$ を満たしません．
(ii) $m=6-2\sqrt{3}$ のとき $x=3-\sqrt{3}$
　　この値と 1 の大小を比較すると
$(3-\sqrt{3})-1=2-\sqrt{3}=\sqrt{4}-\sqrt{3}>0$
より，$1<3-\sqrt{3}$ がわかります．

よってこの場合も $-3<x<1$ を満たしません．

(i)(ii) より，$-3<x<1$ の間で C と l は接しないことがわかります．

以上より [図2] のようになるので，求める m の範囲は $-\dfrac{1}{2}<m<\dfrac{5}{2}$

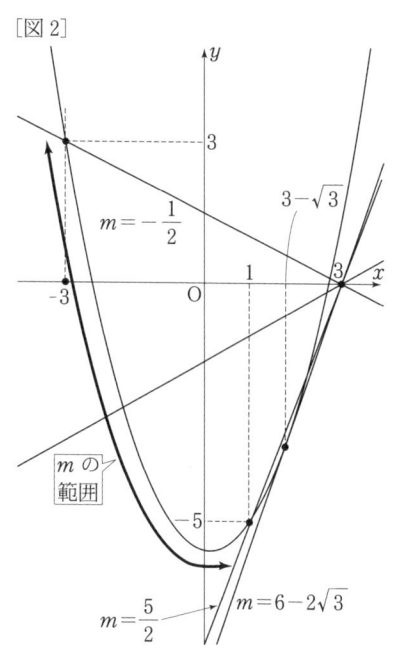

[図2]

§4 直線の通過領域

基礎例題 4-16 （不等式の表す領域）

次の不等式で表す領域を座標平面上に図示せよ．

(1) $\begin{cases} y > x+1 \\ y < -\dfrac{1}{2}x+4 \end{cases}$ 　　　(2) $\begin{cases} y \leq x^2 \\ y \geq -x+2 \end{cases}$

解説

$y = f(x) = x+1$
とおくと，
　　$f(2) = 3$
なので，点 $A(2, 3)$ は直線 $y = x+1$ 上にあります．すると[図1]のように，点Aの真上にある点Bは，x 座標が2で，y 座標は3より大きいので $B(2, k)$ とおくと，$k > 3$ が成り立ちます．

ここで，$x = 2$ の代わりに $x = a$ とすると，直線 $y = f(x)$ 上の点 $A(a, f(a))$ より上にある点を $B(a, k)$ とすると，
　　$k > f(a)$ 　∴ 　$k > a+1$
が成り立ちます．つまり，直線 $y = x+1$ より上にある点 (a, k) は，不等式 $k > a+1$ を満たすことがわかります．

このように，曲線 $y = f(x)$ について

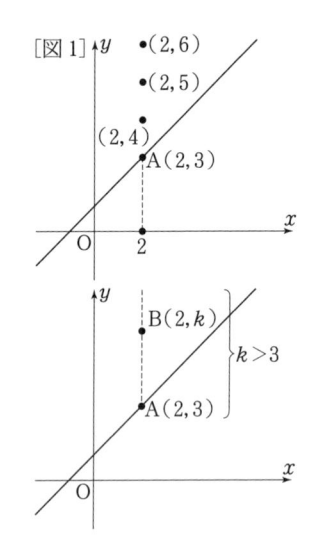

> $y > f(x)$ を満たす点 (x, y) は曲線 $y = f(x)$ より上部の点
> $y < f(x)$ を満たす点 (x, y) は曲線 $y = f(x)$ より下部の点

と表せます．

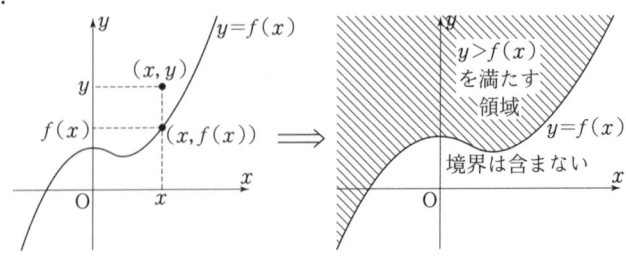

従って

> $y > f(x)$ は曲線 $y = f(x)$ より上側の領域
> （境界は含まない）
> $y < f(x)$ は曲線 $y = f(x)$ より下側の領域
> （境界は含まない）

を表します．

(1) $\begin{cases} y > x+1 & \cdots\cdots\cdots\cdots\cdots\cdots① \\ y < -\dfrac{1}{2}x+4 & \cdots\cdots\cdots\cdots\cdots\cdots② \end{cases}$

のように式を｛で結んだときは①かつ②の条件を表し，座標平面上では①と②の共通部分を表します．求める領域は直線 $y = x+1$，$y = -\dfrac{1}{2}x+4$ で区切られた部分です．

直線の交点や y 切片も図示しましょう．

交点は $x+1 = -\dfrac{1}{2}x+4$ を解いて

$x = 2$，$y = 3$ より $(2, 3)$．

①は，直線 $y = x+1$ より上側

②は，直線 $y = -\dfrac{1}{2}x+4$ より下側

なので，求める領域は右上の斜線部です．

(2) $\begin{cases} y \leqq x^2 & \cdots\cdots\cdots\cdots\cdots\cdots① \\ y \geqq -x+2 & \cdots\cdots\cdots\cdots\cdots\cdots② \end{cases}$

領域の境界は放物線 $y = x^2$ と直線 $y = -x+2$ なので，境界の交点は

$x^2 = -x+2$ を解いて，$x = -2, 1$．

よって，$(-2, 4)$，$(1, 1)$．

①は放物線 $y = x^2$ の下側（境界含む）

②は直線 $y = -x+2$ の上側（境界含む）

なので，求める領域は右の斜線部の合計です．

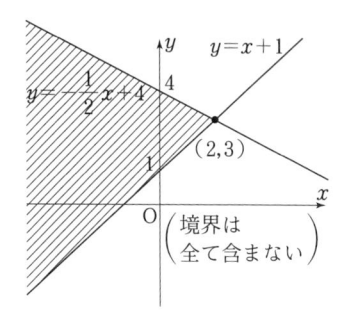

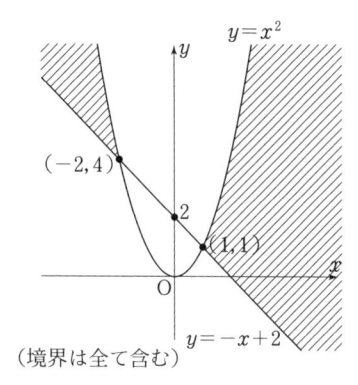

基礎例題 4-17 （双曲線と領域）

次の不等式の満たす領域を図示せよ．

(1) $y > \dfrac{1}{x}$　　(2) $xy > 1$

解説

[図1]

限りなく y 軸に近づく

限りなく x 軸に近づく

$y = \dfrac{1}{x}$ のグラフ・漸近線

$y = \dfrac{1}{x}$ ……① のグラフは「反比例のグラフ」として有名です．$x = \cdots, -2, -1, -\dfrac{1}{2}, \dfrac{1}{2}, 1, 2, \cdots$ と①に数を代入してグラフの概形を描くと，[図1]のように2つの曲線になり，この曲線を（2つ合わせて）「双曲線」といいます．

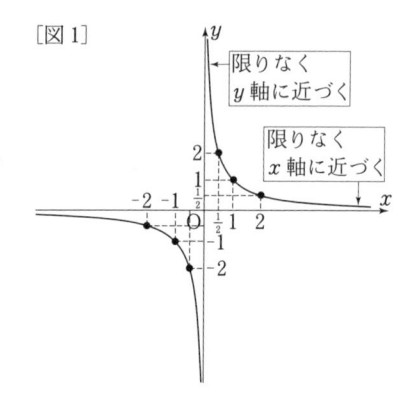

①に $x = 0$ を代入すると $\dfrac{1}{0}$ となりますが，分母が0のとき分数は定義されないので，$\dfrac{1}{0}$ を表す数は存在しません．よって，①は $x = 0$ においてとる値はありません．そのため，$y = \dfrac{1}{x}$ のグラフ（以降双曲線と呼ぶ）と y 軸は交わらず，双曲線は x を 0 に近づけるとどんどん y 軸に近づいていきますが，決して y 軸と交わりません．このような直線を双曲線の「漸近線」といいます．

一方で x をどんどん大きくすると，y の値は0に近づきますが，こちらも決して0になりません．同様に x 軸も $y = \dfrac{1}{x}$ の漸近線です．

(1) $y > \dfrac{1}{x}$ ……………………②

関数 $y = \dfrac{1}{x}$ の上側なので，[図2]の斜線部のようになります．$x = 0$ において，$y = \dfrac{1}{x}$ の対応する y 座標はないので，x 座標が 0 の点 $(0, k)$ は②を満たしません．よって，$(0, k)$ を表す点，即ち y 軸は求める領域に含まれないことに注意しましょう．

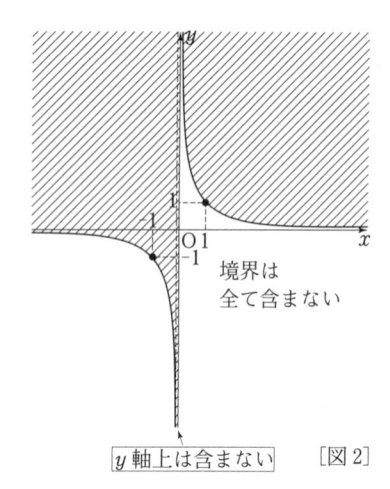

境界は全て含まない

y 軸上は含まない　　[図2]

(2)　$xy > 1$　……………③

(i)　$x > 0$ のとき，両辺を x で割ると，
$$y > \frac{1}{x}\ (グラフの上側)$$

(ii)　$x < 0$ のとき，両辺を x で割ると，
（x は負なので不等号の向きは変わり）
$$y < \frac{1}{x}\ (グラフの下側)$$

(iii)　$x = 0$ のとき，③は $0 > 1$ となり，③を満たす $(0, y)$ は存在しません．

（注）前問の②と異なり③に $x=0$ を代入することは可能です．

(i)(ii)(iii)より③を満たす領域は[図3]の斜線部です．

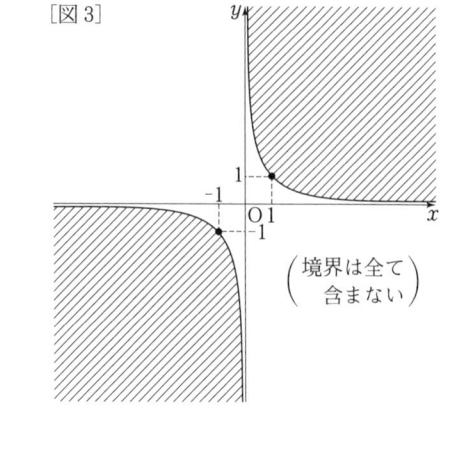

[図3]（境界は全て含まない）

別の考え方

不等式だと
$$y > \frac{1}{x}\ \cdots\cdots ② \quad と \quad xy > 1\ \cdots ③$$
は異なる領域を示しますが，これらの境界である
$$y = \frac{1}{x}\ と\ xy = 1\ は同じです．$$

そこで $xy = k$ とおいて $k = 1,\ 2,\ 3,\ 4,\ \cdots$ として考えると[図4]のように $xy=1,\ xy=2,\ xy=3,\ xy=4$ を描いてみれば，[図3]の領域になることが納得できるでしょう．

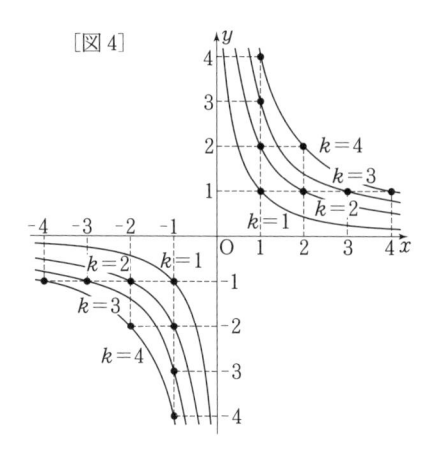

[図4]

応用演習 4-18 （解の配置で平面図示）

$f(x) = x^2 - ax + b$ とおく．

(1) x の 2 次方程式 $f(x) = 0$ が 2 個の実数解（重解を含む）を持ち，それらがともに $-2 < x < 1$ の範囲にあるような (a, b) の条件を求め，ab 平面に図示せよ．

(2) x の 2 次方程式 $f(x) = 0$ が $-2 < x < 1$ の範囲に少なくとも 1 個の実数解を持つような (a, b) の条件を求め，ab 平面に図示せよ．

解説

条件の求め方は 1 変数の解の配置と同じです．各条件を b について解いて ab 平面上に図示しましょう．

(1) $f(x) = \left(x - \dfrac{a}{2}\right)^2 - \dfrac{a^2}{4} + b$ より

(i) 軸：$-2 < \dfrac{a}{2} < 1$ より $-4 < a < 2$ ……①

(ii) 判別式 $D = (-a)^2 - 4b \geqq 0$

　　より $b \leqq \dfrac{1}{4}a^2$ ……②

(iii) $f(-2) = (-2)^2 - a(-2) + b > 0$

　　　$4 + 2a + b > 0$

　　b について解いて

　　　$b > -2a - 4$ ……③

(iv) $f(1) = 1^2 - a \times 1 + b > 0$

　　b について解いて

　　　$b > a - 1$ ……④

①〜④の共通範囲は右図のとおり．

図示上の注意 　後の問題で説明がありますが，直線 $b = a - 1$ は点 A$(2, 1)$ で放物線 $b = \dfrac{1}{4}a^2$ と接し，直線 $b = -2a - 4$ は点 B$(-4, 4)$ で放物線 $b = \dfrac{1}{4}a^2$ と接しています．図示する際には，そのことに留意して描きましょう．

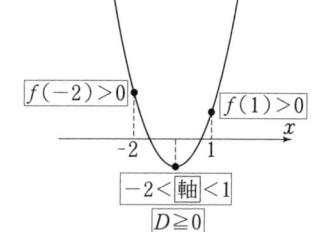

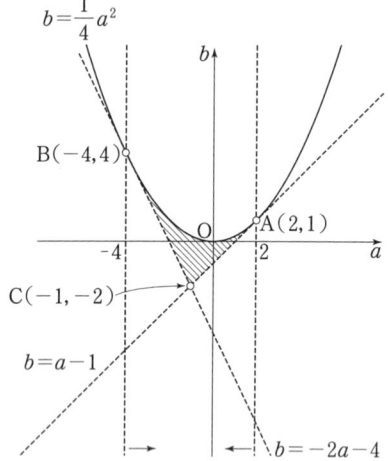

点線：境界を含まない
実線：境界を含む
白丸：含まない

(2) 軸 $\dfrac{a}{2}$ の位置で場合分けします.

(i) $\dfrac{a}{2} \leqq -2$, 即ち $a \leqq -4$ のとき

$f(-2) < 0$ かつ, $f(1) > 0$ より
$b < -2a - 4$, かつ $b > a - 1$

この条件を満たす領域は

a 座標が -4 以下の領域
(直線 $a = -4$ の左側(境界を含む))で,
直線 $b = -2a - 4$ より下側かつ
直線 $b = a - 1$ より上側の部分です.

(ii) $1 \leqq \dfrac{a}{2}$ 即ち $2 \leqq a$ のとき

$f(-2) > 0$ かつ $f(1) < 0$ より
$b > -2a - 4$, かつ $b < a - 1$

この条件を満たす領域は

a 座標が 2 以上の領域
(直線 $a = 2$ の右側(境界を含む))で
直線 $b = -2a - 4$ より上側かつ
直線 $b = a - 1$ より下側の部分です.

(iii) $-2 < \dfrac{a}{2} < 1$, 即ち $-4 < a < 2$ のとき

判別式 $D \geqq 0$ より $b \leqq \dfrac{1}{4}a^2$

$f(-2) > 0$ または $f(1) > 0$ より
$b > -2a - 4$, または $b > a - 1$

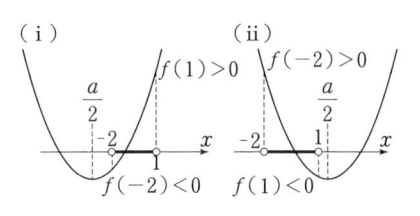

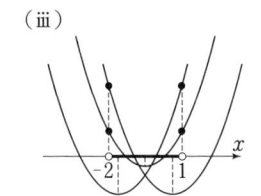

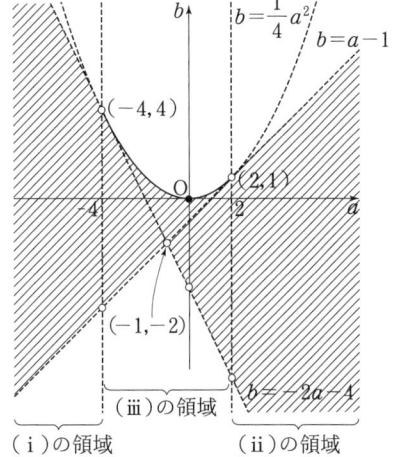

この条件を満たす領域は, a 座標が -4 と 2 の間の領域で, 放物線 $b = \dfrac{1}{4}a^2$ 上かそれより下で, 直線 $b = -2a - 4$ より上または直線 $b = a - 1$ より上(境界のぞく)の部分です.

以上をまとめると, 図のとおりです.

応用演習 4-19 （線分と放物線が交わるとき）

xy 平面上の原点と点 $(1,\ 2)$ を結ぶ線分（両端を含む）を L とする．曲線 $y=x^2+ax+b$ が L と共有点を持つような実数の組 $(a,\ b)$ の集合を ab 平面上に図示せよ．

解説

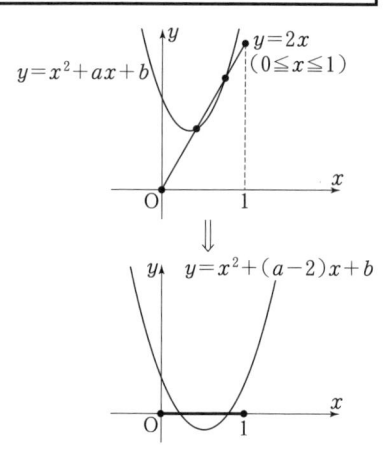

$f(x)=x^2+ax+b,\ g(x)=2x$ とおくと，
線分 L は $y=2x\ (0\leqq x\leqq 1)$
と表せます．よって，
$y=f(x)$ と L が共有点を持つためには，
$y=f(x)$ と $y=2x$ が $0\leqq x\leqq 1$ の間に共有点を持てばよいことになります．
これは，
$$f(x)-g(x)=0$$
即ち，$x^2+ax+b-2x=0$
$\qquad x^2+(a-2)x+b=0$
の実数解が $0\leqq x\leqq 1$ に少なくとも1つ存在するための $(a,\ b)$ の条件を求めましょう．
$F(x)=f(x)-g(x)=x^2+(a-2)x+b$
とおいて，前例題と同様に解いていきましょう．

$$F(x)=\left(x+\frac{a-2}{2}\right)^2-\left(\frac{a-2}{2}\right)^2+b$$

より，軸は $x=-\dfrac{a-2}{2}$ なので，軸で場合分けしましょう．

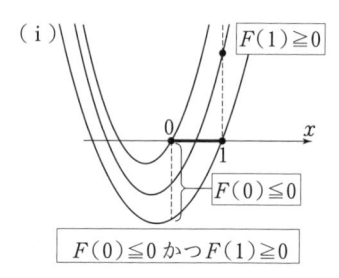

(i) $-\dfrac{a-2}{2}\leqq 0$，即ち $2\leqq a$ のとき
$\quad F(0)=b\leqq 0$
$\quad F(1)=1+a-2+b\geqq 0$
$\qquad\qquad$ 即ち $b\geqq -a+1$
よって $2\leqq a$ かつ $b\leqq 0$ かつ $b\geqq -a+1$
を満たす領域が(i)の場合です．

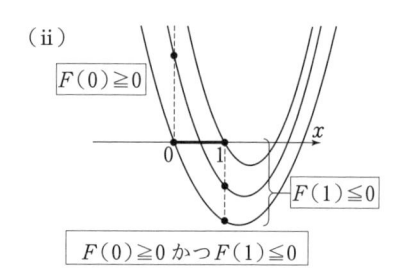

(ii) $-\dfrac{a-2}{2}\geqq 1$，即ち $a\leqq 0$ のとき
$\quad F(0)=b\geqq 0$
$\quad F(1)=1+a-2+b\leqq 0$
$\qquad\qquad$ 即ち $b\leqq -a+1$

よって $a \leq 0$ かつ $b \geq 0$ かつ $b \leq -a+1$
を満たす領域が(ii)の場合です．

(iii) $0 \leq -\dfrac{a-2}{2} \leq 1$, 即ち $0 \leq a \leq 2$ のとき

　判別式 $D \geq 0$ ……………………①
　$[F(0) \leq 0$ または $F(1) \leq 0]$ ………②
を満たす範囲を求めます．

①より $D = (a-2)^2 - 4b \geq 0$

$\quad \therefore \ b \leq \dfrac{1}{4}(a-2)^2$ …………①′

②より $[b \geq 0$ または $b \geq -a+1]$　②′

以上より条件を満たす (a, b) の描く領域は以下の通りです．

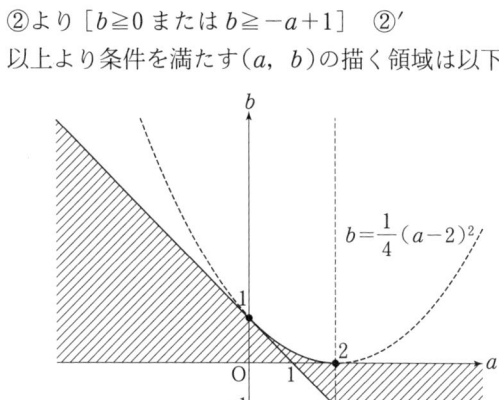

（境界はすべて含む）

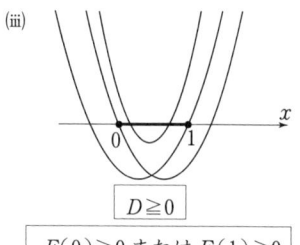

応用演習 4-20 （直線の通過領域）

t が全実数を動くとき，直線 $l_t: y = tx - t^2$ の通過する領域 W を次の 2 通りの方法で図示せよ．
(1) l_t を t の 2 次方程式とみなす．　　(2) l_t を t の 2 次関数とみなす．

解説

(1) 直線 l_t が通る点と通らない点でどんなことが起こるのか実験してみましょう．l_t において $t=1$ とすると，$l_1: y = x - 1$ ……① が得られます．直線 l_1 上の点は全て，l_t が通過する領域に含まれます．

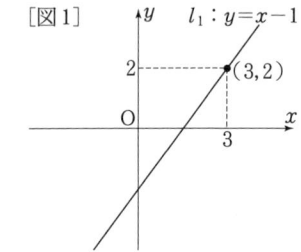

例えば点 $(3, 2)$ は l_1 上にあるので，$x=3, y=2$ は①を満たします［図1］．この $x=3, y=2$ を l_t に代入しても成り立つわけですから，l_t に代入すると
$$2 = t \times 3 - t^2 \quad \cdots\cdots ②$$
と t の 2 次方程式になります．この t の方程式を t について解くと
$$t^2 - 3t + 2 = 0$$
$$(t-1)(t-2) = 0 \quad \therefore \quad t = 1, 2$$

この結果は点 $(3, 2)$ が l_1 上にあることを意味しますが，同時に $l_2: y = 2x - 4$ 上にあることもわかります［図2］．

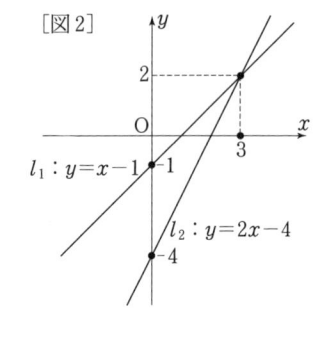

一方，点 $(2, 3)$ を l_t が通るかどうかを調べてみましょう．点 $(2, 3)$ を l_t に代入して
$$3 = 2t - t^2$$
t について解くと
$$t^2 - 2t + 3 = 0 \quad \cdots\cdots ③$$
となり，判別式を計算すると
$$D = (-2)^2 - 4 \times 3 = -8 < 0$$
であるから③は実数解を持ちません．**実数解 t が存在しなければ，それに対応する直線も存在しない**ということになるわけです．

［図1］ $l_1: y = x - 1$，点 $(3, 2)$

［図2］ $l_1: y = x - 1$，$l_2: y = 2x - 4$

このようにして xy 平面上の点 (x_0, y_0) が直線 l_t の通過領域にあるか否かは，次のように判断できます．

> 直線 $l_t: y = tx - t^2$ に対して点 (x_0, y_0) が l_t の通過領域上にあるためには t の 2 次方程式
> $$y_0 = tx_0 - t^2, \quad t^2 - x_0 t + y_0 = 0$$
> が実数解を持つ．

実数解を持たなければ，直線 l_t のパラメータ t が存在しないので，l_t はその点を通過しません．

従って，点(x_0, y_0)が通過領域Wにあるためには，tの2次方程式
$$y_0 = tx_0 - t^2 \text{ 即ち } t^2 - x_0 t + y_0 = 0$$
が実数解を持てばよいので
判別式 $D = (-x_0)^2 - 4y_0 \geqq 0$
$$\therefore y_0 \leqq \frac{1}{4} x_0^2$$
の表す領域です．よって求める領域は
$$y \leqq \frac{1}{4} x^2 \text{ です．}$$

（境界を含む）

(2) l_t を t の2次関数とみなすと
$$y = -t^2 + xt$$
$$= -\left(t - \frac{x}{2}\right)^2 + \frac{x^2}{4}$$

と変形できます．ここでxを固定すると，yの最大値が$y = \dfrac{x^2}{4}$と表せます．

例えば$x = 2$とすると
$$y = -(t-1)^2 + 1$$
となるので，$t = 1$のとき，yは最大値1をとるので，点$(2, 1)$を直線l_1（l_tに$t = 1$を代入）が通ることがわかります．

ちなみに$x = 2$のまま$\underline{t = 0}$，$\underline{\underline{t = 2}}$とすると，それぞれ$y = 0$，$y = 0$となるので点$(2, 0)$を直線$\underline{l_0}$，$\underline{\underline{l_2}}$が通ることがわかります．

従って，$x = x_0$におけるyの値域は
$$y = -\left(t - \frac{x_0}{2}\right)^2 + \frac{x_0^2}{4}$$
より，yの最大値が$\dfrac{x_0^2}{4}$とわかります．

x座標を固定して考えると，同様に
$$y \leqq \frac{1}{4} x^2$$
が成り立つので，通過領域Wは
$$y \leqq \frac{1}{4} x^2$$
とわかります．（領域は(1)と同じ）

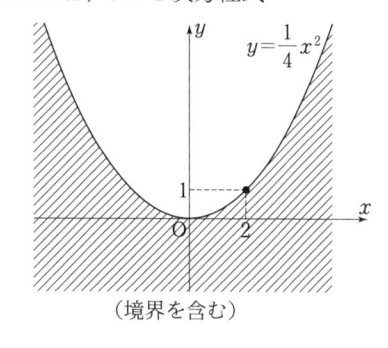

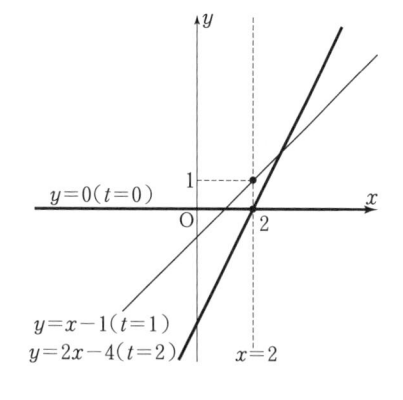

応用演習 4-21 （解の配置で解く）

t が $-1 \leq t \leq 2$ の範囲を動くとき，直線 $l_t : y = -2(t-1)x + t^2 - 1$ の通過する領域 W を図示せよ．（t の2次方程式とみなして解け）

解説

前問 4-20(1) の方法で解きます．
直線 l_t を t の2次方程式とみなします．

$$y = -2(t-1)x + t^2 - 1$$
$$y = -2tx + 2x + t^2 - 1$$
$$t^2 - 2xt + 2x - y - 1 = 0 \quad \cdots\cdots ①$$

です．①が $-1 \leq t \leq 2$ に少なくとも1つ解を持つような (x, y) の条件を求めて，その条件を満たす xy 平面上の領域が求める W です．

領域上の (x, y) に対しては，$-1 \leq t \leq 2$ **の範囲に t が（少なくともひとつ）存在する**ので，その t に対して，直線 l_t が点 (x, y) を通るわけですね．

t の2次関数を $f(t) = t^2 - 2xt + 2x - y - 1$
とおき，$\quad f(t) = (t-x)^2 - x^2 + 2x - y - 1$
より，軸 $t = x$ の範囲で場合分けしましょう．

解答

(i) $x < -1$，(ii) $2 < x$，(iii) $-1 \leq x \leq 2$ で場合分けする．

(i) $x < -1$ のとき
$$f(-1) = 1 + 2x + 2x - y - 1$$
$$= 4x - y \leq 0$$
$$\therefore \quad y \geq 4x$$
$$f(2) = 4 - 4x + 2x - y - 1$$
$$= -2x - y + 3 \geq 0$$
$$\therefore \quad y \leq -2x + 3$$

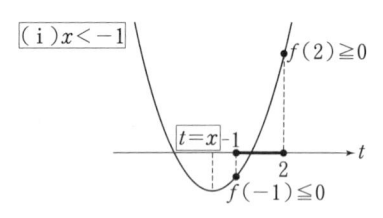

よって(i)のときは $\begin{cases} x < -1 \\ y \geq 4x \\ y \leq -2x + 3 \end{cases}$ の表す領域である．

(ii) $2 < x$ のとき
$$f(-1) = 4x - y \geq 0 \quad \therefore \quad y \leq 4x$$
$$f(2) = -2x - y + 3 \leq 0 \quad \therefore \quad y \geq -2x + 3$$

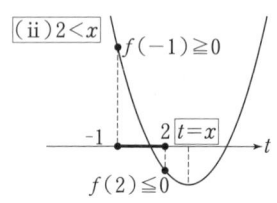

よって(ii)のときは $\begin{cases} 2 < x \\ y \leqq 4x \\ y \geqq -2x+3 \end{cases}$ の表す領域である．

(iii)　$-1 \leqq x \leqq 2$ のとき

$\dfrac{D}{4} = x^2 - (2x - y - 1) \geqq 0$

$x^2 - 2x + y + 1 \geqq 0$

$(x-1)^2 + y \geqq 0$

$\therefore\ y \geqq -(x-1)^2$

$[f(-1) \geqq 0\ \text{または}\ f(2) \geqq 0]$

より $[4x - y \geqq 0\ \text{または}\ -2x - y + 3 \geqq 0]$

よって $[y \leqq 4x\ \text{または}\ y \leqq -2x+3]$

従って(iii)のときは $\begin{cases} -1 \leqq x \leqq 2 \\ y \geqq -(x-1)^2 \\ y \leqq 4x\ \text{または}\ y \leqq -2x+3 \end{cases}$ の表す領域である．

以上より求める通過領域 W は以下の通り．

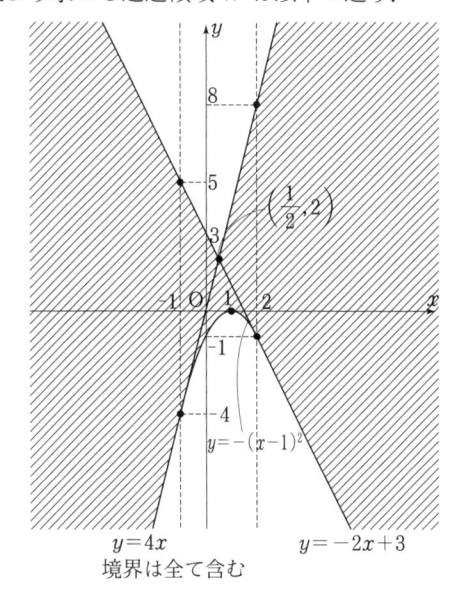

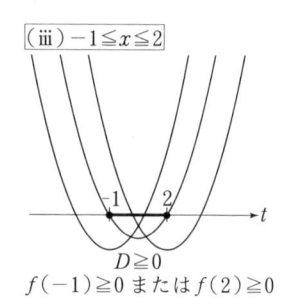

境界は全て含む

応用演習 4-22 （x を固定して最大最小）

t が $-1 \leqq t \leqq 2$ の範囲を動くとき，直線 $l_t : y = -2(t-1)x + t^2 - 1$ の通過する領域 W を図示せよ．（x を固定して t の 2 次関数とみなして解け．）

解説

前々問 4-20(2) の方法で解きます．

直線 l_t を，x を固定して t の 2 次関数とみなしましょう．つまり，

$$y = -2(t-1)x + t^2 - 1 \quad \cdots\cdots① $$
$$= -2tx + 2x + t^2 - 1$$
$$= t^2 - 2xt + 2x - 1 \quad \cdots\cdots② $$
$$= (t-x)^2 - x^2 + 2x - 1 \quad (t \text{ の 2 次関数とみて平方完成})$$

と変形して，t の 2 次関数②が固定された x に対して，$-1 \leqq t \leqq 2$ のときの y のとりうる範囲を求めていくわけです．

このとき，x の値と t の定義域 $-1 \leqq t \leqq 2$ の位置関係によって状況が異なります．具体的に x の値を制限してみましょう．

例 1：$x = 0$ のとき，$y = (t-0)^2 - 0^2 + 2 \times 0 - 1 = t^2 - 1$
  となり，$-1 \leqq t \leqq 2$ のとき，$-1 \leqq y \leqq 3$ とわかります．

例 2：$x = 1$ のとき，$y = (t-1)^2$
  となり，$-1 \leqq t \leqq 2$ のとき，$0 \leqq y \leqq 4$ とわかります．

例 3：$x = -2$ のとき，$y = (t+2)^2 - 9$
  となり，$-1 \leqq t \leqq 2$ のとき，$-8 \leqq y \leqq 7$ とわかります．

このように放物線の軸 $t = x$ の位置によって
t の 2 次関数の最大値・最小値を求めれば，x を固定したときの y のとりうる値がわかる
ので，W の領域を描くことができます．

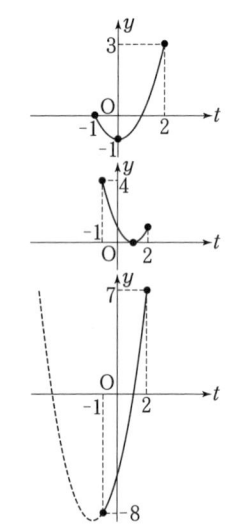

解答

②の右辺を $y = f(t)$ とおくと，t の 2 次関数 $y = f(t)$ のグラフは下に凸である．以下パラメータ x 入りの 2 次関数の最大・最小問題として解く．

[最小値] 軸 $t = x$ で場合分けする．

(i) $x \leqq -1$ のとき最小値 $f(-1) \stackrel{①}{=} -2(-1-1)x + (-1)^2 - 1 = 4x$

(ii) $-1 \leqq x \leqq 2$ のとき最小値 $f(x) \stackrel{②}{=} -x^2 + 2x - 1 = -(x-1)^2$

(iii) $2 \leqq x$ のとき最小値 $f(2) \overset{①}{=} -2(2-1)x + 2^2 - 1 = -2x + 3$

よって x の最小値関数 $m(x)$ は $m(x) = \begin{cases} 4x & (x \leqq -1) \\ -(x-1)^2 & (-1 \leqq x \leqq 2) \\ -2x+3 & (2 \leqq x) \end{cases}$

最大値

(iv) $x \leqq \dfrac{1}{2}$ のとき最大値 $f(2) = -2x + 3$

(v) $\dfrac{1}{2} \leqq x$ のとき最大値 $f(-1) = 4x$

よって最大値関数 $M(x)$ は $M(x) = \begin{cases} -2x+3 & \left(x \leqq \dfrac{1}{2}\right) \\ 4x & \left(\dfrac{1}{2} \leqq x\right) \end{cases}$

以上より，求める領域 W は最小値関数 $m(x)$ と最大値関数 $M(x)$ 間の領域である．（境界はすべて含む）

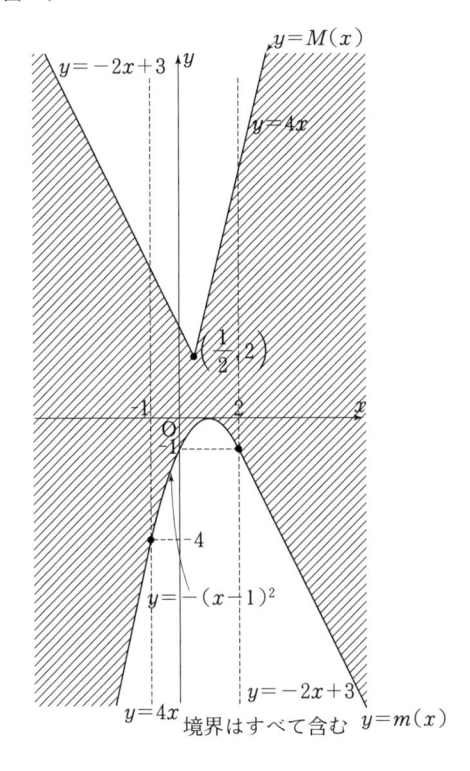

応用演習 4-23 （放物線以外でも）

t が $-1 \leq t \leq 1$ の範囲を動くとき，直線 $l_t : y = t^2 x - t$ の通過する領域を求めよ．

解答

l_t を x を固定して，t の 2 次関数とみなす．

$$f(t) = xt^2 - t$$

とおいて平方完成して軸で場合分けをする．その際 x で割るので $x=0$, $x \neq 0$ で場合分けする．

Ⅰ) $x=0$ のとき，$y=-t$

　　$-1 \leq t \leq 1$ のとき，$-1 \leq y \leq 1$ を得る．

Ⅱ) $x \neq 0$ のとき，$f(t)$ を平方完成する．

$$f(t) = x\left(t^2 - \frac{1}{x}t\right) = x\left\{\left(t - \frac{1}{2x}\right)^2 - \frac{1}{4x^2}\right\} = x\left(t - \frac{1}{2x}\right)^2 - \frac{1}{4x}$$

(i) $0 < \dfrac{1}{2x} \leq 1$ のとき　……①

　$0 < \dfrac{1}{2x}$ の両辺に $x(>0)$ をかけると $0 < \dfrac{1}{2}$ となり，この式は常に成り立つ．……②

　$\dfrac{1}{2x} < 1$ の両辺を $x(>0)$ 倍すると $\dfrac{1}{2} < x$　よって①を満たす x の範囲は②かつ③

③より　$\dfrac{1}{2} < x$

このとき，$x > 0$ なのでグラフは下に凸．

右の図より $\dfrac{1}{2} < x$ のとき

　最小値は $f\left(\dfrac{1}{2x}\right) = -\dfrac{1}{4x}$

　最大値は $f(-1) = x + 1$

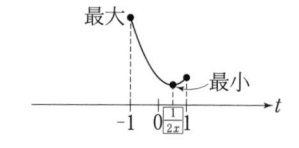

(ii) $1 \leq \dfrac{1}{2x}$ のとき，両辺に $x(>0)$ をかけて $x \leq \dfrac{1}{2}$　∴　$x \leq \dfrac{1}{2}$

このとき，$x>0$ なので $0 < x \leq \dfrac{1}{2}$ である．

右図より $0 < x \leq \dfrac{1}{2}$ のとき

　最小値 $f(1) = x - 1$
　最大値 $f(-1) = x + 1$

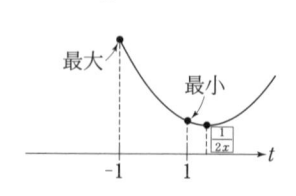

(iii) $-1 \leqq \dfrac{1}{2x} < 0$ のとき ④

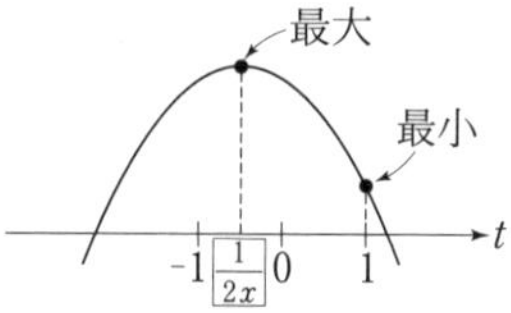

$-1 \leqq \dfrac{1}{2x}$ の両辺に $x(<0)$ をかけると $-x \geqq \dfrac{1}{2}$

さらに両辺を -1 倍すると $x \leqq -\dfrac{1}{2}$ ⑤

$\dfrac{1}{2x}<0$ の両辺に $x(<0)$ をかけると $\dfrac{1}{2}>0$ となり常に成り立つ. ⑥

よって,この場合④の x の範囲は⑤かつ⑥より

$x \leqq -\dfrac{1}{2}$ である.

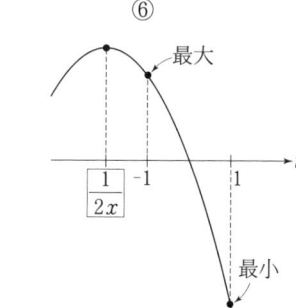

右上図より,$x \leqq -\dfrac{1}{2}$ のとき

　　最小値 $f(1)=x-1$

　　最大値 $f\left(\dfrac{1}{2x}\right)=-\dfrac{1}{4x}$

(iv) $\dfrac{1}{2x} \leqq -1$ のとき,両辺に $x(<0)$ をかけて $\dfrac{1}{2} \geqq -x$

さらに両辺 -1 倍すると,$-\dfrac{1}{2} \leqq x$

このとき $x<0$ なので $-\dfrac{1}{2} \leqq x <0$ である.

右上図より $-\dfrac{1}{2} \leqq x <0$ のとき

　　最小値 $f(1)=x-1$

　　最大値 $f(-1)=x+1$

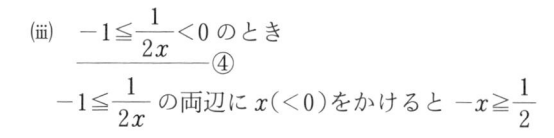

以上の場合分けを図示すると右の通り.

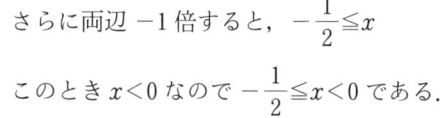

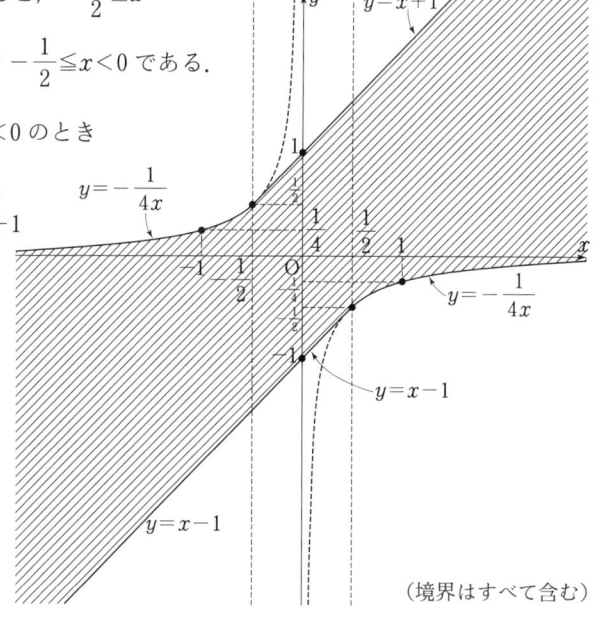

(境界はすべて含む)

応用演習 4-24（領域が存在するには）

点 $P(x, y)$ に対して，点 Q の座標 (X, Y) を $X=x+y$, $Y=xy$ で定める．

点 P が xy 平面をくまなく動くとき，点 Q の描く領域 V を図示せよ．

解説

点 Q が領域 V に含まれる場合とそうでない場合でどうなるかを実験してみましょう．点 Q として $Q_1(1, 1)$ をとってみましょう．

Q_1 が V に含まれるとすると，

$$\begin{cases} 1=x+y \\ 1=xy \end{cases} \quad \cdots\cdots ①$$

となる実数 (x, y) が存在することになります．

ここで x, y を解に持つ t の 2 次方程式

$$(t-x)(t-y)=0 \quad \cdots\cdots ②$$

を考えましょう．②の左辺を展開すると

$$t^2-(x+y)t+xy=0 \quad \cdots\cdots ③$$

③に①を代入すると，

$$t^2-t+1=0 \quad \cdots\cdots ④$$

つまり t の 2 次方程式④の 2 解が x, y ということになります．

しかし，④は実数解を持ちません．実際④の判別式 D を計算すると，

$$D=(-1)^2-4\times 1\times 1$$
$$=-3<0$$

です．つまり，$(X, Y)=(1, 1)$ となるような実数 (x, y) が存在しないとわかります．

それでは，どんなときに点 Q は領域 V に含まれるのでしょうか？

> 点 $Q(X, Y)$ に対して対応する点 $P(x, y)$ の x, y は t の 2 次方程式 $t^2-(x+y)t+xy=0$ の実数解

になっているとわかります．

よって，③が実数解をもつような (X, Y)，例えば $(1, -2)$ などをとると $\begin{cases} x+y=1 \\ xy=-2 \end{cases}$ なので，t の2次方程式

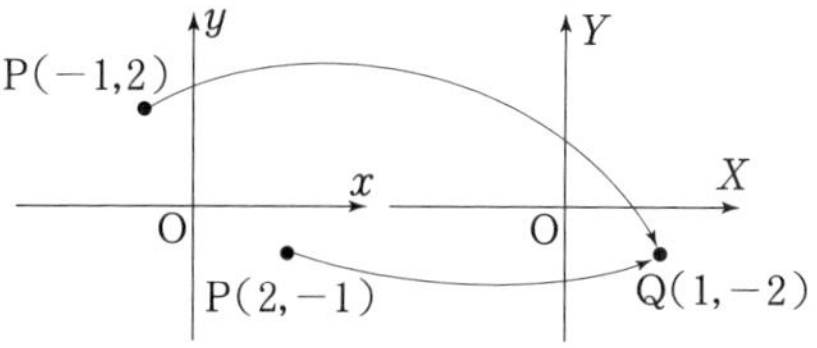

$t^2-t-2=0$
$(t-2)(t+1)=0$
$t=2, -1$

よって $(x, y)=(2, -1), (-1, 2)$ を得ます．
以上により次がわかります．

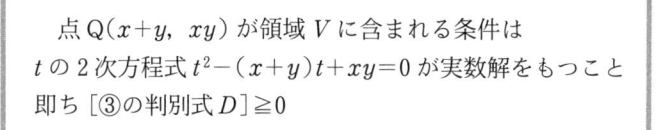

> 点 $Q(x+y, xy)$ が領域 V に含まれる条件は
> t の2次方程式 $t^2-(x+y)t+xy=0$ が実数解をもつこと
> 即ち [③の判別式 D] $\geqq 0$

従って $Q(X, Y)$ の満たす条件は
t の2次方程式 $t^2-Xt+Y=0$ …⑤
が実数解をもつこと．
即ち [⑤の判別式 D] $\geqq 0$

$$X^2-4Y \geqq 0$$
$$\therefore \quad Y \leqq \frac{1}{4}X^2$$

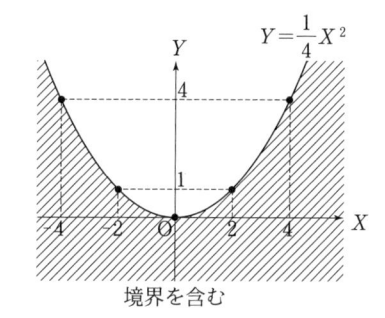

境界を含む

応用演習 4-25 （正方形が移る領域）

点 $P(x, y)$ に対して，点 Q の座標 (X, Y) を $X=x+y$, $Y=xy$ で定める．点 P が $0<x<1$, $0<y<1$ で表される領域 V をくまなく動くとき，点 Q が描く領域 W を図示せよ．

解答

前問同様に考える．
点 $Q(X, Y)$ が領域 W に含まれる条件は，

$$\begin{cases} X=x+y \\ Y=xy \end{cases} \quad \cdots\cdots ①$$

を満たす $0<x<1$, $0<y<1$ の範囲にある (x, y) が存在することである．ここで①を満たす x, y は，t の2次方程式

$$(t-x)(t-y)=0$$

即ち $t^2-(x+y)t+xy=0$

の実数解なので，さらに①で置き換えた

$$t^2-Xt+Y=0 \quad \cdots\cdots ②$$

が実数解を2個持ち（重解を含む），その解が x, y に対応するので

> ②の2個の実数解（重解を含む）が $0<t<1$ にあるときの係数 X, Y の条件を求める．

ことに帰着される．よって

$$f(t)=t^2-Xt+Y=0 \quad \cdots\cdots ③$$

とおくと求める条件は，

$$\begin{cases} 0<[y=f(t)\text{の軸}]<1 \\ [③\text{の判別式}\ D]\geqq 0 \\ f(0)>0 \\ f(1)>0 \end{cases}$$

であるから，

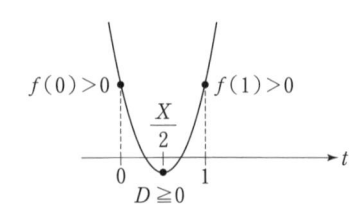

$$\begin{cases} 0<\dfrac{X}{2}<1 \\ D=X^2-4Y\geqq 0 \\ f(0)=Y>0 \\ f(1)=1-X+Y>0 \end{cases} \implies \begin{cases} 0<X<2 & \cdots ④ \\ Y\leqq \dfrac{1}{4}X^2 & \cdots ⑤ \\ Y>0 & \cdots ⑥ \\ Y>X-1 & \cdots ⑦ \end{cases}$$

④〜⑦の共通部分が求める領域 W である．

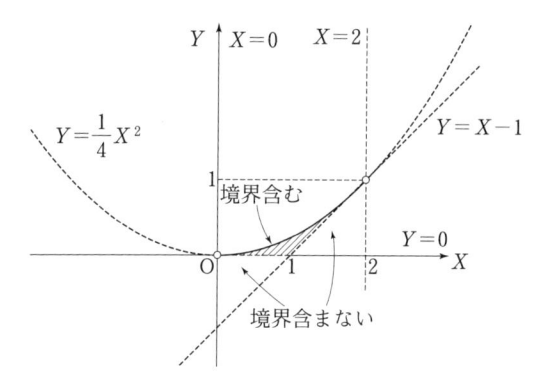

応用演習 4-26 （曲線が接しながら動く直線）

(1) ab 平面上の直線 $b=xa-x^2$ …① （x は実数の定数）が x によらない放物線に接することを示し、その放物線の式、および接点の x 座標をそれぞれ求めよ．

(2) (1)を用いて、$x^2-ax+b=0$ が $-2<x<1$ の範囲に少なくとも1個の実数解を持つような (a, b) の条件を求め、(a, b) の表す領域を ab 平面に図示せよ．

解説

(1) ①式 $b=xa-x^2$ は無理に「傾き x, b 切片 $-x^2$ の直線の式」とみなしているように感じませんか？①を「x の 2 次式」と見直してみると

$$b=xa-x^2$$
$$x^2-ax+b=0 \quad \cdots\cdots ②$$

と単純な x の 2 次方程式 です．

そして②の左辺は

$$x^2-ax+b=\left(x-\frac{a}{2}\right)^2-\frac{a^2}{4}+b$$
$$=\left(x-\frac{a}{2}\right)^2+\underline{b-\frac{a^2}{4}}_{(ア)}$$

と平方完成でき、さらに(ア)を移項して，

$$(x^2-ax+b)-\left(b-\frac{a^2}{4}\right)=\left(x-\frac{a}{2}\right)^2$$
$$\{\cancel{b}-(ax-x^2)\}-\left(\cancel{b}-\frac{a^2}{4}\right)=\left\{\frac{1}{2}(a-2x)\right\}^2$$
$$-(ax-x^2)+\frac{a^2}{4}=\frac{1}{4}(a-2x)^2$$
$$\frac{a^2}{4}-(xa-x^2)=\frac{1}{4}(a-2x)^2$$

と見なすと、2 次関数 $\boldsymbol{b=\dfrac{a^2}{4}}$ と直線 $b=xa-x^2$ が $\boldsymbol{a=2x}$ で接することがわかります．

(2) 　2 次方程式 $x^2-ax+b=0$ が $-2<x<1$ に少なくとも 1 個解を持つような a, b の条件を満たす (a, b) の集合

は
> 直線 $b=xa-x^2$ ……① が $-2<x<1$ において通過する (a, b) の領域

と一致します．また，(1)より直線①は放物線 $b=\dfrac{a^2}{4}$ に点 $a=2x$ で接することがわかっています．

これより $-2<x<1$ に対して接点の a 座標のとりうる範囲は $-4<2x<2$ となるので，求める (a, b) の領域は

> 直線 $b=xa-x^2$ ……① が $-4<2x<2$ で放物線 $b=\dfrac{a^2}{4}$ と接するように動かしたときの直線①の通過領域

です．境界の直線は
 $x=-2$ のとき $b=-2a-4$ （①に $x=-2$ を代入）接点は $a(=2x)=-4$
 $x=1$ のとき $b=a-1$ （①に $x=1$ を代入）接点は $a(=2x)=2$
と求まり以下のような領域が描けます．

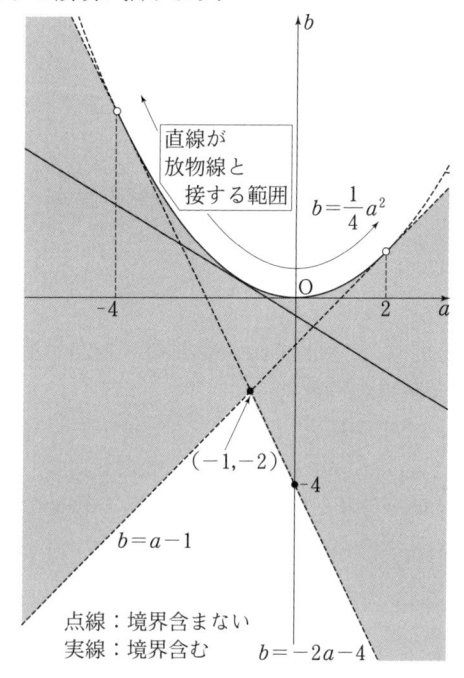

点線：境界含まない
実線：境界含む

類題演習

解答は p.200

4−1 次のグラフを描け．
(1) $y=f(x)=|x-3|+2$
(2) $y=f(x)=-2|x+1|+2$

4−2 次のグラフを描け．
(1) $y=f(x)=|x-2|+|x+1|$
(2) $y=f(x)=|x-5|+|x-1|+|x+3|$
(3) $y=f(x)=2|x-3|-|x+2|$

4−3 次のグラフを描け．
(1) $y=f(x)=|x^2+2x-3|$
(2) $y=f(x)=|x^2-2x|-x+2$
(3) $y=f(x)=2|x^2-1|+4x$

4−4 $|x^2-5x+4|-x+5-k=0$ …① の実数解の個数が4個となるときの k の範囲を求めよ．

4−5 x の2次関数 $y=f(x)=x^2+2ax-3a^2$ の $-2\leqq x\leqq 3$ における最小値を a の範囲で場合分けして求めよ．

4−6 x の2次関数 $y=f(x)=-x^2-3ax-5a$ の $-3\leqq x\leqq 1$ における最大値を a の範囲で場合分けして求めよ．

4−7 $a\leqq x\leqq a+1$ における $y=f(x)=x^2-4x$ の最小値を a の範囲で場合分けして求めよ．

4−8 $a-1 \leqq x \leqq a$ における $y=f(x)=-x^2+5x$ の最大値を a の範囲で場合分けして求めよ.

4−9 x の 2 次関数 $y=f(x)=x^2+4ax-a^2+a$ の $1 \leqq x \leqq 2$ における最小値 $m(a)$, 最大値 $M(a)$ を a の範囲で場合分けして求めよ.

4−10 $y=f(x)=x-4-|2x-3|$ の $a-1 \leqq x \leqq a+1$ における最大値を a の範囲で場合分けして求めよ.

4−11 a を正の定数とするとき, $y=f(x)=x(|x|-4)$ の $-a \leqq x \leqq a$ における最大値を a の範囲で場合分けして求めよ.

4−12 x の 2 次方程式 $x^2+2mx-m+3=0$ が $1<x<2$ と $2<x<3$ の間にそれぞれ 1 個ずつ解を持つときの m の範囲を求めよ.

4−13 x の 2 次方程式 $x^2-(m+3)x+m+4=0$ の実数解(重解を含む)が両方とも -1 より大きくなるような m の範囲を求めよ.

4−14 x の 2 次方程式 $x^2-(m+7)x-3m+6=0$ の実数解(重解を含む)がともに $-10<x<5$ にあるような m の範囲を求めよ.

4−15 x の 2 次方程式 $x^2-(m-4)x-m+7=0$ が $0<x<2$ の間に少なくとも 1 個の実数解を持つときの m の範囲を求めよ.

4−16 x の 2 次方程式 $x^2+ax+b=0$ が $-2<x<1$ の範囲に少なくとも 1 個の実数解を持つような (a, b) の条件を求め, ab 平面に図示せよ.

■類題演習解答■

第1章 2次関数とグラフ

1-1 （1） 右図1より
$y=2(x+1)^2-3$

（2） 右図2より
$y=-\dfrac{1}{2}(x-2)^2+7$

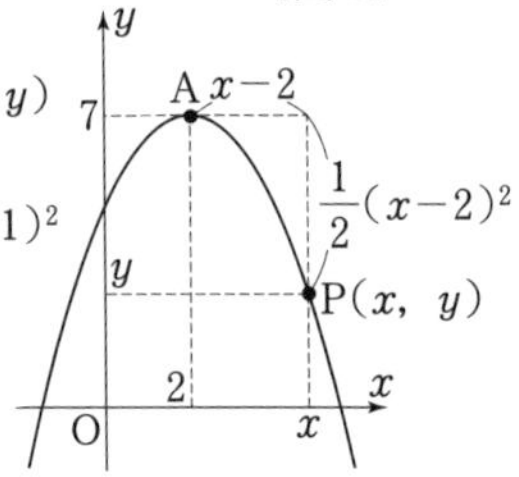

1-2 （1） $y=\dfrac{2}{3}(x+3)^2+1$

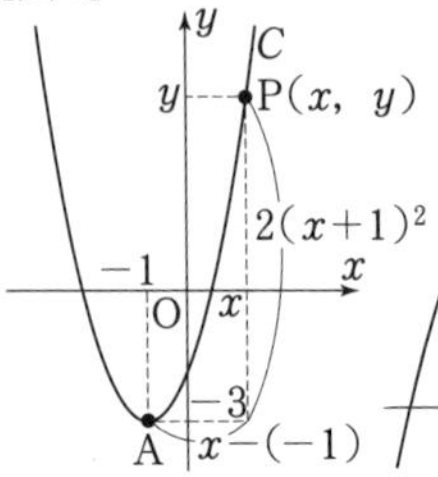

（2） $y=-2(x-5)^2+12$

1-3 （1） $y=x^2-3x$
$=\left(x-\dfrac{3}{2}\right)^2-\dfrac{9}{4}$

（2） $y=-x^2-4x+2$
$=-(x+2)^2+6$

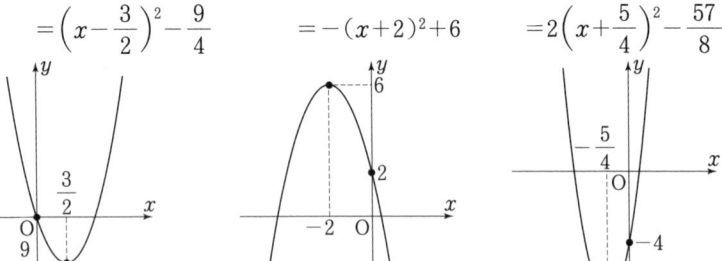

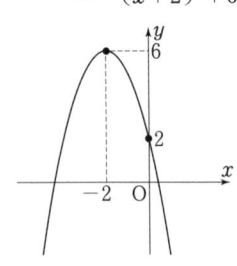

（3） $y=2x^2+5x-4$
$=2\left(x+\dfrac{5}{4}\right)^2-\dfrac{57}{8}$

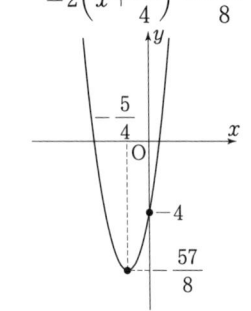

（4） $y=-\dfrac{1}{4}x^2+x-1$
$=-\dfrac{1}{4}(x-2)^2$

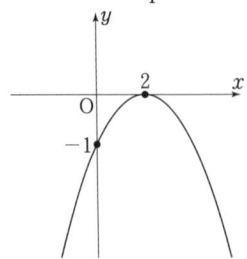

（5） $y=-\dfrac{1}{2}x^2+2$
頂点$(0, 2)$, y切片 2

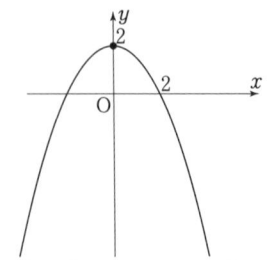

頂点とy切片が重なっており，1点ではグラフが決まらないので，グラフ上にもう1点とりましょう．

1-4 （1） $f(1)=3$, $f(-2)=0$
（2） $x=-5, 3$
（3） $f(a)=a^2+2a$
$f(x)=x(x+2)$ より
$f(a+1)=(a+1)\{(a+1)+2\}=\boldsymbol{(a+1)(a+3)}$
（4） $f(x)=15$ の解が $x=-5, 3$ なので
$f(a-2)=15$ を満たす $a-2$ は $a-2=-5$, $a-2=3$
とわかる．よって $a=\boldsymbol{-3, 5}$

1-5 （1） 最大値 $12(x=1)$, 最小値 $-\dfrac{1}{2}\left(x=-\dfrac{3}{2}\right)$
（2） 最大値 $24(x=2)$, 最小値 $4(x=0)$

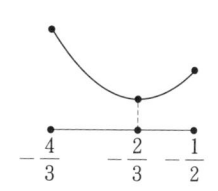

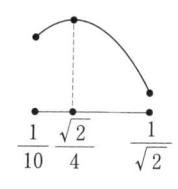

1-6 （1） $y=3x^2+4x-1\left(-\dfrac{4}{3}\leqq x\leqq -\dfrac{1}{2}\right)$
$=3\left(x+\dfrac{2}{3}\right)^2-\dfrac{7}{3}$
頂点 $\left(-\dfrac{2}{3}, -\dfrac{7}{3}\right)$
最大値 $-1\left(x=-\dfrac{4}{3}\right)$
最小値 $-\dfrac{7}{3}\left(x=-\dfrac{2}{3}\right)$
（2） $y=-2x^2+\sqrt{2}\,x\ \left(\dfrac{1}{10}\leqq x\leqq \dfrac{1}{\sqrt{2}}\right)$
$=-2\left(x-\dfrac{\sqrt{2}}{4}\right)^2+\dfrac{1}{4}$
頂点 $\left(\dfrac{\sqrt{2}}{4}, \dfrac{1}{4}\right)$
最大値 $\dfrac{1}{4}\left(x=\dfrac{\sqrt{2}}{4}\right)$
最小値 $0\left(x=\dfrac{\sqrt{2}}{2}\right)$

1-7 （1） $x<-9, -2<x$　（2） $1<x<7$
（3） $-3\leqq x\leqq 4$　（4） $x\leqq \dfrac{-3-\sqrt{5}}{2}, \dfrac{-3+\sqrt{5}}{2}\leqq x$
（5） $x<\dfrac{-5-\sqrt{41}}{4}, \dfrac{-5+\sqrt{41}}{4}<x$　（6） $3-\sqrt{5}\leqq x\leqq 3+\sqrt{5}$
（7） $x\leqq -2, 0\leqq x$　（8） $-2\leqq x\leqq 2$

1−8 （1） 全実数　（2） $x \neq -1$
　　（3） $x = -\dfrac{1}{3}$　（4） 解なし
1−9 （1） $y = -3x^2 + x + 6$　（2） $y = -2(x-2)^2 + 5$
1−10 （1） $y = -9x + 6$　（2） $y = -x + 6$
　　　　　$y = -x + 6$　　　　　$y = -17x + 38$
　　（3） $y = -3x + 3$

第2章　多項式の割り算と3次方程式

2−1 （1） $(2x+3)(x-4)$　（2） $(2a+3)(3a-2)$
　　（3） $(4x+7)(x-2)$　（4） $(6a+5)(a-2)$
　　（5） $3(2x-1)(x-3)$　（6） $-(3a-4)(a+2)$
2−2 （1） $(3x+2a+1)(x-a+3)$
　　（2） $(2x-2a+3)(3x-a-2)$
　　（3） $y(x+y+1)(xy+y+1)$
2−3 （1） $x^3 + 12x^2 + 48x + 64$
　　（2） $x^3 - 15x^2 + 75x - 125$
　　（3） $64x^3 + 144x^2 + 108x + 27$
　　（4） $125x^3 - 150x^2 + 60x - 8$
2−4 （1） $(x+1)(x^2-x+1)$　（2） $(y-4)(y^2+4y+16)$
　　（3） $(3a-2b)(9a^2+6ab+4b^2)$　（4） $2(5x+4)(25x^2-20x+16)$
2−5 （1） $(x+y+2)(x^2+y^2-xy-2x-2y+4)$
　　（2） $(a-2b+1)(a^2+4b^2+2ab-a+2b+1)$
2−6 （1） $x^4 + x^3 - 5x^2 + 13x - 6$　（2） $x^4 + 3x^2 + 2x + 12$
2−7 （1） $Q(x) = x^2 + 3x - 1$　（2） $Q(x) = x^2 + 1$
　　　　　$R(x) = -8x + 7$　　　　　$R(x) = -x + 5$
　　（3） $Q(x) = 2x^2 + 9x + 23$　（4） $Q(x) = 2$
　　　　　$R(x) = 71$　　　　　　　　$R(x) = -3x - 5$
2−8 （1） 84　（2） -13　（3） 10
2−9 $-7 - 2\sqrt{5}$
2−10 $-4x^2 + 18x - 17$

別解

問題の条件より
$$f(2)=3 \cdots ①, \quad f(x)=(x^2-4x+3)\overset{商}{\overline{Q(x)}}+2x-5 \quad \cdots\cdots ②$$
と表せる．

このとき，②において，$x=2$ を代入すると，
$$f(2)=(2^2-4\times2+3)Q(2)+2\times2-5\overset{①}{=}3$$
$$-Q(2)-1=3$$
$$-Q(2)=4 \qquad \therefore \quad Q(2)=-4 \quad \cdots\cdots ③$$

③より，剰余の定理を用いると，多項式 $Q(x)$ を $(x-2)$ で割ると余りが -4 とわかるので，商を $q(x)$ とおくと
$$Q(x)=q(x)(x-2)-4 \quad \cdots\cdots ④$$
と表せる．

よって，②に④を代入すると
$$f(x)=(x^2-4x+3)\{q(x)(x-2)-4\}+2x-5$$
$$=(x^2-4x+3)(x-2)q(x)\underline{-4(x^2-4x+3)+2x-5} \quad \cdots\cdots ⑤$$
$$\qquad\qquad\qquad\qquad\qquad\qquad (ア)$$

となるので，(ア)が，割る式 $(x^2-4x+3)(x-2)$ の次数(3次)より低い2次式なので $f(x)$ を $(x^2-4x+3)(x-2)$ で割った余りは
$$-4(x^2-4x+3)+2x-5$$
である．これを整理すると，$\boldsymbol{-4x^2+18x-17}$

2-11 （1） $x=2, 3, -5$ 　（2） $x=-2$(重解)$, 3$
　　　（3） $x=3, 2\pm\sqrt{2}$ 　（4） $x=1$(重解)$, \pm\sqrt{3}$

2-12 （1） $x=\dfrac{1}{2}, \dfrac{1\pm\sqrt{5}}{2}$ 　（2） $x=-\dfrac{1}{3}, -1\pm\sqrt{3}$

2-13 （1） 13　（2） 13　（3） 15

2-14 （1） 22　（2） -97　（3） 450　（4） -2069

第3章 3角比

3−1 （1） $\dfrac{3\sqrt{2}}{5}$ （2） $-\dfrac{5}{6}$

3−2 （1） $\begin{cases} \cos 30° = \dfrac{\sqrt{3}}{2} \\ \sin 30° = \dfrac{1}{2} \end{cases}$ （2） $\begin{cases} \cos 60° = \dfrac{1}{2} \\ \sin 60° = \dfrac{\sqrt{3}}{2} \end{cases}$

（3） $\begin{cases} \cos 135° = -\dfrac{\sqrt{2}}{2} \\ \sin 135° = \dfrac{\sqrt{2}}{2} \end{cases}$ （4） $\begin{cases} \cos 90° = 0 \\ \sin 90° = 1 \end{cases}$

3−3 （1） $\theta=60°,\ 120°$ （2） $\theta=60°$ （3） $\theta=150°$
　　　（4） $\theta=45°,\ 135°$

3−4 $\cos\theta = -\dfrac{\sqrt{2}}{\sqrt{7}},\ \sin\theta = \dfrac{\sqrt{5}}{\sqrt{7}}$

3−5 （1） $\cos A = \dfrac{5}{\sqrt{34}},\ \sin A = \dfrac{3}{\sqrt{34}},\ \tan A = \dfrac{3}{5}$

（2） $\cos B = -\dfrac{3}{\sqrt{34}},\ \sin B = \dfrac{5}{\sqrt{34}},\ \tan B = -\dfrac{5}{3}$

3−6 （1） 6 （2） 15 （3） $2\sqrt{7}+3\sqrt{21}$

3−7 （1） $10\sqrt{3}$ （2） $\dfrac{99}{4}$

3−8 （1） $\sqrt{17}$ （2） $\sqrt{277}$

3−9 （1） $\cos A = \dfrac{1}{7},\ \cos B = \dfrac{37}{91},\ \cos C = \dfrac{11}{13}$

（2） $\cos A = -\dfrac{1}{3},\ \cos B = \dfrac{7}{9},\ \cos C = \dfrac{23}{27}$

3−10 （1） $\dfrac{7}{15}$ （2） $\sqrt{33}$

3−11 AC=7, 8

3−12 （1） $R=5\sqrt{2}$ （2） BC=$5\sqrt{6}$

3−13 （1） $\dfrac{\sqrt{6}}{3}$ （2） $\dfrac{3}{2}\sqrt{3}$ （3） $\dfrac{1}{\sqrt{3}}$

3−14 （1） $\dfrac{1}{8}$ （2） $\dfrac{45}{4}\sqrt{7}$ （3） $\dfrac{44}{21}\sqrt{7}$ （4） $\dfrac{5}{6}\sqrt{7}$

3-15 (1) △ABCで余弦定理を用いて
$$\cos(\angle BAC) = \frac{8^2 + 9^2 - 11^2}{2 \cdot 8 \cdot 9} = \frac{1}{6}$$

(2) ∠DAM+∠BAC=180°(平角)
よって
$$\cos(\angle DAM) = -\cos(\angle BAC) = -\frac{1}{6}$$

△ADMで余弦定理を用いて
$$DM^2 = 5^2 + 4^2 - 2 \cdot 5 \cdot 4 \cdot \left(-\frac{1}{6}\right) = \frac{143}{3} = \frac{429}{9}$$

DM>0 より $DM = \dfrac{\sqrt{429}}{3}$

3-16 △ABCにおいて $\cos(\angle ABC) = \dfrac{6^2 + 7^2 - 8^2}{2 \cdot 6 \cdot 7} = \dfrac{1}{4}$

AD∥BC より同側内角の和は180°なので ∠BAD+∠ABC=180°
よって
$$\cos(\angle BAD) = -\cos(\angle ABC) = -\frac{1}{4}$$

従って△BADにおいて
$$BD^2 = 6^2 + 3^2 - 2 \cdot 6 \cdot 3 \cdot \left(-\frac{1}{4}\right) = 54$$

BD>0 より $BD = \mathbf{3\sqrt{6}}$

3-17 (1) $\cos(\angle BAC) = \dfrac{5^2 + 9^2 - 11^2}{2 \cdot 5 \cdot 9} = -\dfrac{1}{6}$

(2) BD=CD=x とおく.
ABDCは円に内接する4角形なので,
∠BDC+∠BAC=180°
よって $\cos(\angle BDC) = -\cos(\angle BAC) = +\dfrac{1}{6}$

△BDCにおいて余弦定理より
$$11^2 = x^2 + x^2 - 2x \cdot x \cdot \frac{1}{6} \quad \therefore \quad 121 = 2x^2 - \frac{1}{3}x^2$$

$\therefore 121 = \dfrac{5}{3}x^2$ $\therefore x^2 = \dfrac{3}{5} \times 121$

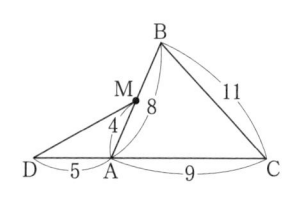

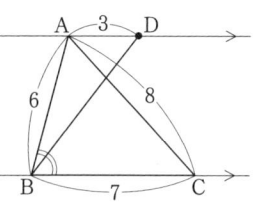

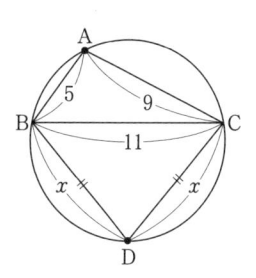

$x>0$ より $x = \sqrt{\dfrac{3}{5} \times 121} = \dfrac{\mathbf{11}}{\mathbf{5}}\sqrt{\mathbf{15}}$

第4章　2次関数の応用

4-1 （1） $f(x)=\begin{cases} x-1 & (x \geq 3) \\ -x+5 & (x \leq 3) \end{cases}$　　（2） $f(x)=\begin{cases} -2x & (x \geq -1) \\ 2x+4 & (x \leq -1) \end{cases}$

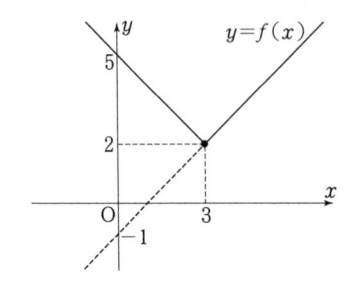

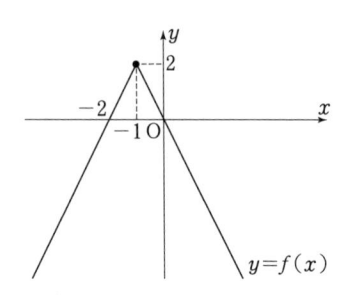

4-2

（1） $f(x)=\begin{cases} 2x-1 & (x \geq 2) \\ 3 & (-1 \leq x \leq 2) \\ -2x+1 & (x \leq -1) \end{cases}$　　（2） $f(x)=\begin{cases} 3x-3 & (5 \leq x) \\ x+7 & (1 \leq x \leq 5) \\ -x+9 & (-3 \leq x \leq 1) \\ -3x+3 & (x \leq -3) \end{cases}$

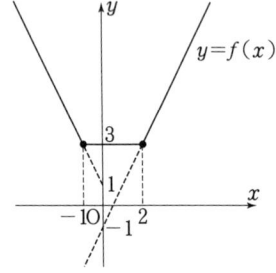

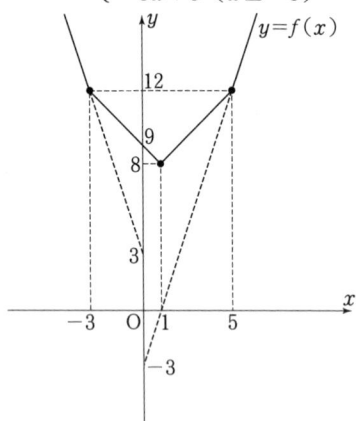

(3) $f(x) = \begin{cases} x-8 & (3 \leqq x) \\ -3x+4 & (-2 \leqq x \leqq 3) \\ -x+8 & (x \leqq -2) \end{cases}$

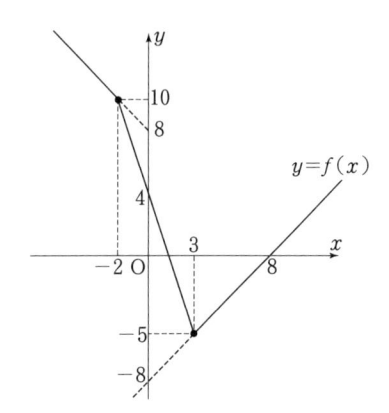

4-3 (1) $f(x) = \begin{cases} x^2+2x-3 \\ -x^2-2x+3 \end{cases}$

$= \begin{cases} (x+1)^2-4 & (x \leqq -3,\ 1 \leqq x) \\ -(x+1)^2+4 & (-3 \leqq x \leqq 1) \end{cases}$

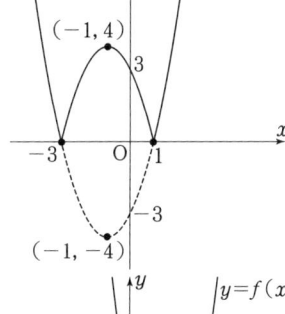

(2) $f(x) = \begin{cases} x^2-3x+2 \\ -x^2+x+2 \end{cases}$

$= \begin{cases} \left(x-\dfrac{3}{2}\right)^2 - \dfrac{1}{4} & (x \leqq 0,\ 2 \leqq x) \\ -\left(x-\dfrac{1}{2}\right)^2 + \dfrac{9}{4} & (0 \leqq x \leqq 2) \end{cases}$

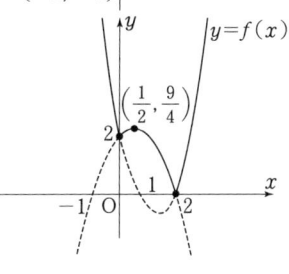

(3) $f(x) = \begin{cases} 2x^2+4x-2 \\ -2x^2+4x+2 \end{cases}$

$= \begin{cases} 2(x+1)^2-4 & (x \leqq -1,\ 1 \leqq x) \\ -2(x-1)^2+4 & (-1 \leqq x \leqq 1) \end{cases}$

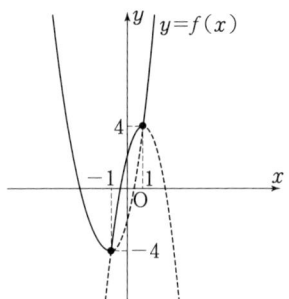

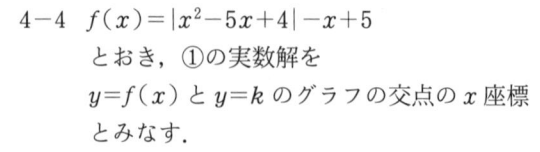

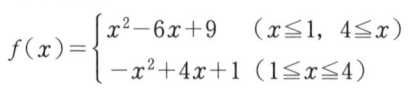

4-4 $f(x)=|x^2-5x+4|-x+5$
とおき，①の実数解を
$y=f(x)$ と $y=k$ のグラフの交点の x 座標
とみなす． 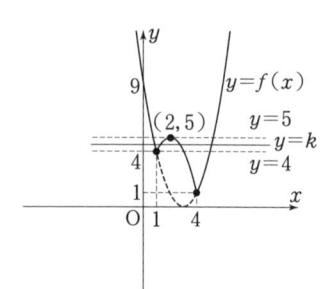
$$f(x)=\begin{cases} x^2-6x+9 & (x\leq 1,\ 4\leq x) \\ -x^2+4x+1 & (1\leq x\leq 4) \end{cases}$$
右図より，求める k の範囲は **$4<k<5$**

4-5 $f(x)=x^2+2ax-3a^2\ (-2\leq x\leq 3)$
$\qquad =(x+a)^2-4a^2$
$$\begin{cases} a\geq 2\ \text{のとき最小値}\ f(-2)=\mathbf{4-4a-3a^2} \\ -3\leq a\leq 2\ \text{のとき最小値}\ f(-a)=\mathbf{-4a^2} \\ a\leq -3\ \text{のとき最小値}\ f(3)=\mathbf{9+6a-3a^2} \end{cases}$$

4-6 $f(x)=-x^2-3ax-5a\ (-3\leq x\leq 1)$
$\qquad =-\left(x+\dfrac{3}{2}a\right)^2+\dfrac{9}{4}a^2-5a$
$$\begin{cases} a\geq 2\ \text{のとき最大値}\ f(-3)=\mathbf{4a-9} \\ -\dfrac{2}{3}\leq a\leq 2\ \text{のとき最大値}\ f\left(-\dfrac{3}{2}a\right)=\dfrac{\mathbf{9}}{\mathbf{4}}\mathbf{a^2-5a} \\ a\leq -\dfrac{2}{3}\ \text{のとき最大値}\ f(1)=\mathbf{-1-8a} \end{cases}$$

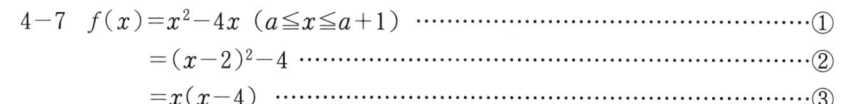

4-7 $f(x)=x^2-4x\ (a\leq x\leq a+1)$ …………①
$\qquad =(x-2)^2-4$ …………………………②
$\qquad =x(x-4)$ ……………………………③

$$\begin{cases} a\leq 1\ \text{のとき最小値}\ f(a+1)\overset{③}{=}\mathbf{(a+1)(a-3)} \\ 1\leq a\leq 2\ \text{のとき最小値}\ f(2)\overset{②}{=}\mathbf{-4} \\ 2\leq a\ \text{のとき最小値}\ f(a)\overset{①}{=}\mathbf{a^2-4a} \end{cases}$$

4-8 $f(x)=-x^2+5x$ $(a-1\leqq x\leqq a)$ ……………………①
     $=-\left(x-\dfrac{5}{2}\right)^2+\dfrac{25}{4}$ ……………………②
     $=-x(x-5)$ ……………………③

$\begin{cases} a\leqq\dfrac{5}{2} \text{ のとき最大値} f(a)\overset{①}{=}-a^2+5a \\[4pt] \dfrac{5}{2}\leqq a\leqq\dfrac{7}{2} \text{ のとき最大値} f\left(\dfrac{5}{2}\right)\overset{②}{=}\dfrac{25}{4} \\[4pt] \dfrac{7}{2}\leqq a \text{ のとき最大値} f(a-1)\overset{③}{=}-(a-1)(a-6) \end{cases}$

4-9 $f(x)=x^2+4ax-a^2+a$ $(1\leqq x\leqq 2)$
     $=(x+2a)^2-5a^2+a$

  最小値
  $m(a)=\begin{cases} f(1)=-a^2+5a+1 \ (a\geqq -\dfrac{1}{2} \text{ のとき}) \\ f(-2a)=-5a^2+a \ (-1\leqq a\leqq -\dfrac{1}{2} \text{ のとき}) \\ f(2)=-a^2+9a+4 \ (a\leqq -1 \text{ のとき}) \end{cases}$

  最大値
  $M(a)=\begin{cases} f(2)=-a^2+9a+4 \ (a\geqq -\dfrac{3}{4} \text{ のとき}) \\ f(1)=-a^2+5a+1 \ (a\leqq -\dfrac{3}{4} \text{ のとき}) \end{cases}$

4-10 $f(x)=\begin{cases} -x-1 \ \left(x\geqq\dfrac{3}{2}\right)\cdots① \\ 3x-7 \ \left(x\leqq\dfrac{3}{2}\right)\cdots② \end{cases}$ $(a-1\leqq x\leqq a+1)$

$\begin{cases} a\leqq\dfrac{1}{2} \text{ のとき最大値} f(a+1)\overset{②}{=}3a-4 \\[4pt] \dfrac{1}{2}\leqq a\leqq\dfrac{5}{2} \text{ のとき最大値} f\left(\dfrac{3}{2}\right)=-\dfrac{5}{2} \\[4pt] \dfrac{5}{2}\leqq a \text{ のとき最大値} f(a-1)\overset{①}{=}-a \end{cases}$

4-11 $f(x)=\begin{cases} x(x-4) & (x\geq 0) \cdots ① \\ -x(x+4) & (x\leq 0) \cdots ② \end{cases}$ $(-a\leq x\leq a)$

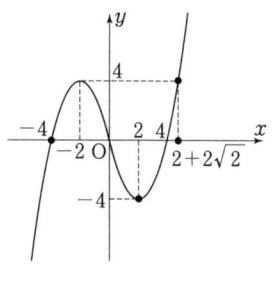

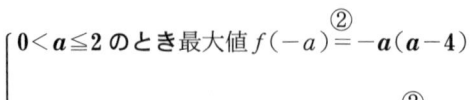

$\begin{cases} 0<a\leq 2 \text{ のとき最大値} f(-a)\overset{②}{=}-a(a-4) \\ 2\leq a\leq 2+2\sqrt{2} \text{ のとき最大値} f(-2)\overset{②}{=}4 \\ 2+2\sqrt{2}\leq a \text{ のとき最大値} f(a)\overset{①}{=}a(a-4) \end{cases}$

4-12 $-\dfrac{12}{5}<m<-\dfrac{7}{3}$

4-13 $-4<m\leq -1-2\sqrt{2},\ -1+2\sqrt{2}\leq m$

4-14 $-\dfrac{176}{7}<m\leq -25,\ -1\leq m<-\dfrac{1}{2}$

4-15 $6\leq m<7$

4-16 右図の斜線部
境界は
点線：含まない
実線：含む

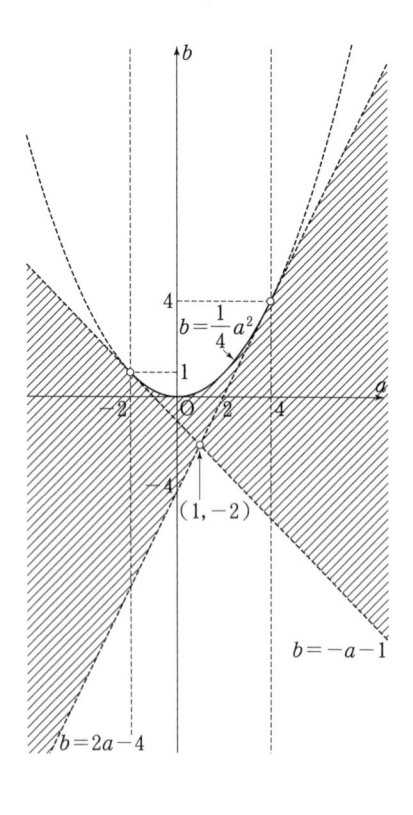

■演習問題解答■

第1章 2次関数とグラフ （問題は p.32）

1-1

$y = ax^2 + bx + 2$ ⋯①
$y = cx^2 + 2x + d$ ⋯②
$y = 2x^2 + ex + f$ ⋯③

(ⅰ)の式は③

理由：(ⅰ)(ⅱ)(ⅲ)の中で，グラフが下に凸なのは(ⅰ)のみなので，その式は x^2 の係数が正の③に対応する．

(ⅰ)より③の x 切片が $x = -4, 1$ なので
$2x^2 + ex + f = 2(x+4)(x-1) = 2x^2 + 6x - 8$ ∴ $e = 6, f = -8$

(ⅱ)の式は②

理由：(ⅱ)(ⅲ)のうち，y 切片が正の(ⅲ)が①に対応するので，(ⅱ)は残りの②に対応する．(ⅱ)の頂点の座標は $(2, 0)$ なので
$cx^2 + 2x + d = c(x-2)^2 = cx^2 - 4cx + 4c$ ∴ $c = -\dfrac{1}{2}, d = -2$

(ⅲ)の式は①

(ⅲ)の頂点の座標は $(-1, 5)$ なので
$ax^2 + bx + 2 = a(x+1)^2 + 5 = ax^2 + 2ax + a + 5$ ∴ $a = -3, b = -6$

1-2

(1) $y = ax^2 + bx + c$ のグラフが点 $(1, -2), (-2, 7), (3, 12)$ を通るので，

3元連立方程式 $\begin{cases} a+b+c=-2 \\ 4a-2b+c=7 \\ 9a+3b+c=12 \end{cases}$ が成り立つ．これを解いて，

$a = 2, b = -1, c = -3$ ∴ $y = 2x^2 - x - 3$

(2) グラフが x 軸に接するので，頂点の座標を $(p, 0)$ とおくと，式は
$y = a(x-p)^2$ ⋯① とおける．グラフが点 $(2, 1), (-1, 4)$ を通るので，
①より $a(2-p)^2 = 1$ ⋯⋯⋯⋯⋯⋯⋯⋯⋯⋯⋯⋯⋯⋯⋯⋯⋯②
$a(-1-p)^2 = 4$ ⋯⋯⋯⋯⋯⋯⋯⋯⋯⋯⋯⋯⋯⋯⋯⋯⋯⋯⋯③
が成り立つ．ここで②の両辺を③の両辺で割ると

$\dfrac{\cancel{a}(2-p)^2}{\cancel{a}(-1-p)^2} = \dfrac{1}{4}$, $4(2-p)^2 = (-1-p)^2$

$4(2-p)^2 - (-1-p)^2 = 0$, $\{2(p-2)\}^2 - (p+1)^2 = 0$
$(2p - 4 + p + 1)(2p - 4 - p - 1) = 0$, $(3p - 3)(p - 5) = 0$

演習問題解答 | 207

∴ $p=1, 5$. 従って，$(a, p)=(1, 1)$, $\left(\dfrac{1}{9}, 5\right)$ となり，求める式は

$$y=(x-1)^2, \quad y=\dfrac{1}{9}(x-5)^2$$

1-3

$y=x^2+4x=(x+2)^2-4$

（1）［図1］より，求める式は
$$y=-(x+2)^2+6$$
（2）［図2］より，求める式は
$$y=-(x-4)^2+8$$

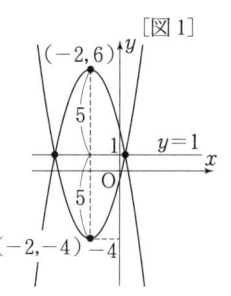

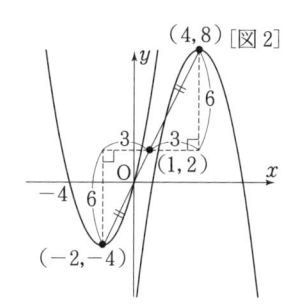

1-4

（1） $y=x^2+4ax-9a$ ……………………………………①
$\quad\quad =(x+2a)^2-4a^2-9a$

よって頂点の座標は $(-2a, \; -4a^2-9a)$

（2） 関数①の定義域は全実数で，グラフは下に凸なので，
最小値は頂点の y 座標 $-4a^2-9a$ でとる．

よって $-4a^2-9a=2$ を解いて，$a=-2, \; -\dfrac{1}{4}$

1-5

（1） $y=(100-x)(300+5x)-100\times 300$
$\quad\quad =-5x^2+200x=-5(x-20)^2+2000$
（2） 右図より $x=20$（円）のとき最大値 2000（円）

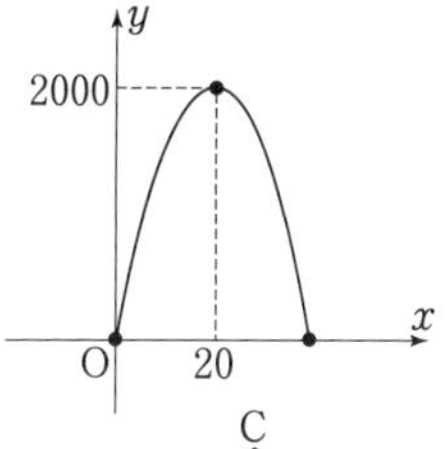

1-6

（1） AP$=x$ より $x>0$ ……………………………①
また AR>0 より $6-3x>0$ ∴ $x<2$ …………②
①②より，x のとりうる範囲は，$0<x<2$ ………③

（2） 面積比を考えると 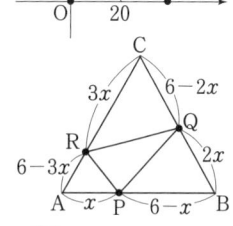
$\triangle\mathrm{ABC}=\dfrac{1}{2}\times 6\times 3\sqrt{3}=9\sqrt{3}$ なので

$\triangle\mathrm{APR}=\dfrac{x}{6}\times\dfrac{6-3x}{6}\triangle\mathrm{ABC}=\dfrac{x}{6}\times\dfrac{3(2-x)}{6}\times 9\sqrt{3}=\dfrac{3\sqrt{3}}{4}x(2-x)\cdots$④

$\triangle\mathrm{BQP}=\dfrac{2x}{6}\times\dfrac{6-x}{6}\triangle\mathrm{ABC}=\dfrac{2x(6-x)}{6\times 6}\times 9\sqrt{3}=\dfrac{\sqrt{3}}{2}x(6-x)$ …………⑤

$\triangle\mathrm{CRQ}=\dfrac{3x}{6}\times\dfrac{6-2x}{6}\triangle\mathrm{ABC}=\dfrac{3x\times 2(3-x)}{6\times 6}\times 9\sqrt{3}=\dfrac{3\sqrt{3}}{2}x(3-x)$ ⑥

④⑤⑥より

$$\frac{\sqrt{3}}{4}y = \triangle PQR = \triangle ABC - \triangle APR - \triangle BQP - \triangle CRQ$$

$$= 9\sqrt{3} - \frac{3\sqrt{3}}{4}x(2-x) - \frac{\sqrt{3}}{2}x(6-x) - \frac{3\sqrt{3}}{2}x(3-x)$$

$$= \frac{\sqrt{3}}{4}\{36 - 3x(2-x) - 2x(6-x) - 6x(3-x)\}$$

$$= \frac{\sqrt{3}}{4}(11x^2 - 36x + 36)$$

∴ $y = 11x^2 - 36x + 36$

(3) $y = 11\left(x - \frac{18}{11}\right)^2 + \frac{72}{11}$

③と右のグラフより

$x = \dfrac{18}{11}$ のとき y は最小になる.

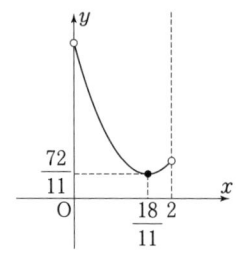

1-7
(1) $y = px - (x^2 + a)$ ……………①
$= -x^2 + px - a = -(x^2 - px) - a$
$= -\left\{\left(x - \dfrac{p}{2}\right)^2 - \dfrac{p^2}{4}\right\} - a = -\left(x - \dfrac{p}{2}\right)^2 + \dfrac{p^2}{4} - a$ ……………③

③を x の 2 次関数とみなすと,グラフは上に凸で $x>0$ の範囲において
$x = \dfrac{p}{2}$ ($p>0$) で最大値 $\dfrac{p^2}{4} - a$ をとる.従って,求める生産量は $\boldsymbol{x = \dfrac{p}{2}}$ …④

(2) ②を①に代入して,

$$y = (b-x)x - (x^2 + a) = -2x^2 + bx - a = -2\left(x - \frac{b}{4}\right)^2 + \frac{b^2}{8} - a$$

(1)同様 $x>0$ においてこの 2 次関数は $x = \dfrac{b}{4}$ で最大値 $\dfrac{b^2}{8} - a$ をとる.従って,このときの生産量は $\boldsymbol{x = \dfrac{b}{4}}$

1-8

2 次不等式 $ax^2 + bx + 12 > 0$ の解が $a < x < 3$ ということは 2 次関数 $y = ax^2 + bx + 12$ …① の $y>0$ となる x の範囲が $a < x < 3$ となるので右図のようになる.従って

(1) $\boldsymbol{a < 0}$

(2) ①の x 切片が $x = a$,3 なので,
$ax^2 + bx + 12 = a(x-a)(x-3) = ax^2 - a(a+3)x + 3a^2$

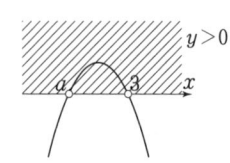

係数比較して，$\begin{cases} 3a^2=12 \quad\cdots\cdots\cdots\cdots ② \\ -a(a+3)=b \cdots ③ \end{cases}$

②より $3a^2-12=0$, $3(a-2)(a+2)=0$
 $a<0$ より $a=-2$ ③より $b=2$ ∴ $\boldsymbol{a=-2, b=2}$

1-9

$\underbrace{\underbrace{(x+1)^2>4x+2}_{①}>2x^2+x}_{②}$

①より $(x+1)^2>4x+2$ ②より $4x+2>2x^2+x$
　　　$x^2+2x+1-4x-2>0$ 　　　$0>2x^2-3x-2$
　　　$x^2-2x-1>0$ 　　　$(2x+1)(x-2)<0$
∴ $x<1-\sqrt{2}$, $1+\sqrt{2}<x \cdots ③$ ∴ $-\dfrac{1}{2}<x<2 \cdots ④$

③④の共通範囲は，右の数直線より
　　　$-\dfrac{1}{2}<\boldsymbol{x}<\boldsymbol{1-\sqrt{2}}$

1-10

右図より $a<0 \cdots ①$
$y=ax^2+bx+c$ の x 切片が $x=-1, 3$ なので
$ax^2+bx+c=a(x+1)(x-3)=ax^2-2ax-3a$
係数を比較して $\begin{cases} b=-2a \\ c=-3a \end{cases}$

これらを $(a+b)x^2+(b+c)x+(c+a)>0$ に代入して
　　　$-ax^2-5ax-2a>0$ $\cdots\cdots\cdots\cdots\cdots\cdots\cdots\cdots\cdots\cdots\cdots\cdots$ ②
①より $a<0$ なので，$-a>0$. 従って②を正の数 $-a$ で割って，
　　　$x^2+5x+2>0$

これを解いて，$\boldsymbol{x<\dfrac{-5-\sqrt{17}}{2}}, \boldsymbol{\dfrac{-5+\sqrt{17}}{2}<x}$

1-11

①②の共有点の x 座標を求める方程式
　$2x^2=-x^2+3x+5$
の2解が α, β である．よって，
　$3x^2-3x-5=0$ $\cdots\cdots\cdots\cdots\cdots\cdots\cdots\cdots\cdots\cdots\cdots\cdots\cdots\cdots\cdots\cdots$ ③
の2解が α, β なので③の左辺は
　$3x^2-3x-5=3(x-\alpha)(x-\beta)$ $\cdots\cdots\cdots\cdots\cdots\cdots\cdots\cdots\cdots\cdots$ ④
と因数分解される．④の右辺を展開して係数を比べると，
　$3x^2-3x-5=3\{x^2-(\alpha+\beta)x+\alpha\beta\}$

両辺を 3 で割って
$$x^2 - x - \frac{5}{3} = x^2 - (\alpha+\beta)x + \alpha\beta$$
$$\therefore\ \alpha+\beta = 1,\ \alpha\beta = -\frac{5}{3} \quad \cdots\cdots⑤$$

⑤を用いると，
(ⅰ) $\alpha+\beta = 1$ (ⅱ) $\alpha\beta = -\dfrac{5}{3}$

(ⅲ) $\alpha^2+\beta^2 = (\alpha+\beta)^2 - 2\alpha\beta = 1^2 - 2\left(-\dfrac{5}{3}\right) = 1 + \dfrac{10}{3} = \dfrac{13}{3}$

(2) 交点が $y=2x^2$ のグラフ上にあると考えると，
A$(\alpha, 2\alpha^2)$, B$(\beta, 2\beta^2)$
とおける．すると線分 AB の中点 M は，
$$M\left(\frac{\alpha+\beta}{2}, \frac{2\alpha^2+2\beta^2}{2}\right)$$
$$\therefore\ M\left(\frac{\alpha+\beta}{2}, \alpha^2+\beta^2\right)$$

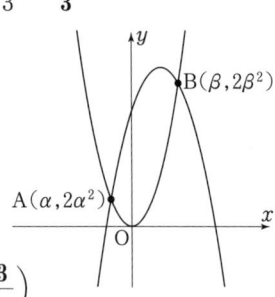

と表せる．これに（ⅰ），（ⅲ）を代入すると $M\left(\dfrac{1}{2}, \dfrac{13}{3}\right)$

1-12

(1) $2x^2 + kx + 8 = 0$ ……① において判別式 D が 0 以上ならばよいので，
$D = k^2 - 4\times 2\times 8 \geqq 0$
$(k-8)(k+8) \geqq 0$
$$\therefore\ \boldsymbol{k \leqq -8,\ 8 \leqq k} \quad \cdots\cdots②$$

(2) ①の 2 実数解が α, β なので，①の左辺は
$$2x^2 + kx + 8 = 2(x-\alpha)(x-\beta) \quad \cdots\cdots③$$
と因数分解される．③式の両辺を 2 で割って係数を比較すると，
$$x^2 + \frac{k}{2}x + 4 = x^2 - (\alpha+\beta)x + \alpha\beta$$
$$\therefore\ \begin{cases} \alpha+\beta = -\dfrac{k}{2} \quad \cdots\cdots④ \\ \alpha\beta = 4 \quad \cdots\cdots⑤ \end{cases}$$

④⑤を使えるように与式を変形する．
$\alpha(\alpha+1) + \beta(\beta+1)$
$= \alpha^2 + \alpha + \beta^2 + \beta$
$= \alpha^2 + \beta^2 + \alpha + \beta = (\alpha+\beta)^2 - 2\alpha\beta + (\alpha+\beta)$
$= \left(-\dfrac{k}{2}\right)^2 - 2\times 4 - \dfrac{k}{2} = \boldsymbol{\dfrac{k^2}{4} - \dfrac{k}{2} - 8}$

1 (3) $\alpha(\alpha+1)+\beta(\beta+1)$
$$=\frac{k^2}{4}-\frac{k}{2}-8$$
$$=\frac{1}{4}(k-1)^2-\frac{33}{4} \quad \cdots\cdots\cdots\cdots\cdots\cdots ⑥$$

α, β が実数であるときの k の範囲が②なので，②において⑥の最小値を求める．

右のグラフより最小値は **4**($k=8$)

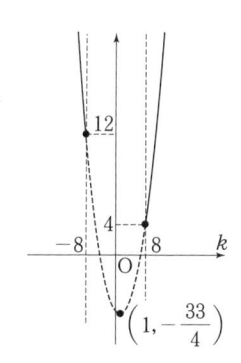

1-13

(1) P(13, 0)を通り傾き m の直線は
$$y=m(x-13) \quad \cdots\cdots\cdots\cdots\cdots\cdots ①$$
と表せる．①が

放物線 $y=-4x^2+100 \quad \cdots\cdots\cdots\cdots\cdots\cdots ②$

と接するので，①と②の共有点の x 座標を求める方程式

$-4x^2+100=m(x-13)$

$4x^2+mx-13m-100=0$（右辺に移項した）

が重解を持てばよいので

判別式 $D=m^2-4\times 4(-13m-100)=0$

$m^2+208m+1600=0$

$(m+200)(m+8)=0$

$m=-200, \ -8$

[図1]より $m=-8$．

従って，接線は①より，**$y=-8x+104$** $\quad \cdots\cdots\cdots\cdots\cdots\cdots ③$

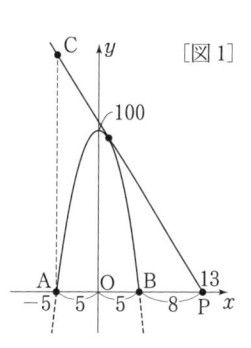

(2) 直線③と直線 $x=-5$ の交点 C[図1]の y 座標を求めればよい．③に $x=-5$ を代入して，$y=144$ **答 144 m**

(3) 点B(5, 0)における接線を $y=l(x)$ とおくと接点の x 座標が 5 なので
$$-4x^2+100-l(x)=-4(x-5)^2$$
と因数分解される．これを用いて，
$$-4x^2+100+4(x-5)^2=l(x)$$
$$-4x^2+100+4x^2-40x+100=l(x)$$
$$\therefore \ l(x)=-40x+200$$

$y=-40x+200$ に $x=-5$ を代入して，

$y=400$ **答 400 m**

1-14

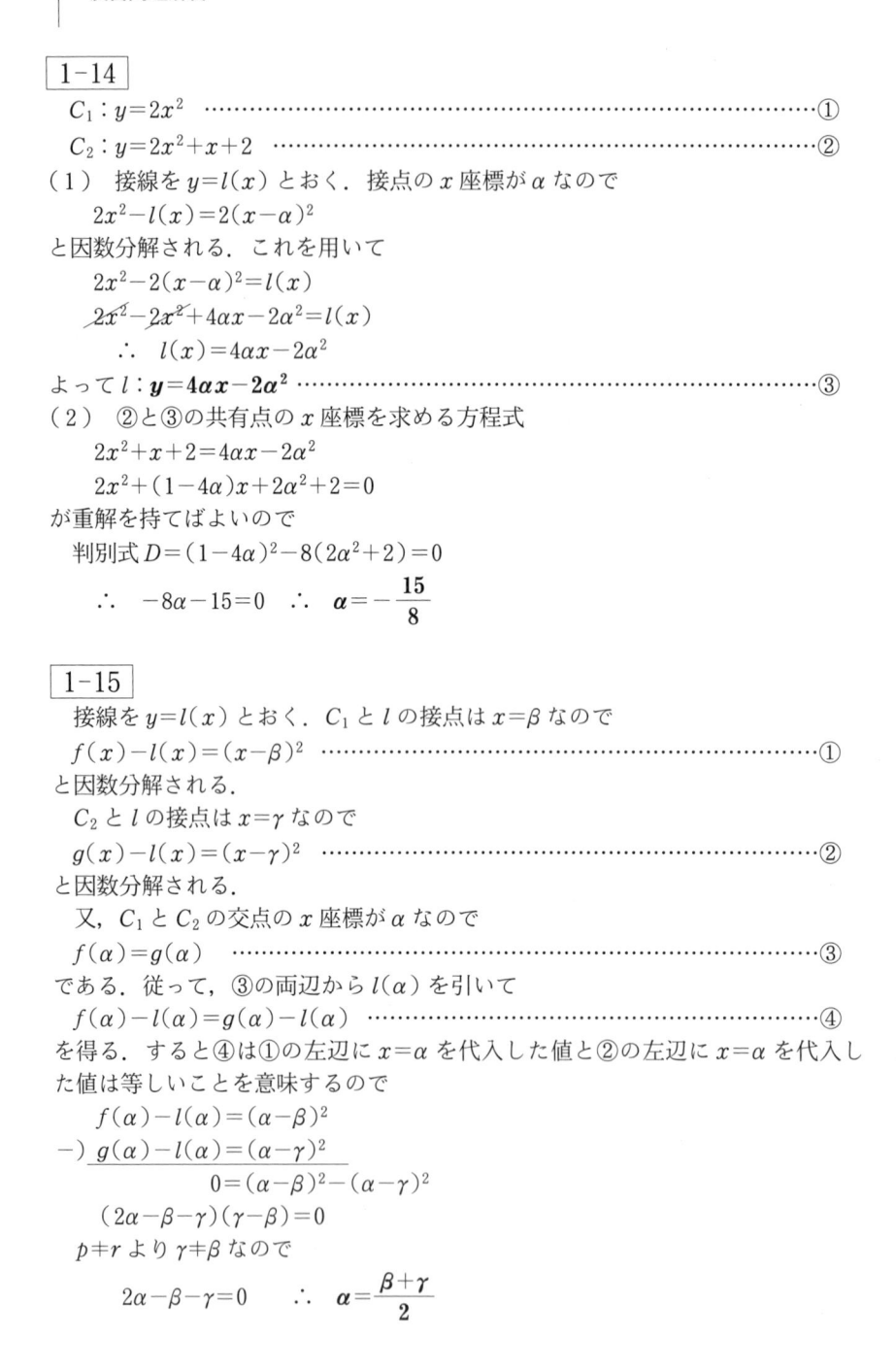

$C_1: y=2x^2$ ……①
$C_2: y=2x^2+x+2$ ……②

(1) 接線を $y=l(x)$ とおく．接点の x 座標が α なので
$$2x^2-l(x)=2(x-\alpha)^2$$
と因数分解される．これを用いて
$$2x^2-2(x-\alpha)^2=l(x)$$
$$\cancel{2x^2}-\cancel{2x^2}+4\alpha x-2\alpha^2=l(x)$$
$$\therefore\ l(x)=4\alpha x-2\alpha^2$$
よって $l: \boldsymbol{y=4\alpha x-2\alpha^2}$ ……③

(2) ②と③の共有点の x 座標を求める方程式
$$2x^2+x+2=4\alpha x-2\alpha^2$$
$$2x^2+(1-4\alpha)x+2\alpha^2+2=0$$
が重解を持てばよいので
$$判別式\ D=(1-4\alpha)^2-8(2\alpha^2+2)=0$$
$$\therefore\ -8\alpha-15=0\quad\therefore\ \boldsymbol{\alpha=-\dfrac{15}{8}}$$

1-15

接線を $y=l(x)$ とおく．C_1 と l の接点は $x=\beta$ なので
$$f(x)-l(x)=(x-\beta)^2\ \cdots\cdots①$$
と因数分解される．

C_2 と l の接点は $x=\gamma$ なので
$$g(x)-l(x)=(x-\gamma)^2\ \cdots\cdots②$$
と因数分解される．

又，C_1 と C_2 の交点の x 座標が α なので
$$f(\alpha)=g(\alpha)\ \cdots\cdots③$$
である．従って，③の両辺から $l(\alpha)$ を引いて
$$f(\alpha)-l(\alpha)=g(\alpha)-l(\alpha)\ \cdots\cdots④$$
を得る．すると④は①の左辺に $x=\alpha$ を代入した値と②の左辺に $x=\alpha$ を代入した値は等しいことを意味するので
$$\begin{aligned}f(\alpha)-l(\alpha)&=(\alpha-\beta)^2\\ -)\ \underline{g(\alpha)-l(\alpha)}&=\underline{(\alpha-\gamma)^2}\\ 0&=(\alpha-\beta)^2-(\alpha-\gamma)^2\end{aligned}$$
$$(2\alpha-\beta-\gamma)(\gamma-\beta)=0$$
$p\neq r$ より $\gamma\neq\beta$ なので
$$2\alpha-\beta-\gamma=0\quad\therefore\ \boldsymbol{\alpha=\dfrac{\beta+\gamma}{2}}$$

第2章 多項式の割り算と3次方程式 （問題は p.82）

2-1

（1） $N=10a+b$ （a は1以上の整数. $b=0,\ 1,\ 2,\ \cdots,\ 9$）とおく.
$$N^2=(10a+b)^2=100a^2+20ab+b^2$$
$$=\underbrace{10(10a^2+2ab)}_{\text{下1ケタは0}}+b^2 \quad\cdots\cdots①$$

①より N^2 の一の位は b^2 の一の位と一致する.
$$b^2=0^2,\ 1^2,\ 2^2,\ 3^2,\ 4^2,\ 5^2,\ 6^2,\ 7^2,\ 8^2,\ 9^2$$
$$=0,\ 1,\ 4,\ 9,\ 16,\ 25,\ 36,\ 49,\ 64,\ 81$$

より N^2 の一の位が9になるのは，$b=\mathbf{3},\ \mathbf{7}$ のときである．

（2）（ⅰ） $b=3$ のとき

$N=10a+3$ であり，$N^2=(10a+3)^2=100a^2+60a+9$
$$=\underbrace{10(10a^2+6a)}_{\text{下1ケタが0}}+\underbrace{9}_{\text{一の位}} \quad\cdots\cdots②$$

②において，$A=[N^2 \text{の一の位を取り除いた部分}]=10a^2+6a$

$$\frac{N}{10}=\frac{10a+3}{10}=a+\frac{3}{10}$$

より, $\quad B=\left[\dfrac{N}{10}\text{に最も近い自然数}\right]=a$

ここで, $\quad A=(10a+6)a$

と表せるので，A は B で割り切れるので(☆)が成り立つ．

（ⅱ） $b=7$ のとき

$N=10a+7$ であり，$N^2=(10a+7)^2=100a^2+140a+49$
$$=100a^2+140a+40+9$$
$$=\underbrace{10(10a^2+14a+4)}_{\text{下1ケタが0}}+\underbrace{9}_{\text{一の位}} \quad\cdots\cdots③$$

③において，$A=[N^2 \text{の一の位を取り除いた部分}]$
$$=10a^2+14a+4=2(5a^2+7a+2)=2(a+1)(5a+2) \quad\cdots\cdots④$$

$$\frac{N}{10}=\frac{10a+7}{10}=a+\frac{7}{10}$$

より, $\quad B=\left[\dfrac{N}{10}\text{に最も近い自然数}\right]=a+1$

よって④より A は B で割り切れるので(☆)が成り立つ．

2-2

△AOB∽△BOC より
OA : OB = OB : OC = 1 : r
従って，OB = rOA = ar
OC = rOB = ar^2
△BOC∽△COD より
OB : OC = OC : OD = 1 : r
従って，OD = rOC = ar^3

直角3角形 AOB においてピタゴラスの定理より
$$AB^2 = AO^2 + OB^2$$
$$1^2 = a^2 + (ar)^2$$
$$1 = a^2 + a^2 r^2$$
∴ $a^2(r^2+1) = 1$ ……………………………………①

直角3角形 AOD においてピタゴラスの定理より
$$AD^2 = AO^2 + OD^2$$
$$\sqrt{7}^2 = a^2 + (ar^3)^2$$
$$7 = a^2 + a^2 r^6$$
∴ $a^2(r^6+1) = 7$ ……………………………………②

①，②より，$a \neq 0$ なので，②÷① を行うと，
$$\frac{\cancel{a^2}(r^6+1)}{\cancel{a^2}(r^2+1)} = \frac{7}{1}$$
$$\frac{(r^2)^3+1}{r^2+1} = 7$$
$$\frac{\cancel{(r^2+1)}(r^4-r^2+1)}{\cancel{r^2+1}} = 7$$
$$r^4 - r^2 + 1 = 7$$
$$(r^2)^2 - r^2 - 6 = 0$$
$$(r^2-3)(r^2+2) = 0$$
$r^2 > 0$ なので
$r^2 = 3$

$r > 0$ より，$r = \sqrt{3}$．①に代入して，$a > 0$ より，$\boldsymbol{a = \dfrac{1}{2}}$

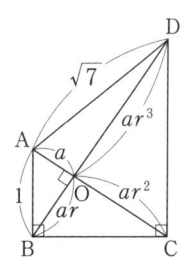

2-3

右図のように，PS を含み底面 BCD に平行な平面と AB との交点を T とする．

3角錐 A-TPS と A-BCD は相似なので体積比は

[A-TPS]：[A-BCD]
$= a^3 : (a+b)^3$ ……………………①

次に，3角柱 TPS-BQR と 3角錐 A-BCD を比べると，

底面積の比は，[△BQR]：[△BCD]$= BR^2 : BD^2 = a^2 : (a+b)^2$ ………②

高さの比は，TB：AB$= b : (a+b)$ ………………………………③

②③より体積比は，

[TPS-BQR]：[A-BCD]$= a^2 \times b : \dfrac{1}{3} \times (a+b)^2 \times (a+b)$

$\qquad\qquad\qquad\qquad = 3a^2 b : (a+b)^3$ ………………………④

①④より求める体積比は

[APS-BQR]：[PQRS-CD]
$= a^3 + 3a^2 b : (a+b)^3 - (a^3 + 3a^2 b)$
$= \boldsymbol{a^3 + 3a^2 b : 3ab^2 + b^3}$

2-4

（1） $a^3 + b^3 - ax^2 - bx^2 - 3abx$ （x の2次式とみなす）

$= -(a+b)x^2 - 3abx + (a^3 + b^3)$

$= -(a+b)x^2 - 3abx + (a+b)(a^2 - ab + b^2)$

	1	$a+b$	$-(a^2 + 2ab + b^2)$
	$-(a+b)$	$a^2 - ab + b^2$	$a^2 - ab + b^2$
	$-(a+b)$	$(a+b)(a^2 - ab + b^2)$	$-3ab$

$= (x + a + b)\{-(a+b)x + a^2 - ab + b^2\}$
$= \boldsymbol{(x + a + b)(-ax - bx + a^2 - ab + b^2)}$

（2） $a^3b+b^3c+c^3a-ab^3-bc^3-ca^3$
$=(b-c)a^3-(b^3-c^3)a+b^3c-bc^3$
$=(b-c)a^3-(b-c)(b^2+bc+c^2)a+bc(b+c)(b-c)$
$=(b-c)\{a^3-(b^2+bc+c^2)a+bc(b+c)\}$ （{ }の中を b について整理）
$=(b-c)\{b^2(c-a)+b(c^2-ca)+a^3-ac^2\}$
$=(b-c)\{b^2(c-a)+bc(c-a)-a(c-a)(c+a)\}$
$=(b-c)(c-a)(b^2+bc-ac-a^2)$ （＿を c について整理）
$=(b-c)(c-a)\{(b-a)c+(b-a)(b+a)\}$
$=(b-c)(c-a)(b-a)(a+b+c)$
$=\boldsymbol{(a-b)(b-c)(a-c)(a+b+c)}$

（3） $(a-b)^3+(b-c)^3+(c-a)^3$
$=\{(a-b)+(b-c)\}\{(a-b)^2-(a-b)(b-c)+(b-c)^2\}-(a-c)^3$
$=(a-c)(a^2-2ab+b^2-ab+ac+b^2-bc+b^2-2bc+c^2-a^2+2ac-c^2)$
$=(a-c)(3b^2-3ab+3ac-3bc)$
$=3(a-c)\{b^2-(a+c)b+ac\}$
$=3(a-c)(b-a)(b-c)$
$=\boldsymbol{3(a-b)(b-c)(c-a)}$

2-5

右のように実際に $2x^3-x^2+ax+b$ を x^2+2x+4 で割ると，余りが $(a+2)x+b+20$ なので，これが $5x+7$ と一致するので，$a+2=5$, $b+20=7$ より $a=3$, $b=-13$

$$\begin{array}{r}2x-5\\x^2+2x+4\overline{\smash{\big)}\,2x^3-x^2+ax+b}\\\underline{2x^3+4x^2+8x}\\-5x^2+(a-8)x+b\\\underline{-5x^2-10x-20}\\(a+2)x+b+20\end{array}$$

答 （1） $\boldsymbol{2x-5}$ （2） $\boldsymbol{a=3, b=-13}$

2-6

$f(x)$ を $x+2$ で割った商が x^2+7x+5, 余りが 6 より,
$$f(x)=(x+2)\underbrace{(x^2+7x+5)}_{(ア)}+6$$

$f(x)$ を $(x+2)^2$ で割った余りは, (ア)を $x+2$ で割ると $x^2+7x+5=(x+2)(x+5)-5$
なので, (ア)に代入して
$$\begin{aligned}f(x)&=(x+2)\{(x+2)(x+5)-5\}+6\\&=(x+2)^2(x+5)-5(x+2)+6\\&=(x+2)^2(x+5)\underbrace{-5x-4}_{(イ)}\end{aligned}$$

$$\begin{array}{r}x+5\\x+2\overline{)x^2+7x+5}\\\underline{x^2+2x}\\5x+5\\\underline{5x+10}\\-5\end{array}$$

(イ)が割る式 $(x+2)^2$ の次数より低いので(イ)$-5x-4$ が割った余りで, 商は $x+5$ である.

2-7

$f(x)$ を x^2+3x-2 で割ると余りが $4x-5$ なので商を $Q(x)$ とおくと,
$$f(x)=(x^2+3x-2)Q(x)+4x-5 \cdots\cdots\cdots①$$
である. ①の両辺に $x+2$ をかけて
$$(x+2)f(x)=\underbrace{(x+2)(x^2+3x-2)Q(x)}_{(ア)}+\underbrace{(x+2)(4x-5)}_{(イ)} \cdots\cdots②$$

②の(ア)は x^2+3x-2 で割り切れるので $(x+2)f(x)$ を x^2+3x-2 で割った余りは(イ)を x^2+3x-2 で割った余りとわかる.
$$(x+2)(4x-5)=4x^2+3x-10$$
で, x^2+3x-2 で割って, 余りは $-9x-2$

$$\begin{array}{r}4\\x^2+3x-2\overline{)4x^2+3x-10}\\\underline{4x^2+12x-8}\\-9x-2\end{array}$$

2-8

$f(x)=x^{99}+x^{60}+1$ とおく.
$f(x)$ を x^2-1 で割った商を $Q(x)$, 余りを $ax+b$ とおく.
$$\begin{aligned}f(x)=x^{99}+x^{60}+1&=(x^2-1)Q(x)+ax+b\\&=(x-1)(x+1)Q(x)+ax+b\end{aligned}$$
$f(1)=1+1+1=a+b \quad \therefore \quad a+b=3 \cdots\cdots\cdots\cdots①$
$f(-1)=(-1)^{99}+(-1)^{60}+1=-a+b \quad \therefore \quad -a+b=1 \cdots\cdots\cdots②$
①②より $a=1,\ b=2$. よって求める余りは $x+2$

2-9

$f(x)$ を $(x-2)(x+3)$ で割ったときの商を $Q_1(x)$ とすると，余りが $4x+9$ より，

$f(x)=(x-2)(x+3)Q_1(x)+4x+9$ ……………………………………①

①より $f(2)=17$ ……………………………………………………………②
$\quad\quad\quad f(-3)=-3$ ……………………………………………………③

$f(x)$ を $(x-1)(x-2)$ で割ったときの商を $Q_2(x)$ とすると，余りが $12x+k$ より，

$f(x)=(x-1)(x-2)Q_2(x)+12x+k$ …………………………………④

④より $f(2)=12\times 2+k \overset{②}{=} 17 \quad \therefore \quad k=-7$ ……………………⑤
⑤を④に代入し $x=1$ を代入すると，$f(1)=12-7=5$ ……………⑥
を得る．

$f(x)$ を $(x-1)(x-2)(x+3)$ で割ったときの商を $Q_3(x)$，余りを ax^2+bx+c とおくと

$f(x)=\underbrace{(x-1)(x-2)(x+3)Q_3(x)}_{(ア)}+\underbrace{ax^2+bx+c}_{(イ)}$ ……………⑦

とおける．⑦を用いて $f(x)$ を $(x-2)(x+3)$ で割った余りを考えると，余りは①より $4x+9$ である．(ア)の部分は $(x-2)(x+3)$ で割り切れるので $f(x)$ を $(x-2)(x+3)$ で割った余りは(イ)を $(x-2)(x+3)$ で割った余りと一致するので⑦は

$f(x)=(x-1)(x-2)(x+3)Q_3(x)+\underbrace{a(x-2)(x+3)+4x+9}_{(ウ)}$ …………⑧

と書き替えられる．⑧に $x=1$ を代入して

$f(1)=a\times(-1)\times 4+4\times 1+9 \overset{⑥}{=} 5$
$\quad\quad -4a+13=5 \quad \therefore \quad a=2$

求める余りは(ウ)の部分なので(ウ)に $a=2$ を代入して

$2(x-2)(x+3)+4x+9=\boldsymbol{2x^2+6x-3}$

2-10

$f(x)$ を $x+2$ で割った余りが 38 なので　$f(-2)=38$　……………①

$f(x)$ を $(x-1)^2$ で割ったときの商を $Q_1(x)$ とすると，余りが $-3x+5$ なので

$$f(x)=(x-1)^2 Q_1(x)-3x+5 \quad \cdots\cdots\cdots\cdots\cdots\cdots ②$$

と表せる．

$f(x)$ を $(x+2)(x-1)^2$ で割ったときの商を $Q_2(x)$，余りを ax^2+bx+c とおくと

$$f(x)=\underbrace{(x+2)(x-1)^2 Q_2(x)}_{(ア)}+\underbrace{ax^2+bx+c}_{(イ)} \quad \cdots\cdots ③$$

と表せる．③を用いて $f(x)$ を $(x-1)^2$ で割ることを考える．

(ア)の部分は $(x-1)^2$ で割り切れるので $f(x)$ を $(x-1)^2$ で割った余りは(イ)を $(x-1)^2$ で割った余りと一致し，その余りは $-3x+5$ なので

$$ax^2+bx+c=a(x-1)^2-3x+5 \quad \cdots\cdots\cdots\cdots\cdots ④$$

と表せる．

よって，④を③に代入して

$$f(x)=(x+2)(x-1)^2 Q_2(x)+a(x-1)^2-3x+5 \quad \cdots\cdots ⑤$$

⑤に $x=-2$ を代入して

$$f(-2)=a(-3)^2-3(-2)+5 \overset{①}{=} 38$$

$$9a+11=38 \qquad a=3$$

従って求める余りは④に $a=3$ を代入して

$$3(x-1)^2-3x+5=\boldsymbol{3x^2-9x+8}$$

2-11

$f(1)=1,\ f(-1)=-1,\ f(-3)=-3$ である．

$F(x)=f(f(x))$ とおくと

$F(1)=f(f(1))=f(1)=1$

$F(-1)=f(f(-1))=f(-1)=-1$

$F(-3)=f(f(-3))=f(-3)=-3$

よって，$F(x)-x$ は $(x-1)(x+1)(x+3)$ で割り切れる．

よって，$F(x)-x=(x-1)(x+1)(x+3)Q(x)$

と表せ，

$$f(f(x))=(x-1)(x+1)(x+3)Q(x)+x$$

と書ける．よって，求める余りは $\boldsymbol{x}$

2-12

$f(x)$ を $(x^2+1)(x^2+2)$ で割ったときの商を $Q(x)$, 余りを $R(x)$ とおくと
$$f(x)=(x^2+1)(x^2+2)Q(x)+R(x) \quad \cdots\cdots\cdots\cdots\cdots\cdots\cdots\cdots\cdots ①$$
$f(x)$ を x^2+1 で割った余りが $x+1$ なので①は
$$f(x)=(x^2+1)(x^2+2)Q(x)+\underbrace{(ax+b)(x^2+1)+x+1}_{(ア)}$$
と表せる. この式を ((ア)の部分を調整して) x^2+2 で割った式に書き替えると
$$\begin{aligned}
f(x)&=(x^2+2)(x^2+1)Q(x)+(ax+b)\{(x^2+2)-1\}+x+1\\
&=(x^2+2)(x^2+1)Q(x)+(ax+b)(x^2+2)-(ax+b)+x+1\\
&=(x^2+2)\{(x^2+1)Q(x)+(ax+b)\}+\underbrace{(-a+1)x+(1-b)}_{(イ)}
\end{aligned}$$
よって, $f(x)$ を x^2+2 で割った余りは(イ)で, これが $x+2$ と一致するので
$$-a+1=1,\ 1-b=2 \text{ を解いて } a=0,\ b=-1$$
求める余りは(ア)に $a=0,\ b=-1$ を代入して
$$-1\times(x^2+1)+x+1=\boldsymbol{-x^2+x}$$

2-13

$$\begin{aligned}
g(x)-x&=f(f(x))-x\\
&=\underbrace{f(f(x))-f(x)}_{(ア)}+\underbrace{f(x)-x}_{(イ)}
\end{aligned}$$
と変形できる. ここで次の性質(☆)は簡単に示せる.

(☆) $f(x)-f(a)$ は $x-a$ で割り切れる

(∵) $F(x)=f(x)-f(a)$ とおくと
$$F(a)=f(a)-f(a)=0$$
よって因数定理より $F(x)$ は $x-a$ で割り切れる. (終)

(☆)を用いると $f(\boxed{x})-f(\boxed{a})$ が $\boxed{x}-\boxed{a}$ で割り切れるので
$\boxed{x}$ を $f(x)$ に, $\boxed{a}$ を x に置き換えると
$$f(f(x))-f(x) \text{ は } f(x)-x \text{ で割り切れるとわかる.}$$
従って(ア)(イ)ともに $f(x)-x$ で割り切れるので
$g(x)-x$ は $f(x)-x$ で割り切れることがわかった.

2-14

$f(x)=x^3+3x^2+4x+5$, $g(x)=x^3+x^2+6x+3$ とおく.

$f(-1)=-1+3-4+5=3$, $g(-1)=-1+1-6+3=-3$ である. $f(x)$ の x^2 の係数, x の係数, 定数項のどれか1つの数値を変更した3次式を $f_1(x)$ とおくと, $f_1(-1)$ の値は4か2となり, $f(-1)$ との値の差は1か -1 である. 次の3次式を $f_2(x)$, その次の3次式を $f_3(x)$ と次々に $f_4(x)$, $f_5(x)$, … とおくと $f_2(-1)$, $f_3(-1)$, … の値は前の値に対して1増えるか1減るかのどちらかである.

結局この操作の結果 $g(x)$ を得たとすると, $f(-1)=3$, $g(-1)=-3$ より, $f_1(x)$, $f_2(x)$, …… の中に $f_k(-1)=0$ となる $f_k(x)$ が存在する. この $f_k(x)$ に対して3次方程式 $f_k(x)=0$ は $x=-1$ を解に持つことがわかる.

2-15

$x^3+3x^2-2x-5=0$ の3解が α, β, γ なので
$$\begin{cases} \alpha+\beta+\gamma=-3 & \cdots\cdots① \\ \alpha\beta+\beta\gamma+\gamma\alpha=-2 & \cdots\cdots② \\ \alpha\beta\gamma=5 & \cdots\cdots③ \end{cases}$$

①より $\beta+\gamma=-3-\alpha$, $\gamma+\alpha=-3-\beta$, $\alpha+\beta=-3-\gamma$ を得る. これを式に代入して

$$\frac{\beta+\gamma}{\alpha}+\frac{\gamma+\alpha}{\beta}+\frac{\alpha+\beta}{\gamma}$$
$$=\frac{-3-\alpha}{\alpha}+\frac{-3-\beta}{\beta}+\frac{-3-\gamma}{\gamma}=-\frac{3}{\alpha}-\frac{3}{\beta}-\frac{3}{\gamma}-3$$
$$=-3\left(\frac{1}{\alpha}+\frac{1}{\beta}+\frac{1}{\gamma}\right)-3=-3\times\frac{\beta\gamma+\gamma\alpha+\alpha\beta}{\alpha\beta\gamma}-3 \quad (②, ③を代入)$$
$$=-3\times\frac{-2}{5}-3=\frac{6-15}{5}=-\frac{9}{5}$$

2-16

$x+y+z=a$ …①, $\dfrac{1}{x}+\dfrac{1}{y}+\dfrac{1}{z}=\dfrac{1}{a}$ …………②

②より $\dfrac{yz+zx+xy}{xyz}=\dfrac{1}{a}$ ∴ $xyz=a(yz+zx+xy)$ …………③

よって $(x-a)(y-a)(z-a)$
$= xyz - a(xy+yz+zx) + a^2(x+y+z) - a^3$
$= \underbrace{a(xy+yz+zx)}_{③} - a(xy+yz+zx) + a^2 \times \underbrace{a}_{①} - a^3 = 0$

∴ $(x-a)(y-a)(z-a) = 0$

より, x, y, z のうち少なくとも1つは a とわかった.

2-17

$f(2) = \dfrac{1}{2}$ …①, $f(3) = \dfrac{2}{3}$ …②, $f(4) = \dfrac{3}{4}$ …③, $f(5) = \dfrac{4}{5}$ …④

$F(x) = xf(x) - (x-1)$ とおくと

$F(2) = 2f(2) - 1 = 2 \times \underbrace{\dfrac{1}{2}}_{①} - 1 = 0$

$F(3) = 3f(3) - 2 = 3 \times \underbrace{\dfrac{2}{3}}_{②} - 2 = 0$

$F(4) = 4f(4) - 3 = 4 \times \underbrace{\dfrac{3}{4}}_{③} - 3 = 0$

$F(5) = 5f(5) - 4 = 5 \times \underbrace{\dfrac{4}{5}}_{④} - 4 = 0$

より $F(x)$ は $(x-2)(x-3)(x-4)(x-5)$ で割り切れる.

$F(x) = \underbrace{x}_{1次式} \underbrace{f(x)}_{3次式} - x + 1$ は4次式なので

$F(x) = xf(x) - x + 1 = a(x-2)(x-3)(x-4)(x-5)$ …………⑤

とおける. ⑤の定数項を比べると

$$1 = 2 \times 3 \times 4 \times 5 a$$

∴ $a = \dfrac{1}{120}$

従って

$F(x) = xf(x) - x + 1 = \dfrac{1}{120}(x-2)(x-3)(x-4)(x-5)$

よって,

$$F(1)=1\times f(1)-1+1=\frac{1}{120}\times(-1)(-2)(-3)(-4)$$
$$f(1)=\frac{1}{5}$$

2-18

$f(x)=x^3-3x^2-x+3$
$\quad\quad =(x-1)(x+1)(x-3)$

より, $f(1)=f(-1)=f(3)=0$
に注意.

$g(1)=f(f(f(1)))=f(f(0))=f(3)=0$
$g(-1)=f(f(f(-1)))=f(f(0))=f(3)=0$
$g(3)=f(f(f(3)))=f(f(0))=f(3)=0$

よって $g(x)$ は $(x-1)(x+1)(x-3)$, 即ち $f(x)$ で割り切れる.

第3章 3角比 (問題は p.140)

3-1 (1) $\cos\theta+\sin\theta=\dfrac{\sqrt{2}}{2}$ ……① の両辺を2乗すると

$\cos^2\theta+2\cos\theta\sin\theta+\sin^2\theta=\dfrac{1}{2}$, $1+2\cos\theta\sin\theta=\dfrac{1}{2}$

$\therefore\ \cos\theta\sin\theta=-\dfrac{1}{4}$ ……………………………………②

(2) $\tan\theta+\dfrac{1}{\tan\theta}=\dfrac{\sin\theta}{\cos\theta}+\dfrac{\cos\theta}{\sin\theta}$

$=\dfrac{\sin^2\theta+\cos^2\theta}{\cos\theta\sin\theta}\overset{②}{=}\dfrac{1}{-\dfrac{1}{4}}=1\div\left(-\dfrac{1}{4}\right)=\boldsymbol{-4}$

(3) $\cos^3\theta+\sin^3\theta=(\cos\theta+\sin\theta)^3-3\cos\theta\sin\theta(\cos\theta+\sin\theta)$

$=\left(\dfrac{\sqrt{2}}{2}\right)^3-3\times\left(-\dfrac{1}{4}\right)\times\dfrac{\sqrt{2}}{2}$ （①②を代入）

$=\dfrac{2\sqrt{2}}{8}+\dfrac{3}{4}\times\dfrac{\sqrt{2}}{2}=\boldsymbol{\dfrac{5\sqrt{2}}{8}}$

3-2 $\cos\theta=\tan\theta$

$\cos\theta=\dfrac{\sin\theta}{\cos\theta}$

$\cos^2\theta=\sin\theta$

$1-\sin^2\theta=\sin\theta$

$0=\sin^2\theta+\sin\theta-1$

ここで $\sin\theta=X$ とおくと

$X^2+X-1=0$

$\therefore\ X=\dfrac{-1\pm\sqrt{5}}{2}$

$-1\leqq\sin\theta\leqq 1$ より, $\sin\theta=\boldsymbol{\dfrac{\sqrt{5}-1}{2}}$

3-3 $\dfrac{\sin\theta}{1-\cos\theta}-\dfrac{\sin\theta}{1+\cos\theta}=2$

$\dfrac{\sin\theta(1+\cos\theta)-\sin\theta(1-\cos\theta)}{(1-\cos\theta)(1+\cos\theta)}=2$

$\dfrac{2\sin\theta\cos\theta}{1-\cos^2\theta}=2$

$\dfrac{2\sin\theta\cos\theta}{\sin^2\theta}=2$

$\dfrac{\cos\theta}{\sin\theta}=1$

$\dfrac{1}{\tan\theta}=1$

$\therefore\ \tan\theta=1$

$0°<\theta<180°$ より

$\theta=\boldsymbol{45°}$

3-4

$2\cos^2\theta + \sin\theta \geq 2$

$2(1-\sin^2\theta) + \sin\theta \geq 2$

$-2\sin^2\theta + \sin\theta \geq 0$

両辺に -1 をかける.

$2\sin^2\theta - \sin\theta \leq 0$

$\sin\theta = X$ とおく.

$2X^2 - X \leq 0$

$X(2X-1) \leq 0$

$0 \leq X \leq \dfrac{1}{2}$

$0 \leq \sin\theta \leq \dfrac{1}{2}$

$0° \leq \theta \leq 180°$ なので右図より

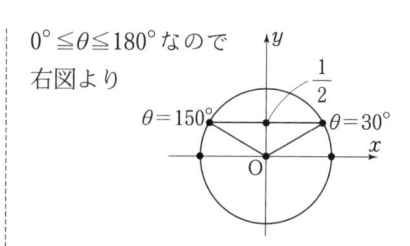

$0° \leq \theta \leq 30°$, $150° \leq \theta \leq 180°$

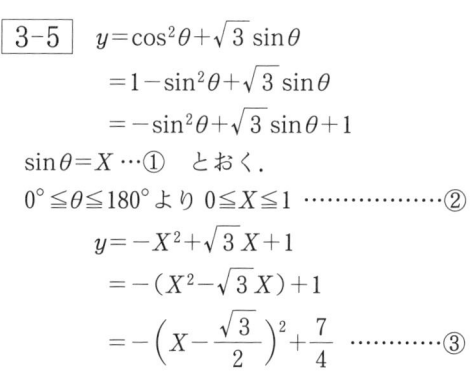

3-5 $y = \cos^2\theta + \sqrt{3}\sin\theta$

$\qquad = 1 - \sin^2\theta + \sqrt{3}\sin\theta$

$\qquad = -\sin^2\theta + \sqrt{3}\sin\theta + 1$

$\sin\theta = X \cdots$ ① とおく.

$0° \leq \theta \leq 180°$ より $0 \leq X \leq 1$ ……………②

$y = -X^2 + \sqrt{3}X + 1$

$\quad = -(X^2 - \sqrt{3}X) + 1$

$\quad = -\left(X - \dfrac{\sqrt{3}}{2}\right)^2 + \dfrac{7}{4}$ …………③

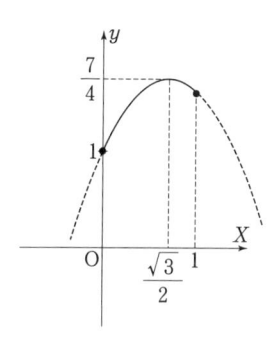

ここで②の範囲で③のグラフを描くと右上図のようになり, $X = \dfrac{\sqrt{3}}{2}$ で最大値 $\dfrac{7}{4}$ とわかる.

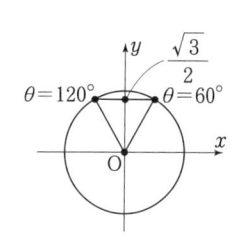

ここで, $\sin\theta = \dfrac{\sqrt{3}}{2}$ を $0° \leq \theta \leq 180°$ の範囲で解くと, $\theta = 60°, 120°$ である.

従って, **$\theta = 60°, 120°$ のとき最大値 $\dfrac{7}{4}$**

3-6 $\cos\theta=\dfrac{\sqrt{7}}{4}$ より，$\sin\theta=\dfrac{3}{4}$ である．

直角3角形 △ABC において，
$$x=\mathrm{AC}\cos\theta=8\times\dfrac{\sqrt{7}}{4}=\mathbf{2\sqrt{7}}$$
$$y=\mathrm{AC}\sin\theta=8\times\dfrac{3}{4}=\mathbf{6}$$

直角3角形 BCH において，
$$z=x\sin\theta=2\sqrt{7}\times\dfrac{3}{4}=\dfrac{\mathbf{3}}{\mathbf{2}}\sqrt{\mathbf{7}}$$

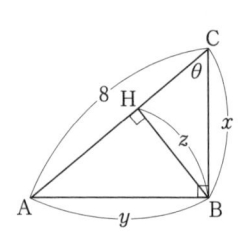

3-7 (1) $\sin\alpha=\dfrac{5}{7}$ より $\cos\alpha=\dfrac{\mathbf{2\sqrt{6}}}{\mathbf{7}}$（$\alpha$：鋭角）

$\cos\beta=\dfrac{\sqrt{3}}{3}$ より $\sin\beta=\dfrac{\mathbf{\sqrt{6}}}{\mathbf{3}}$

(2) 直角3角形 DAP において
$$\mathrm{AP}=\mathrm{AD}\cos\alpha$$
$$=49\times\dfrac{2\sqrt{6}}{7}=14\sqrt{6}$$
$$\mathrm{DP}=\mathrm{AD}\sin\alpha$$
$$=49\times\dfrac{5}{7}=35$$

直角3角形 PAB において
$$x=\mathrm{PA}\cos\beta$$
$$=14\sqrt{6}\times\dfrac{\sqrt{3}}{3}=\mathbf{14\sqrt{2}}$$
$$y=\mathrm{PA}\sin\beta$$
$$=14\sqrt{6}\times\dfrac{\sqrt{6}}{3}=\mathbf{28}$$

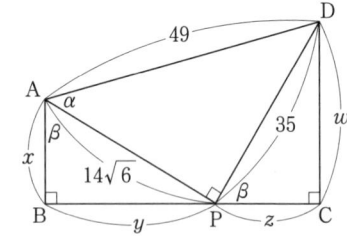

直角3角形 DPC において
$\angle\mathrm{BAP}+\angle\mathrm{ABP}=\angle\mathrm{APD}+\angle\mathrm{DPC}$ より
$\beta+90°=90°+\angle\mathrm{DPC}$
∴ $\angle\mathrm{DPC}=\beta$

よって，
$$z=\mathrm{DP}\cos\beta=35\times\dfrac{\sqrt{3}}{3}=\dfrac{\mathbf{35}}{\mathbf{3}}\sqrt{\mathbf{3}}$$
$$w=\mathrm{DP}\sin\beta=35\times\dfrac{\sqrt{6}}{3}=\dfrac{\mathbf{35}}{\mathbf{3}}\sqrt{\mathbf{6}}$$

3-8

(1) C から AB に垂線 CH を下ろす.

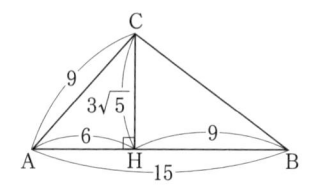

$\cos A = \dfrac{2}{3}$ より $\sin A = \dfrac{\sqrt{5}}{3}$

よって $AH = AC\cos A = 9 \times \dfrac{2}{3} = 6$

$CH = AC\sin A = 9 \times \dfrac{\sqrt{5}}{3} = 3\sqrt{5}$

直角3角形 BCH でピタゴラスの定理を用いると, $BC^2 = CH^2 + BH^2 = (3\sqrt{5})^2 + 9^2$
$= 45 + 81 = 126$

$BC > 0$ より $BC = \mathbf{3\sqrt{14}}$

(2) B から AC に下ろした垂線の足を K とすると, 直角3角形 KAB において

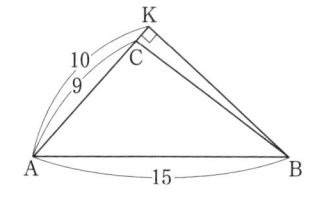

$AK = AB\cos A = 15 \times \dfrac{2}{3} = 10$ より,

AK > AC であるから, K は AC の C 側の延長線上に落ちるので, ∠ACB は鈍角とわかる.

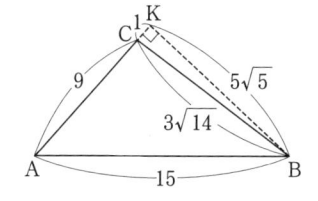

$BK = AB\sin A = 15 \times \dfrac{\sqrt{5}}{3} = 5\sqrt{5}$

とわかるので, 直角3角形 BCK において

$\cos C = -\dfrac{CK}{BC}$ (∠ACB は鈍角)

$= -\dfrac{1}{3\sqrt{14}} = -\dfrac{\mathbf{\sqrt{14}}}{\mathbf{42}}$

$\sin C = \dfrac{BK}{BC} = \dfrac{5\sqrt{5}}{3\sqrt{14}} = \dfrac{\mathbf{5\sqrt{70}}}{\mathbf{42}}$

3-9 ∠AEG＝90°に注目して，
$$\cos\alpha = \frac{AE}{AG} = \frac{c}{\sqrt{a^2+b^2+c^2}} \quad \cdots ①$$
∠ABG＝90°に注目して，
$$\cos\beta = \frac{AB}{AG} = \frac{a}{\sqrt{a^2+b^2+c^2}} \quad \cdots ②$$
同様に，∠ADG＝90°に注目して，
$$\cos\gamma = \frac{AD}{AG} = \frac{b}{\sqrt{a^2+b^2+c^2}} \quad \cdots ③$$

①②③より
$$\cos^2\alpha + \cos^2\beta + \cos^2\gamma$$
$$= \left(\frac{c}{\sqrt{a^2+b^2+c^2}}\right)^2 + \left(\frac{a}{\sqrt{a^2+b^2+c^2}}\right)^2$$
$$+ \left(\frac{b}{\sqrt{a^2+b^2+c^2}}\right)^2 = \frac{c^2+a^2+b^2}{a^2+b^2+c^2} = 1$$

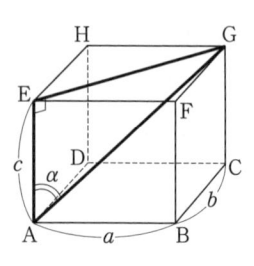

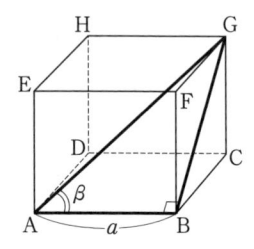

3-10

(1) 余弦定理より
$$\cos A = \frac{(2\sqrt{2})^2 + (\sqrt{6}+\sqrt{2})^2 - (2\sqrt{3})^2}{2 \times (2\sqrt{2}) \times (\sqrt{6}+\sqrt{2})}$$
$$= \frac{8+8+4\sqrt{3}-12}{2 \times 2\sqrt{2}(\sqrt{6}+\sqrt{2})} = \frac{4+4\sqrt{3}}{4(2\sqrt{3}+2)}$$
$$= \frac{4(1+\sqrt{3})}{8(1+\sqrt{3})} = \frac{1}{2}$$

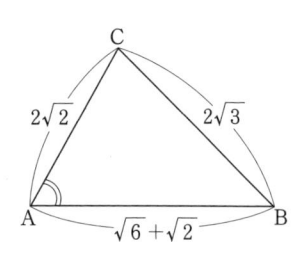

$\cos A = \frac{1}{2}$ なので，$A = \mathbf{60°}$

(2) $\sin A = \sin 60° = \frac{\sqrt{3}}{2}$ であり，正弦定理より
$$2R = \frac{BC}{\sin 60°} = \frac{2\sqrt{3}}{\frac{\sqrt{3}}{2}} = 2\sqrt{3} \div \frac{\sqrt{3}}{2} = 2\sqrt{3} \times \frac{2}{\sqrt{3}} = 4$$

よって，$R = \mathbf{2}$

3-11

(1) BC：CA：AB＝7：5：3 より
BC＝7k，CA＝5k，AB＝3k とおける．
余弦定理より
$$\cos A = \frac{(3k)^2+(5k)^2-(7k)^2}{2(3k)(5k)}$$
$$= \frac{9k^2+25k^2-49k^2}{2\times 3\times 5k^2} = \frac{(9+25-49)k^2}{2\times 3\times 5k^2} = \frac{-15}{2\times 3\times 5} = -\frac{1}{2}$$

$\cos A = -\dfrac{1}{2}$ より $\sin A = \dfrac{\sqrt{3}}{2}$ とわかる．

よって面積公式より $45\sqrt{3} = \dfrac{1}{2}\times 3k\times 5k\times \underbrace{\dfrac{\sqrt{3}}{2}}_{\sin A}$

$$45\sqrt{3} = \frac{15\sqrt{3}}{4}k^2$$

$k^2 = 12$，$k>0$ より $k = 2\sqrt{3}$

従って，BC＝7k＝7×2√3＝**14√3**

(2) 正弦定理より
$$2R = \frac{BC}{\sin A} = \frac{14\sqrt{3}}{\frac{\sqrt{3}}{2}} = 14\sqrt{3}\div \frac{\sqrt{3}}{2} = 14\sqrt{3}\times \frac{2}{\sqrt{3}} = 28$$

∴ **R＝14**

内接円の半径 r は面積の関係より
$$45\sqrt{3} = \frac{1}{2}r(7k+5k+3k)$$
$$45\sqrt{3} = \frac{1}{2}r\times 15\times \underbrace{2\sqrt{3}}_{k}$$

∴ **r＝3**

3-12

(1) AB＝AC なので A から BC へ下ろした垂線の足
H は BC を 2 等分し，AH は ∠BAC を 2 等分する．
直角 3 角形 ABH において
$$AH = AB\cos\theta = \cos\theta$$
$$BH = AB\sin\theta = \sin\theta\,(=CH)$$
ここで △ABC の面積を 2 通りに表すと，
$$\underbrace{\frac{1}{2} \times 1 \times 1 \times \sin 2\theta}_{\text{面積公式}} = \underbrace{2 \times \frac{1}{2}\cos\theta \times \sin\theta}_{2\triangle ABH}$$

$$\frac{1}{2}\sin 2\theta = \cos\theta\sin\theta \quad \therefore \quad \boldsymbol{\sin 2\theta = 2\sin\theta\cos\theta}$$

(2) BC を余弦定理で表す．
$$(2\sin\theta)^2 = 1^2 + 1^2 - 2\times 1\times 1\cos 2\theta$$
$$4\sin^2\theta = 2 - 2\cos 2\theta$$
両辺を 2 で割って移項する．
$$\cos 2\theta = 1 - 2\sin^2\theta = 1 - 2(1-\cos^2\theta) = \boldsymbol{2\cos^2\theta - 1}$$

3-13

まず △ABC において，余弦定理より
$$BC^2 = 3^2 + 2^2 - 2\times 3\times 2\cos 60°$$
$$= 9 + 4 - 12 \times \frac{1}{2} = 7$$

BC＞0 より BC＝$\sqrt{7}$ ……………………①

また，面積公式より

[△ABC の面積]＝$\frac{1}{2}\times 3\times 2\times \sin 60° = \frac{1}{2}\times \overset{3}{\cancel{6}}\times \frac{\sqrt{3}}{2} = \frac{3}{2}\sqrt{3}$ ……②

一方 [△BCD の面積]＝$\frac{1}{2}\times \sqrt{7}\times \sqrt{7}\sin\theta$ ……③

AD∥BC より △ABC と △BCD の面積は等しい．
よって，②③より
$$\frac{3}{2}\sqrt{3} = \frac{7}{2}\sin\theta \quad \therefore \quad \sin\theta = \frac{3}{2}\sqrt{3}\times \frac{2}{7} = \boldsymbol{\frac{3}{7}\sqrt{3}}$$

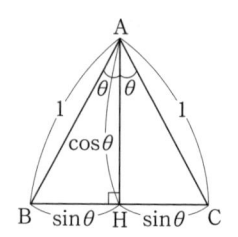

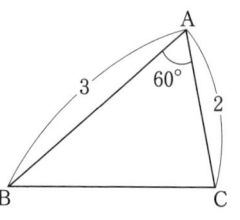

3-14

(1) 右図のように点 A$(1, 3)$, B$(1, 7)$ をとる.
このとき, OA$=\sqrt{1^2+3^2}=\sqrt{10}$
OB$=\sqrt{1^2+7^2}=5\sqrt{2}$
に注意して, △OAB に余弦定理を用いて,
$$\cos\theta=\frac{\sqrt{10}^2+(5\sqrt{2})^2-4^2}{2\sqrt{10}\times 5\sqrt{2}}=\frac{10+50-16}{2\times 5\times 2\sqrt{5}}$$
$$=\frac{\overset{11}{\cancel{44}}}{\underset{5}{\cancel{20}}\sqrt{5}}=\boldsymbol{\frac{11}{5\sqrt{5}}}$$

(2) $\sin^2\theta=1-\cos^2\theta=1-\frac{121}{125}=\frac{4}{125}$

$\sin\theta>0$ より $\sin\theta=\boldsymbol{\dfrac{2}{5\sqrt{5}}}$

$\tan\theta=\dfrac{\sin\theta}{\cos\theta}=\dfrac{\frac{2}{5\sqrt{5}}}{\frac{11}{5\sqrt{5}}}=\boldsymbol{\dfrac{2}{11}}$

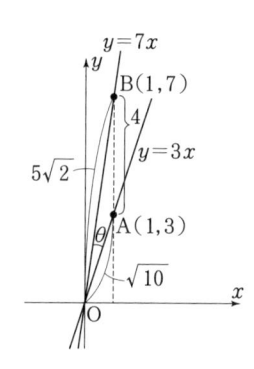

3-15

右図のように, BC$=a$, BD$=b$, BA$=c$ とおく.
$[\triangle ABC]^2+[\triangle BCD]^2+[\triangle ABD]^2$
$=\dfrac{1}{4}(a^2c^2+a^2b^2+b^2c^2)$ ……………①

次に $[\triangle ACD]$ を求める.
AC$=\sqrt{a^2+c^2}$, CD$=\sqrt{a^2+b^2}$, AD$=\sqrt{b^2+c^2}$
より, $\cos(\angle DAC)=\dfrac{\sqrt{a^2+c^2}^2+\sqrt{b^2+c^2}^2-\sqrt{a^2+b^2}^2}{2\sqrt{a^2+c^2}\sqrt{b^2+c^2}}$
$=\dfrac{2c^2}{2\sqrt{a^2+c^2}\sqrt{b^2+c^2}}=\dfrac{c^2}{\sqrt{a^2+c^2}\sqrt{b^2+c^2}}$

$\sin^2(\angle DAC)=1-\dfrac{c^4}{(a^2+c^2)(b^2+c^2)}=\dfrac{(a^2+c^2)(b^2+c^2)-c^4}{(a^2+c^2)(b^2+c^2)}$
$=\dfrac{a^2b^2+a^2c^2+b^2c^2}{(a^2+c^2)(b^2+c^2)}$

よって，$[\triangle ACD]^2 = \left(\dfrac{1}{2}AC \times AD\sin(\angle DAC)\right)^2$

$\qquad\qquad\qquad = \dfrac{1}{4}AC^2 \times AD^2 \times \sin^2(\angle DAC)$

$\qquad\qquad\qquad = \dfrac{1}{4}(a^2+c^2)(b^2+c^2) \times \dfrac{a^2b^2+a^2c^2+b^2c^2}{(a^2+c^2)(b^2+c^2)}$

$\qquad\qquad\qquad = \dfrac{1}{4}(a^2b^2+a^2c^2+b^2c^2)$ ……②

①②より　$[\triangle ABC]^2 + [\triangle BCD]^2 + [\triangle ABD]^2 = [\triangle ACD]^2$
が成り立つ．

3-16

(1) $\triangle ABC$ の外接円の半径を R とすると，正弦定理より

$\sin A = \dfrac{a}{2R}$, $\sin B = \dfrac{b}{2R}$, $\sin C = \dfrac{c}{2R}$

である．これを左辺に代入する．

(左辺) $= \dfrac{\sin A}{\sin B \sin C} + \dfrac{\sin B}{\sin C \sin A} - \dfrac{\sin C}{\sin A \sin B}$

$= \dfrac{\dfrac{a}{2R}}{\dfrac{b}{2R} \times \dfrac{c}{2R}} + \dfrac{\dfrac{b}{2R}}{\dfrac{c}{2R} \times \dfrac{a}{2R}} - \dfrac{\dfrac{c}{2R}}{\dfrac{a}{2R} \times \dfrac{b}{2R}}$

$= 2R\left(\dfrac{a}{bc} + \dfrac{b}{ca} - \dfrac{c}{ab}\right)$

$= 2R\left(\dfrac{a^2+b^2-c^2}{abc}\right)$

$= \dfrac{2R}{c} \times 2\left(\dfrac{a^2+b^2-c^2}{2ab}\right)$ ……………………………………①

ここで余弦定理より $\dfrac{a^2+b^2-c^2}{2ab} = \cos C$ なので

(左辺) $\stackrel{①}{=} \dfrac{2R}{c} \times 2\cos C = \dfrac{2\cos C}{\dfrac{c}{2R}} = \dfrac{2\cos C}{\sin C} = \dfrac{2}{\dfrac{\sin C}{\cos C}} = \dfrac{2}{\tan C} =$ (右辺)

よって題意は示された．

(2) 余弦定理より
$$\cos A = \frac{b^2+c^2-a^2}{2bc}, \quad \cos B = \frac{c^2+a^2-b^2}{2ca}, \quad \cos C = \frac{a^2+b^2-c^2}{2ab}$$
を右辺に代入すると

$$(右辺) = (b+c)\cos A + (c+a)\cos B + (a+b)\cos C$$
$$= (b+c)\frac{b^2+c^2-a^2}{2bc} + (c+a) \times \frac{c^2+a^2-b^2}{2ca} + (a+b) \times \frac{a^2+b^2-c^2}{2ab}$$
$$= \frac{1}{2}\left\{\left(\frac{1}{c}+\frac{1}{b}\right)(b^2+c^2-a^2) + \left(\frac{1}{a}+\frac{1}{c}\right)(c^2+a^2-b^2)\right.$$
$$\left. + \left(\frac{1}{b}+\frac{1}{a}\right)(a^2+b^2-c^2)\right\}$$
$$= \frac{1}{2}\left\{\frac{1}{c}(b^2+c^2-a^2+c^2+a^2-b^2) + \frac{1}{b}(b^2+c^2-a^2+a^2+b^2-c^2)\right.$$
$$\left. + \frac{1}{a}(c^2+a^2-b^2+a^2+b^2-c^2)\right\}$$
$$= \frac{1}{2}\left(\frac{2c^2}{c} + \frac{2b^2}{b} + \frac{2a^2}{a}\right) = a+b+c = (左辺)$$

よって題意は示された．

3-17

△ABC の外接円の半径を R とすると，正弦定理より
$$\sin A = \frac{a}{2R}, \quad \sin B = \frac{b}{2R}, \quad \sin C = \frac{c}{2R} \text{ が成り立つ.}$$
これを方程式に代入する．
$$\left(\frac{a}{2R}+\frac{b}{2R}+\frac{c}{2R}\right)\left(\frac{a}{2R}+\frac{b}{2R}-\frac{c}{2R}\right) = 3 \times \frac{a}{2R} \times \frac{b}{2R}$$
両辺を $(2R)^2$ 倍する．
$$(a+b+c)(a+b-c) = 3ab$$
$$(a+b)^2 - c^2 = 3ab$$
$$a^2 + 2ab + b^2 - c^2 = 3ab$$
$$a^2 - ab + b^2 - c^2 = 0 \quad \therefore \quad c^2 = a^2 + b^2 - ab \quad \cdots\cdots ①$$
ここで①式を余弦定理の式とみなすと
$$c^2 = a^2 + b^2 - 2ab\left(\frac{1}{2}\right) = a^2 + b^2 - 2ab\cos 60°$$
と考えられる．従ってこの条件を満たす△ABC は，
∠C＝60° の **3 角形**である．

3-18

まず，△OBC に注目する。

∠BOC＝2∠BAC と OB＝OC，OH⊥BC なので，

$$\angle BOH = \frac{1}{2}\angle BOC = \angle BAC\ (=A\ とおく)$$

である。

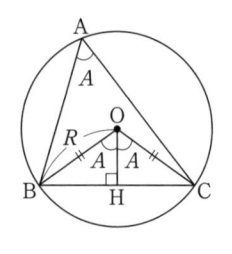

これより，OH＝$R\cos A$，BH＝$R\sin A$ なので，

$$△OBC の面積 = \frac{1}{2} \times 2R\sin A \times R\cos A = R^2 \sin A \cos A \quad \cdots\cdots① $$

同様に

$$△OCA の面積 = R^2 \sin B \cos B \quad \cdots\cdots②$$
$$△OAB の面積 = R^2 \sin C \cos C \quad \cdots\cdots③$$

①②③より

$$△ABC の面積 = R^2 \sin A \cos A + R^2 \sin B \cos B + R^2 \sin C \cos C \quad \cdots\cdots④$$

一方，面積公式より

$$△ABC の面積 = \frac{1}{2} AB \times AC \sin A$$
$$= \frac{1}{2}(2R\sin C) \times (2R\sin B)\sin A$$
$$= 2R^2 \sin A \sin B \sin C \quad \cdots\cdots⑤$$

④⑤より $2R^2 \sin A \sin B \sin C = R^2 \sin A \cos A + R^2 \sin B \cos B + R^2 \sin C \cos C$

両辺を R^2 で割って，

$$2\sin A \sin B \sin C = \sin A \cos A + \sin B \cos B + \sin C \cos C\ を得る。$$

3-19

(1) △ABC に余弦定理を用いると
$$AC^2 = 1^2 + \sqrt{3}^2 - 2 \times 1 \times \sqrt{3} \times \cos\alpha$$
$$= 4 - 2\sqrt{3}\cos\alpha \quad \cdots\cdots\cdots ①$$

△ACD に余弦定理を用いると
$$AC^2 = 1^2 + 1^2 - 2 \times 1 \times 1 \times \cos\beta$$
$$= 2 - 2\cos\beta \quad \cdots\cdots\cdots ②$$

①② より $4 - 2\sqrt{3}\cos\alpha = 2 - 2\cos\beta$
$$2\cos\beta = 2\sqrt{3}\cos\alpha - 2$$
$$\cos\beta = \sqrt{3}\cos\alpha - 1 = \sqrt{3}\,t - 1$$

ここで $\sin^2\beta = 1 - \cos^2\beta = 1 - (\sqrt{3}\,t - 1)^2 = \boldsymbol{-3t^2 + 2\sqrt{3}\,t}$

(2) $S = [\triangle ABC] = \dfrac{1}{2} \times 1 \times \sqrt{3} \times \sin\alpha$

より $S^2 = \dfrac{3}{4}\sin^2\alpha = \dfrac{3}{4}(1 - \cos^2\alpha) = \dfrac{3}{4}(1 - t^2) \quad \cdots\cdots\cdots ③$

$T = [\triangle ADC] = \dfrac{1}{2} \times 1 \times 1 \times \sin\beta = \dfrac{1}{2}\sin\beta$

より $T^2 = \dfrac{1}{4}\sin^2\beta = \dfrac{1}{4}(-3t^2 + 2\sqrt{3}\,t) \quad \cdots\cdots\cdots ④$

③④ より $S^2 + T^2 = \dfrac{3}{4}(1 - t^2) + \dfrac{1}{4}(-3t^2 + 2\sqrt{3}\,t) = -\dfrac{3}{2}t^2 + \dfrac{\sqrt{3}}{2}t + \dfrac{3}{4}$

これを y とおくと
$$y = -\dfrac{3}{2}t^2 + \dfrac{\sqrt{3}}{2}t + \dfrac{3}{4} = -\dfrac{3}{2}\left(t - \dfrac{\sqrt{3}}{6}\right)^2 + \dfrac{7}{8}$$

ここで $t = \cos\alpha$ のとりうる値の範囲を考える．

ABCD は凸なので α は右の
2 つの場合の間の角度をとる
ので $30° < \alpha < 90°$ より
$$0 < \cos\alpha < \dfrac{\sqrt{3}}{2}$$

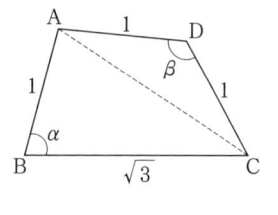

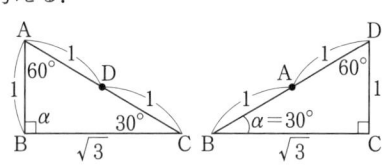

∴ $0 < t < \dfrac{\sqrt{3}}{2}$ ……⑤

⑤のもとで $S^2 + T^2$ の最大値を考えると右のグラフより

$S^2 + T^2$ の最大値は，$t = \dfrac{\sqrt{3}}{6}$

のとき，$\dfrac{7}{8}$

右グラフ: $y = -\dfrac{3}{2}\left(t - \dfrac{\sqrt{3}}{6}\right)^2 + \dfrac{7}{8}$，頂点 $\left(\dfrac{\sqrt{3}}{6}, \dfrac{7}{8}\right)$，$t$軸上に $\dfrac{\sqrt{3}}{6}, \dfrac{\sqrt{3}}{2}$

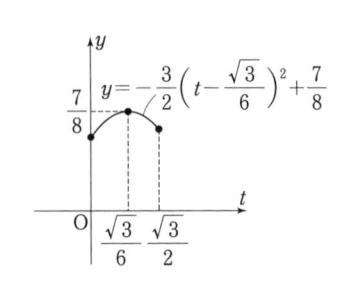

3-20

(1) AO_1, AO_2 はそれぞれ $\angle BAP$, $\angle CAP$ の2等分線なので

$\angle BAO_1 = \angle PAO_1 = a$,
$\angle CAO_2 = \angle PAO_2 = b$

とおく．すると $\triangle ABP$ において，

$2a + 60° = 180° - \theta$

∴ $a = 60° - \dfrac{\theta}{2}$

よって $\angle AO_1B = 180° - \angle BAO_1 - \angle ABO_1$

$= 180° - \left(60° - \dfrac{\theta}{2}\right) - 30°$

$= 90° + \dfrac{\theta}{2}$ ……①

従って，$\triangle ABO_1$ で正弦定理を用いると

$AO_1 \sin(\angle AO_1B) = AB \sin(\angle ABO_1)$

$AO_1 \sin\left(90° + \dfrac{\theta}{2}\right) = r \sin 30°$ （①より）

$AO_1 = \dfrac{\dfrac{1}{2}r}{\sin\left(90° + \dfrac{\theta}{2}\right)} = \dfrac{r}{2\cos\dfrac{\theta}{2}}$

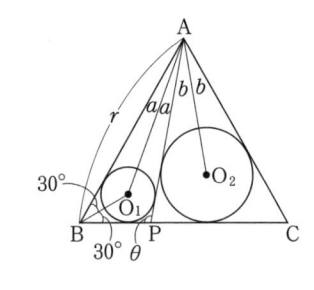

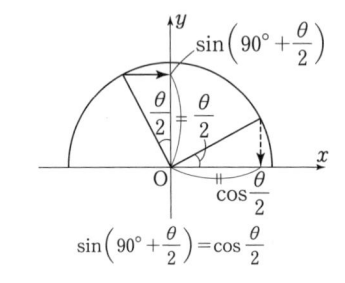

$\sin\left(90° + \dfrac{\theta}{2}\right) = \cos\dfrac{\theta}{2}$

(2) AO_2 を r と θ で表す.

$\angle AO_2C = 90° + \dfrac{180°-\theta}{2} = 180° - \dfrac{\theta}{2}$ となるので

$\triangle ACO_2$ で正弦定理を用いると,

$$AO_2 \sin\left(180° - \dfrac{\theta}{2}\right) = r\sin 30°$$

$$AO_2 = \dfrac{\dfrac{1}{2}r}{\sin\left(180° - \dfrac{\theta}{2}\right)} = \dfrac{r}{2\sin\dfrac{\theta}{2}}$$

従って $\dfrac{AO_1}{AO_2} = \dfrac{\dfrac{r}{2\cos\dfrac{\theta}{2}}}{\dfrac{r}{2\sin\dfrac{\theta}{2}}} = \dfrac{\sin\dfrac{\theta}{2}}{\cos\dfrac{\theta}{2}} = \tan\dfrac{\theta}{2}$

ここで $60° < \theta < 120°$ より $30° < \dfrac{\theta}{2} < 60°$ なので

$\dfrac{AO_1}{AO_2}$ のとりうる値の範囲は $\dfrac{\sqrt{3}}{3} < \dfrac{\mathbf{AO_1}}{\mathbf{AO_2}} < \sqrt{3}$

おわりに

　自分が2次関数や3角比を学んだ中3高1の頃は、一日中部活のことだけを考えていた思慮の浅い青春時代（いまや死語？）でした．しかしそのときに得たいろいろな経験はいつまでも記憶の中に残り現在の私の生活の支えになっています．私は現在学習塾で中学・高校生を教えていますが、生徒たちはみな忙しい中でも何かに熱中し、いろいろなことを吸収してまたとない学生生活を一生懸命生きています．私とは30歳以上の年の開きはありますが30年以上前の私たちの頃との隔たりはあまり感じません．

　2次関数や3角比は中学固有の内容に比べて抽象度や複雑さがかなり上がります．昔も今も数学を学ぶ上での第一の壁になることには変わりがないと思います．それゆえに本書では、中学の内容のみからスタートして理論を理解するための問題の難易度をなるべく緩やかにして、忙しい生徒さんにも出来るだけ効率的に新しい内容を自習できるように配慮しました．その上で、数学の面白さや奥の深さを感じながら次のステップに進む助けになれば幸いです．そして、新しく学ぶ数学が皆さんの青春時代の宝物のひとかけらにでもなってもらえればと思っています．

　最後に、この問題集を出版するにあたり、尽力いただいた古川昭夫さん、原稿の段階からいろいろ意見をいただいた大澤裕一さん、そして長い間根気強く原稿を待ち続けていただきいろいろなアドバイスを頂戴した勝又健司さん並びに東京出版編集部のみなさんに心から感謝申し上げます．

2013年10月　千葉浩一

ランクアップ中学数学
　　数式編③

平成25年12月10日　第1刷発行

〈著　者〉千葉浩一
〈発行者〉黒木美左雄
〈整版所〉錦美堂整版
〈印刷所〉技秀堂

〈発行所〉東京出版
〒150-0012　東京都渋谷区広尾3-12-7
☎03-3407-3387　振替 00160-7-5286
http://www.tokyo-s.jp/

© Koichi Chiba 2013 printed in Japan
ISBN 978-4-88742-202-5